KB233233

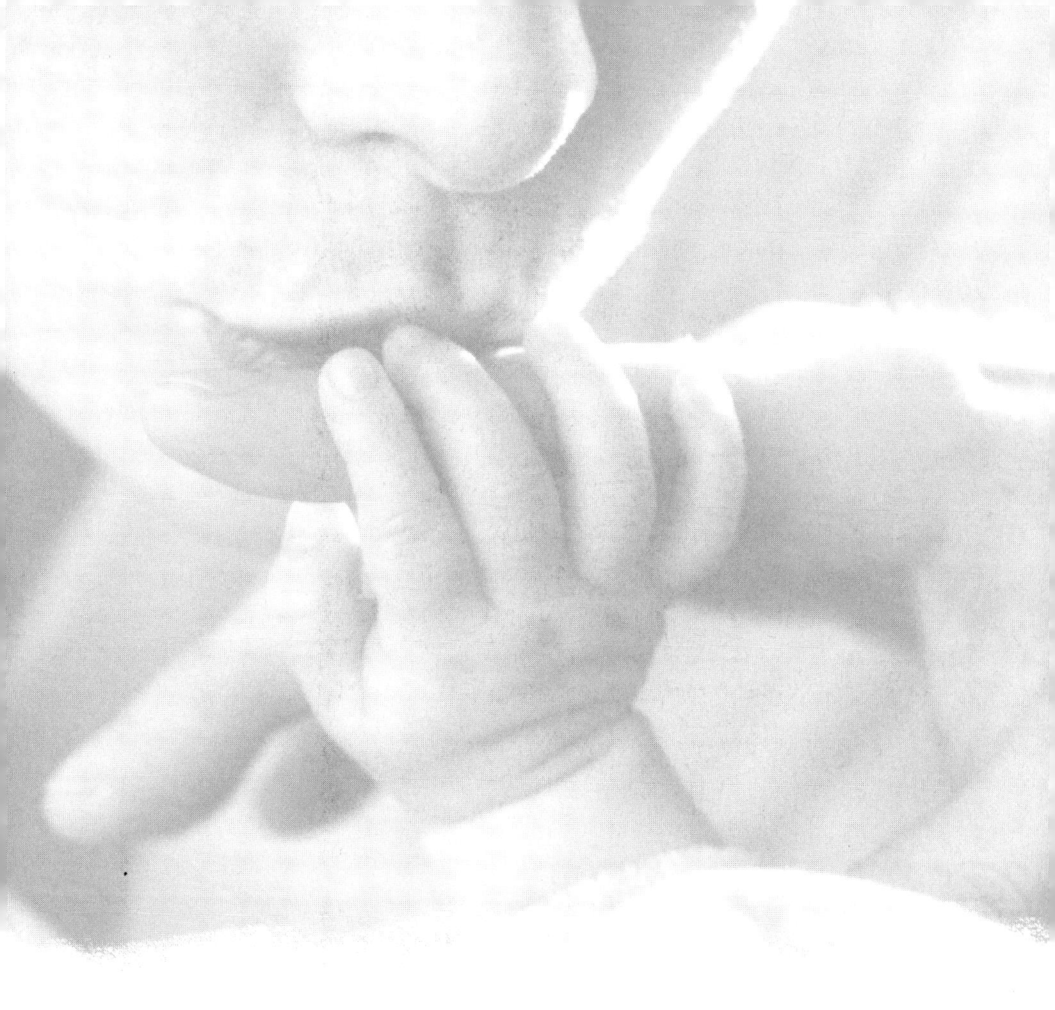

인간의 친밀 행동

국립중앙도서관 출판시도서목록(CIP)

인간의 친밀 행동 / 데스몬드 모리스 지음 ; 박성규 옮김 — 서울 ; 지성사, 2003
 p. ; cm

원서명 : Intimate Behaviour
원저자명 : Morris, Desmond
참고문헌수록
ISBN 89-7889-089-X 03472 \ 13,000원

181.8-KDC4
152.3-DDC21   CIP2003000991

인간의 **친밀 행동**

데스몬드 모리스 지음 | 김준민(서울대 명예교수) 추천 | 박성규 옮김

인간의 친밀 행동

2013년 8월 20일 3판 2쇄 발행
2003년 9월 25일 3판 1쇄 발행
1997년 1월 15일 2판 1쇄 발행
1994년 2월 25일 1판 1쇄 발행

지은이 데스몬드 모리스
옮긴이 박성규
펴낸이 이원중
편 집 김명희, 김재희 • 디자인 이향란, 이윤화
펴낸곳 지성사 • 출판등록일 1993년 12월 9일 • 등록번호 제10-916호
      (121-829)서울시 마포구 상수동 337-4, 전화 (02)335-5494, 팩스 (02)335-5496
      www.jisungsa.co.kr ㅣ 지성사.한국   이메일_ jisungsa@hanmail.net

ISBN 89-7889-089-X(03472)

이 책의 원제는 *Intimate Behaviour*(친밀한 행동)입니다. 지성사에서 『접촉』이라는 제목으로 1994년에 초판을 발행하였습니다. 독자들의 호응에 힘입어 쇄를 거듭하였습니다. 그러기를 어느덧 10년이란 시간이 흘렀습니다. 책의 생명은 끊이질 않았으나 10년 전에 만든 책이라 어쭙잖은 면이 다소 있었습니다. 그래서, 이 책의 핵심 개념인 '인간의 친밀 행동'을 제목으로, 내용면에서도 교정과 교열을 새로이 해 재발간하게 되었습니다.

재발간을 추진하게 된 주된 이유는 책 내용이 지켜온 스스로의 생명력 때문입니다. 이 책은 동물 행동학자가 바라본 인간 본성에 관한 관찰 보고서입니다. 인간이 무심코 하는 '친밀 행동' 관찰을 통해 제삼자의 눈으로 인간 본성을 다시금 깨우치는 것도 중요하지만, 작가가 더 강조하는 것은 여기서 얻은 교훈으로 인간적인 교류를 나누는 것입니다. 책에서 관찰되는 인간 본성을 바탕으로 '보디 터치'를 올바로 이해하고, 그 속에서 친밀 관계가 잘 뿌리내려 사회 전반에 유쾌한 기운이 넘치고 활기찬 사회가 만들어지길 바랍니다.

2003년 8월, 발행인 이원중

이 책은 인간의 친밀성과 접촉(touching)을 성(性) 심리학적으로 심도있게 파헤침으로써 인간의 본능을 숨김없이 드러냈다는 점에서 세인의 관심을 모으고 있다. 저자 데스먼드 모리스는 『털 없는 원숭이 *The Naked Ape*』라는 제목으로 번역된 저서에서 이미 동물행동에 관한 연구를 생리·생태학적으로 분석하였고, 나아가서 인간행동을 관찰한 『인간의 친밀 행동』을 펴냄으로써 고등동물과 인간이 사회생활을 영위하는 가운데 벌어지는 어쩔 수 없는 친밀한 행동에까지 과학의 메스를 댔다.

인간은 왜 다른 인간과 접촉하려고 하는가? 왜 접촉하고자 욕망하는가? 왜 접촉에 약한가? 이에 대해 모리스는 "접촉은 인간이라는 동물이 인간답게 살아가기 위한 기술."이라고 말한다. 사랑에 대하여 지금까지 많은 사람들이 여러 가지 말들을 해왔다. 그러나 '인간이라는 동물'의 관점에서 사랑을 논한 것은 아마도 모리스가 처음일 것이다. 더구나 모리스는, 접촉이라는 인간의 행동과 관련시켜 사랑을 논하고 있다.

이 책은 대단히 자극적이다. 인간의 친밀한 행동을 동물학적 방법을 통하여 낯이 뜨거울 만큼 적나라하게 분석하고 있다. 인간은 가장 안전하고 편안한 자궁 시절서부터 친밀성을 희구하며, 태어난 후에도 본능적으로 어머니의 친밀한 행동을 갈구한다. 나아가서는 악수를 비롯한 사회적 행동들도 이 친밀을 요구하는 행동으로부터 시작되는데, 우리가 평소에 의식하지 않고 하는 행동들이 얼마나 깊은 내력을 갖고 있는지, 이 책은 소상히 밝히고 있다.

또한 이 책은 육아법과 대인관계 등 많은 부분에서 새로운 가르침과 함께 독특한 교양을 쌓게 해준다. 물론 처음 이러한 영역을 접한 독자들은 생소함을 느낄지 모른다. 그러나 거침없고 재미있는 논리 전개를 따라가다 보면 어느새 인간행동에 대한 과학적인 눈을 갖게 될 것이다.

이 책은 강렬한 메시지를 담고 있다. 모리스는 복잡한 사회생활에 지쳐서 위로를 받아야 할 현대인에게 가장 필요한 것이 무엇인지를 제시하고 있다. 그것은 사회적 금기와 억압으로 인해 차단된 친밀 행동을 해방시키고 그것으로 돌아가라는 것이다.

인간행동을 연구하는 사람들뿐 아니라 일반인들도 이 책을 꼭 읽어야 할 필요가 있다. 사람들 사이의 오해와 불신이 인간이라는 존재 자체를 제대로 알지 못한 데서 비롯되었다고 볼 때, 원활한 사회생활을 위한 바람직한 자세를 이 책이 제시하기 때문이다. 비록 모리스의 모든 견해에 동감하지 않는다 하더라도 인간관계에 대한 예리한 그의 관찰에 저절로 빠져드는 것을 피할 수가 없다. 이 책이 만인에게 읽혀지기를 바랄 뿐이다.

김준민(서울대학교 명예교수)

친밀이라는 말은 가깝다는 것을 의미한다. 나는 먼저 이 말을 완전히 문자 의미 그대로 사용하고 있음을 밝혀 둔다. 그러니까 내가 말하는 친밀 행위란 두 사람 사이의 육체적인 접촉을 가리킨다. 악수와 성교, 등을 툭툭 두드리거나 뺨을 찰싹 치는 행위, 나아가서 매니큐어, 외과 수술 등등, 그 밖에도 여러 가지가 있으며, 이 책은 이러한 보디 터치(body touch)의 본질을 다루고 있다. 두 사람이 서로 몸을 밀착할 때에는 필히 무엇이 일어나는데, 내가 얘기하고픈 것이 바로 이 '무엇'이다.

내 이야기는 동물행동학과 관련해 훈련을 받은 동물학자가 취하는 관찰과 분석이라는 방법을 통해 이루어진다. 다만, 이 책의 경우 나는 대상을 인간이라는 동물(human animal)에 한정하되, 가상이 아닌 인간의 실제 행동을 문제화했다.

이 방법은 두 눈으로 보는 것이라 지극히 단순한 것 같지만, 겉보기처럼 쉽지만은 않다. 아무리 자기를 훈련하더라도 언어가•개입되거나 선입관이 끼어들기 때문이다. 성인이 되어, 평범한 인간의 행동을 태어나서 처음 보는 듯한 시각으로 관찰하기란 무척 어려운 일이다. 그러나 문제에 새로운 이해를 더하기 위해서는, 동물학자는 바로 이 어려운 일에 도전하지 않으면 안 된다. 더구나 익숙하고 상식적인 행동일수록 관찰은 더욱 어렵다. 그리고 그 행동이 긴밀한 것일수록 행위자나 관찰자의 감정적인 부담은 커진다.

그 중요성과 흥미에도 불구하고, 인간의 극히 평범한 친밀 행동과 연관해 지금껏 아무런 연구가 이루어지지 않았다는 것은 매우 놀라운 일이다.

인간 사이에 이루어지는 포옹이나 키스, 애무 등 '누구나 알고 있는' 일을 과학적이고 객관적으로 파고들기보다는, 인간과 관계없는 진귀한 무엇, 예컨대 자이언트 팬더가 냄새로 자기 영역을 표시하는 행동이라든가 그린 아쿠티(모르모트의 일종)가 먹을 것을 매장하는 행동 따위를 연구하는 것이 훨씬 즐거울 것이다. 그러나, 전에 없이 군중에 파묻히고 비인간화되어가는 오늘날의 사회환경에서는 "사랑이란 과연 무엇일까." 하고 질문하기보다는 친밀한 인간관계의 가치를 재확인하는 것이 더 시급하다.

생물학자들은 이 '사랑'이라는 말을 별로 사용하지 않는다. 그 이유는 사랑이 문화의 영향을 받는 일종의 로맨티시즘에 지나지 않기 때문이다. 사랑에서 파급되는 주관적, 감정적인 기쁨과 괴로움은 깊고 수수께끼에 가득 차 있어서 과학적으로 다루기가 곤란할지도 모른다. 그러나 사랑의 외면적인 표시, 즉 사랑의 행위는 쉽게 관찰할 수 있으며, 따라서 그 밖의 다른 행동들과 마찬가지로, 연구하지 못할 이유가 조금도 없다. 지금껏 사랑은 언어로 설명하는 게 아니라고들 말해왔다. 그러나 이는 완전히 잘못되었으며, 어떤 의미에서는 사랑을 모욕하는 일이기도 하다. 왜냐하면, 이 말은 사랑을, 화장으로 애써 가린 늙은 얼굴을 밝은 빛 아래서 면밀하게 살펴보려 해선 안 되는 일쯤으로 간주하기 때문이다. 한 인간이 다른 사람과 맺는 역동적인 사랑의 과정에는 혼동할 만한 것이 티끌만치도 없다. 사랑은 친자관계나 성관계나 우정과 마찬가지로, 다른 수천 종류의 동물들도 공유하고 있는 속성이다.

우리의 친밀한 만남은 언어나 시각뿐 아니라 촉각이란 요소도 포함하는 바, 결국 사랑이란 만지는 것, 보디 터치를 의미한다. 흔히 우리는 말하는 방식이나 보는 방식은 관찰하려고 하지만, 어쩐 셈인지 만지는 방식은 좀처럼 언급하지 않았다. 아마도 만지는 것이 너무나 기본적이라서(촉각은 모든 감각의 어머니라고 했다), 당연하게 여겼기 때문이리라. 그래서 불행하게도, 거의 의식하지 못하는 사이에 우리는 차츰 보디 터칭을 적게 하고 점점 거리를 두게 되었다. 현대의 도시생활자들은 감정에 갑옷을 두르고 철장갑 속에 비로드 같은 손을 집어넣고서 불현듯 가장 친한 친구와도 서로를 만지는 일이 없어졌다고 느낄 수 있다. 하지만 지금이야말로 이러한 상황에 빛을 쏘여야 할 때다.

나는 이 작업을 하면서, 사견은 보류하고 동물학자의 객관적인 눈으로 관찰한 인간행동을 그리려고 노력했다. 본질적인 것은 여러 사실 자체가 말해줄 것이며, 독자 스스로 결론을 내리기엔 그것으로 충분하다고 생각했기 때문이다.

친밀성의 밑바탕에 있는 것

잃어버린 천국, 자궁

어른이 되면 우리는 다양한 방법으로 타인과 관계를 맺는다. 편지를 쓰고, 말하고, 웃고, 소리치고, 표정을 읽고, 몸짓을 관찰한다. 나아가서는 바르는 향수 냄새를 맡거나 상대를 껴안기도 한다. 이 같은 관계를 우리는 보통 '접촉한다(making contact)'나 '접촉을 유지한다(keeping in contact)'는 말로 표현하는데, 실제로 육체적인 접촉을 의미하는 것은 마지막의 '껴안는' 행위일 뿐이고, 나머지는 일정한 거리를 두고서 이루어진다. 따라서 이러한 일련의 언어동작에 접촉이나 터치라는 말을 붙이는 것이 객관적으로 볼 때 좀 어색하지만, 반면에 매우 시사적이기도 하다. 즉, 우리는 육체적인 접촉이 커뮤니케이션의 가장 근원적인 형태임을 무의식중에 인정하고 있는 것이다.

이러한 예는 다른 표현에서도 볼 수 있다. 예컨대, 우리는 "몸으로 느낀다.", "마음에 와닿는다.", "마음이 상하다.", "청중을 사로잡다." 등의 말을 자주 쓰며, 이 경우도 실제로 육체에 닿거나 상처를 주거나 사로잡는 것이 아닌데도 전혀 거리낌 없다. 이처럼 우리가 '보디 터치'에 비유해 표현하는 것은, 그럼으로써 당시의 상태를 더 쉽게 전달할 수 있기 때문일 것이다.

하지만 그 이유는 매우 간단하다. 말하고 쓸 줄 모르는 유아기에는 보디 터치가 주요한 문제였다. 어머니의 신체와 직접 닿는 것이 무엇보다 절실했으며, 그것이 깊은 여운을 남겼다. 더 거슬러올라가, 볼 수도 냄새를 맡을 수도 말할 수도 쓸 수도 없는 어머니의 태내에 혼자 있을 무렵, 보디 터치는 생존에서 빼려야 뺄 수 없는 요소였다. 어른이 되고 나서, 간혹 강한 '금지' 딱지가 붙는 여러 가지 기묘한 보디 터치 방식을 해명하고자 한다면 맨 처음 출발점, 즉 어머니의 몸 안에 있던 태아 시절로 돌아가야 한다.

유아기의 친밀성을 이해하는 실마리는 우리가 거의 생각지 않는 태내에서의 친밀성으로, 이것은 너무도 잘 알려진 것처럼 여겨져, 늘 무시되어왔다. 하지만 우리 자신을 자주 혼란과 당혹으로 빠뜨리는 성인의 친밀성을 해명하기 위해서는, 유아기의 친밀성을 편견 없는 눈으로 재검토하는 일이 반드시 필요하다.

생물체로서 우리가 최초로 받는 인상은 어머니의 자궁 벽에 둘러싸여 황홀하게 떠다닐 때 느끼던 친밀한 보디 터치 감각이다. 점차 발달해가는 신경계에 미치는 주요 자극은 촉감과 압박감과 움직임 같은 여러 감각이다. 또한 태아의 피부는 온통 어머니의 따뜻한 양수 속에 잠겨 있다. 그리고 태아는, 자신의 몸이 나날이 성장함으로써 발생하는 자궁과의 밀착으로 자궁에 둘러싸인다는 감촉을 느끼고, 그 부드러운 감촉이 시간이 지날수록 점점 더 강해지면 꼭 껴안긴다고 느낀다. 더욱이 이 기간을 통해 태아는 어머니의 폐로부터 호흡으로 생기는 리드미컬한 압박과, 걸을 때 생기는 부드럽고 규칙적인 진동을 느낀다.

분만 3개월 전쯤에 아이는 청각을 갖추게 된다. 시각과 미각, 후각은 아직 발달하지 않았지만, 어두운 자궁 속에서도 쿵 하고 물체 떨어지는 소리는 똑똑히 들을 수 있다. 실제로 어머니의 배 근처에서 크고 날카로운 소리가 나면 태내 아이는 깜짝 놀라는 반응을 보인다. 이 움직임은 청진기 등을 사용하여 쉽게 알 수 있고, 종종 어머니 본인이 느낄 정도로 강한 경우도 있다. 즉, 태어나기 전 이 시기의 아이는 어머니의 심장소리를 매분 72회 확실하게 듣는다. 그리고 이것은 자궁 내 생활에서 주요한 사운드 시그널(소리 표시)로 작용한다.

따라서, 우리가 인생에서 하는 최초의 생생한 체험은, 따뜻한 액체 속을 떠다니면서 그것이 주는 포옹 속에 몸을 웅크리고 잠이 들고, 심장의 고동을 듣는 것이라 할 수 있다. 경쟁자 없는 곳에서 오랫동안 이 감각에 익숙해진 까닭에, 떼어내기 힘든 인상 하나가 우리 뇌리에 박히게 된다. 즉, 안전하고 기분 좋은, 전적인 수동성이 그것이다.

이 자궁 내의 안온은 인간의 생애를 통틀어 가장 외상이 큰 경험, 즉 탄생이라는 행위로 인해 돌연 산산이 깨어지고 만다. 시간이 지남에 따라 아늑한 보금자리였던 자궁은 늘어났다 조이는 강한 근육 주머니로 바뀐다. 이 근육은 스포츠맨의 팔뚝을 비롯해 인체의 어떤 근육보다도 크고 강하다. 부드럽고 넉넉한 포옹은 이제 꽉 누르는 상태로 바뀐다. 갓 태어난 아기는 결코 행복하게 웃는 표정을 짓지 않는다. 마치 지독한 고문을 받은 사람처럼 딱딱하게 굳은 표정을 짓고 있다. 애타게 기다리던 부모들에겐 더할 나위 없이 감미로운 음악으로 들리는 아기 울음소리도, 실은 보디 터치를 갑자기 빼앗겨버린 데서 오는 엉망진창의 공허함을 호소하는 절규다.

태어난 순간 아이는 부드럽고 축축한 고무처럼 늘어져 있다가 잠시 후에 훅 하고 최초의 숨을 쉰다. 그리고 나서 5, 6초 후에는 울음을 터뜨린다. 그후 머리와 손발을 점점 격하게 움직이기 시작하고, 이어서 간헐적으로 팔다리를 파닥파닥 움직이거나 손을 꽉 쥐거나 얼굴을 찌푸리거나 울면서 항의를 계속하는데, 그러다가는 지쳐서 깊은 잠에 빠져든다.

이렇게 해서 드라마는 일시적으로 완료된다. 그러나 다시 눈을 떴을 때에는 잃어버린 자궁의 아늑함을 보상받기라도 하듯, 아기는 어머니의 다독거리는 소리와 접촉과 친밀함을 듬뿍 요구하게 된다. 자궁을 떠난 후 자궁 대체물은 어머니와 어머니의 산후조리를 돕는 사람들에 의해 다양한 형태로 주어지는데, 그 가장 두드러지는 것은 자궁의 포옹을 대신하는 어머니의 팔에 의한 포옹이다. 이런 의미에서 가장 이상적인 포옹방법은, 어머니가 아기의 신체 표면을 가능한 한 많이 자신의 몸에 닿게 해 숨소리를 즐기도록 껴안는 것이다. 아기를 포옹하는 것과 단지 안는 것에는 엄청난 차이가 있다. 접촉 부분을 최소한으로 하면서 아기를 안는 미숙한 어른은, 그로써 껴안는다는 행위가 주는 아늑함이 얼마나 큰 손상을 입는지, 지금 당장 깨달아야 한다. 어머니의 가슴과 팔과 손은 최선을 다해 잃어버린 자궁의 포옹을 재현하지 않으면 안 된다.

그러나 때로는 포옹만으로 충분하지 않은 경우도 있다. 그 밖에 자궁과 비슷한 요소를 가미해야 할 필요가 생기는 것이다. 어머니는 전혀 의식하지 못하면서도 아기를 부드럽게 흔들기 시작한다. 이는 아이를 달래는 강한 효과가 있는데, 그래도 울음을 그치지 않을 때 어머니는 일어서서 아기를 팔에 껴안고 앞뒤로 천천히 흔든다. 가끔은 가볍게 위아래로 흔들기도 한다. 이 같은 친밀 행위는 좀처럼 진정하지 못하는 아기를 달래는 효과가 있는데, 그 이유는 태어나기 전에 아기가 경험했던 일종의 리듬을 모방하기 때문이라고 추측된다. 즉, 이들 행위는 임신 중에 어머니가 걸을 때마다 자궁 내에서 느꼈던 저 부드러운 움직임을 재현하는 데 성공한 것이라는, 개연성 높은 추측을 성립시켜준다. 하지만 이 추측에는 난점이 하나 있다. 속도에 차이가 있는 것이다. 아기를 흔드는 속도는 보통 보행속도보다 훨씬 느리다. 더욱이 '아기를 안고서 어정거리는' 걸음걸이는 평균 보행속도보다 훨씬 느리다.

최근에 요람을 흔드는 이상적인 속도에 대한 실험이 이루어졌다. 그에 따르면, 속도가 지나치게 느리거나 빠른 경우에는 아기를 달래는 효과가 거의 또는 전혀 없었다. 그러나 기계적으로 조작되는 요람 흔들기를 1분간 60~70회로 했을 때에는 놀랄 만한 변화가 일어났다. 아기가 곧바로 진정하고 울음도 잦아지는 것이 관찰된 것이다. 어머니가 팔에 아기를 안고 흔들 때에는, 속도에 얼마쯤 변화가 있을망정, 그 전형적인 속도는 실험 때의 속도와 거의 비슷하고, '아기를 안고 어정거리는' 걸음걸이도 이것과 큰 차이가 없다. 그러나 통상의 보행속도는 1분에 100보를 넘는 것이 일반적이다.

따라서, 이 달램 행위가 아기가 자궁 속에서 느꼈던 흔들거림을 모방했기 때문에 효과가 있는 것은 사실이지만, 그 속도에 대해서는 다른 설명이 필요할 것 같다. 태어나기 전 아기가 받는 리듬의 체험에는 두 종류가 있다. 하나는 어머니의 보행이고, 다른 하나는 호흡에 따른 가슴의 규칙적인 상하운동과 심장의 고동이다. 호흡속도는 1분간 약 10~14회이므로, 이것을 고려 대상으로 삼기에는 너무 느리다. 그러나 심장의 고동은 1분간 72회로 딱 들어맞는다. 이 리듬이야말로 귀로 듣건 몸으로 느끼건 자궁이라는 잃어버린 천국을 상기시켜 아기에게 위안을 주기에 안성맞춤이다.

이 견해를 뒷받침하는 증거가 그 밖에도 두 가지 정도 더 있다. 첫째, 심장소리를 녹음하여 아기에게 들려주는 실험을 해보니, 바른 속도로 들려주었을 경우에는 흔들거나 좌우로 움직여주는 동작을 하지 않아도 우는 아기를 진정시키는 효과가 있었다. 반면에, 심장소리를 1분에 100회 이상으로 빨리하여 들려주었더니(이것은 통상의 보행속도와 같다) 달래는 효과가 금방 사라지고 말았다. 두 번째 사실은, 이미 앞 작품인 『털 없는 원숭이』에서 보고했듯이, 대다수 어머니는 아기를 안을 때에 아기 머리를 자기 왼쪽 가슴에 둔다는 것이다. 어머니는 자신의 행위를 의식하지 못하면서도 아기 귀를 심장이라는 고동의 발생원에 되도록 가깝게 닿게 한다. 이것은 오른손잡이나 왼손잡이 어머니를 막론하고 이루어진다. 이 사실만 봐도, 심장의 고동이라는 것 외에는 다른 해석이 성립되지 않는다.

이 점은 상업적으로 이용할 수 있다. 기계적으로 맞춘 심장의 고동속도에 따라 움직이는 요람이라든가, 정상적인 심장소리를 재생하는 소형 녹음기를 갖춘 요람 따위가 그러한 아이디어다. 이 두 장치를 조합한 요람을 만들 수 있다면 물론 더 효과적일 것이다. 육아에 지친 어머니는 스위치를 켜는 것만으로 휴식을 취할 수 있다. 마치 세탁기가 기저귀를 능률적으로 처리해주는 것처럼 이 요람은 자동적으로 아기를 달래고 잠재울 것이다.

이런 기계가 시중에 나오는 것은 아마도 시간 문제일 것이다. 이것이 현대의 분주한 어머니들에게 크게 도움될 것은 분명하지만, 사용에 따른 위험도 피할 수 없다. 기계적인 위안은 어머니의 편안이나 아기의 신경을 위해서는 최선이라고는 볼 수 없다. 물론, 어머니가 아기를 돌볼 시간이 없어서 따로 선택의 여지가 없는 경우라면 기계적 위안은 확실히 효과적이다. 하지만 예부터 이루어져온, 어머니로부터 받는 위안이 기계에 의한 대리 위안보다 뛰어나다는 사실에는 변화가 없다. 그 이유는 두 가지다.

첫째, 어머니는 기계가 하는 일보다 훨씬 많은 기능을 한다. 어머니가 달래는 행위는 훨씬 복잡하며, 앞으로 밝히겠지만, 특수한 양상을 포함하고 있다. 둘째, 어머니가 아기를 안아올리거나 포옹하거나 흔들 때 필히 생기기 마련인 모자간의 친밀한 상호작용은 머잖아 두 사람 사이에 키워나가야 할 강한 애정에 없어서는 안 될 기조를 제공한다. 생후 몇 개월 동안은 아기가 다정한 어른에게 적극적인 반응을 보이는 것이 사실이다. 자신을 향한 친밀 행위는 그 사람이 누구든 간에 차별 없이 받아들인다. 하지만 1년이 지나면 아기는 자신의 어머니를 기억하게 되어 모르는 사람의 친밀 행위는 거부한다. 대부분 아기들은 5개월 정도에서 이런 현상을 보이는데, 이것은 하룻밤 새에 갑자기 일어나는 것이 아니며, 아기에 따라서 큰 개인 차가 있다.

그러므로, 아기가 자기 어머니를 알아보고 반응하기 시작하는 시기를 정확히 예측하기는 어렵다. 말하자면, 이 시기는 위기의 시기라 할 수 있다. 바로 이 경계 영역에서, 모자간에 이루어지는 보디 터치가 얼마나 풍요롭고 긴밀하냐에 따라 훗날 애정 고리의 질이 달라지기 때문이다.

이 중요한 단계에서, 어머니를 대신하는 기계를 과도하게 사용하는 것은 위험하다. 아기가 자신에게 매달리는 것을 먹을 것과 그 밖의 보수를 달라는 것으로 해석하는 어머니도 있는데, 이는 잘못된 것이다. 실제로 고아나 원숭이를 주의깊게 관찰한 결과, 다음 사실이 밝혀졌다. 음식물의 보급보다는 어머니와 하는 다정한 접촉이야말로 애정의 고리를 이어주는 열쇠이며, 이렇게 형성된 애정의 고리는 장차 사회생활을 원활히 하는 데 필요한 매우 중요한 요소라는 것이다. 생후 몇 개월이란 이 절박한 시기에 충분히 배려한 보디 터치와 애정이, 장차 모자에게 고뇌의 씨앗으로 자라는 경우는 없다. '버릇 없는 아이'로 키우지 않기 위해 아기가 울어도 내버려두라는 잘못된 전통이 우리 문명사회에 널리 퍼져 있지만, 이는 완전히 오도된 사고다.

그러나 여기서, 내 설을 보충하기 위해 아이들이 좀더 자란 후에는 상황이 바뀐다는 말을 덧붙이지 않을 수 없다. 아이들이 활기차게 뛰어다니고 독립심을 키워야 할 때에, 어머니의 과보호가 아이들의 발목을 붙잡는 사례가 흔히 있다는 것이다. 반대로, 자식이 어릴 때에는 신경도 쓰지 않고 엄격하게만 대하다가, 다 커서야 보호한답시고 찰싹 달라붙는 심술쟁이 어머니도 있다. 이것은 인간관계가 자연스럽게 발달해가는 순서하고는 역행하는데, 슬프게도 우리 주변에는 이러한 사례가 비일비재하다. 사실, 청소년이 반항하는 배후에는 이러한 왜곡된 엄격함이 드리워진 경우가 많다. 그러나 안타깝게도 일단 그렇게 형성되고 나면, 때는 이미 늦어서, 초기의 상처를 아물게 하기란 거의 불가능하다.

이상에서 쓴 자연스러운 육아법, 즉 '먼저 애정을, 다음에는 자유를'이라는 방법은 인간뿐 아니라 다른 고도의 영장류에게도 마찬가지로 적용된다.

아기에게 남은 동물의 흔적

원숭이(꼬리원숭이)나 유인원의 어미들은 새끼가 태어난 순간부터 쭉 쉬지 않고 보디 터치로 친밀성을 유지한다. 물론, 원숭이나 유인원의 새끼는 어미가 딱히 손을 대지 않아도 스스로 오랫동안 매달릴 정도로 쥐는 힘이 강하지만 말이다. 한편, 고릴라 같은 커다란 원숭이는 적극적으로 매달리기까지 2, 3일이 걸리는데, 그후에는 놀랄 만큼 집요하게 달라붙는다. 더 작은 원숭이의 경우는 태어난 순간부터 매달리는데, 나는 예전에 막 태어나는 새끼가 몸 아랫부분이 아직 어미의 자궁 속에 있는데도 양손으로 분만 중인 어미에게 꽉 매달리는 것을 본 적이 있다.

그러나 인간 아기는 이러한 체조선수 같은 흉내를 낼 수가 없다. 팔은 원숭이보다 약하고, 더구나 발가락이 짧기 때문에 발로 매달릴 수가 없다. 따라서 인간 어머니는 늘 커다란 문제를 안고 있는 셈이 된다. 초기 몇 개월 동안은 아기와 보디 터치를 하기 위해 행동을 취해야 하는 쪽은 언제나 어머니인 것이다.

아기의 먼 선조가 행하던 '매달림'의 유형이 진화의 흔적으로 어느 정도 남아 있지만, 그것도 오늘날에는 별 도움이 되지 않는다. 이 흔적은 '파악(把握)반사'라든가 '모로반사'로 알려져 있는데, 생후 2개월을 전후하여 사라져 버린다.

파악반사가 나타나는 시기는 빨라서, 임신 6개월 된 태아는 이미 주먹을 쥘 줄 안다. 탄생 후에는 손바닥에 자극을 주면 손을 꼭 쥐는데, 그 쥐는 힘은 상당히 강해서 그것만으로 어른이 아기의 전 체중을 들어올릴 수 있을 정도다. 하지만 새끼 원숭이와는 달리 이 힘은 그리 오래 지속되지 않는다.

모로반사는, 배를 위로 향하게끔 반듯하게 눕힌 아기를 아래로 떨어뜨리려 할 때에 볼 수 있다. 아기는 양 손바닥을 크게 펼치면서 바깥 쪽으로 벌린다. 다음에는 무언가에 안겨 안정을 찾으려는 손짓처럼 양손을 다시 마주 잡는다. 여기서 선조 영장류가 행했던 매달림 동작의 잔재를 볼 수가 있다. 건강한 새끼 원숭이는 모두 이러한 동작을 지극히 효과적으로 사용하는데, 이 점을 더욱 명료하게 해주는 연구가 있다. 아기는 떨어지는 느낌과 동시에 양손을 모두어 쥐려고 한다. 즉, 껴안는 동작을 하기 위해 먼저 양손을 뻗는 것이 아니라 아예 매달리는 동작으로 직행해버리는 것이다. 이것은 바로, 뭔가에 놀란 원숭이 새끼가 쉬고 있는 어미의 털을 가볍게 쥐는 것과 똑같다고 할 수 있다. 그러면 어미 원숭이는 놀라 벌떡 일어나는데, 그 순간 새끼 원숭이는 더 단단히 어미를 잡고 안전한 장소로 데려가달라는 자세를 취한다. 인간 아기가 생후 8주까지 원숭이 시대의 흔적을 지니고 있음을 이 반응이 여실히 증명하고 있다.

그러나 인간 어머니의 관점에서 보면, 자기 아기의 이런 '원숭이님' 반응도 단지 아카데믹한 관심 거리에 지나지 않는다. 동물학자라면 확실히 흥미를 보이겠지만, 부모가 져야 할 책임과 관련해서는 실제적인 도움이 되지 못한다. 그렇다면 어머니는 대체 무엇을 해야 좋단 말인가? 취할 수 있는 길은 몇 가지 있다.

이른바 미개사회에서는 생후 수개월간, 아기는 거의 끊임없이 어머니의 몸에 닿아 있는 경우가 많다. 어머니가 쉬고 있을 때조차도, 또한 어머니가 일을 하거나 돌아다닐 때에도, 아기를 자신의 몸에 꼭 붙들어맨다. 이렇게 어머니는 다른 영장류와 마찬가지로 항상 접촉을 주고 있다. 그러나 현대의 어머니는 이처럼 충만하게 접촉을 줄 수 없다는 데 문제가 있다.

또 다른 방법은, 아기를 껴안은 대신에 옷으로 푹 감싸는 것이다. 어머니가 아기를 온종일 양손으로 껴안거나 몸에 밀착시킬 수 없는 경우, 적어도 아기를 뽀송뽀송하고 부드러운 옷으로 감쌈으로써 잃어버린 자궁의 포옹을 대신해 기분 좋은 감촉을 줄 수가 있다. 아기에게 옷을 입히는 것이 단순히 보온 때문이라 알고 있지만, 사실 그 이상의 의미가 있다. 물질이 주는 포옹도, 그것이 아기의 신체를 감싸고 피부에 접촉하는 이상, 역시 중요하다. 그러나 옷을 느슨하게 입혀야 하느냐 단단하게 입혀야 하느냐에 대해서는 아직도 의견이 분분하다. 태어난 이후에 감싸는, 옷이라는 자궁 대체물의 이상적인 조임 정도와 연관해서는 문화에 따라 사고방식의 차이가 있다.

서구사회에서는 오늘날 단단히 감싸는 것에 눈살을 찌푸리는 것이 보통이다. 그래서 아기들을 갓 태어난 경우에도 몸과 손발을 자유롭게 움직일 수 있도록 가볍게 감싼다. 전문가들 역시 아기 옷이 불편하고 '활기가 사라질' 우려가 있다고 말하는데, 이 견해는 서구 대다수 독자들에게 시비 없이 받아들여지고 있다. 그러나 이 점에 대해서는 더 자세하게 검토할 필요가 있다. 고대 그리스인과 로마인은 아기를 단단히 감쌌다. 영국도 18세기 말까지 아기를 단단히 감쌌고, 러시아·유고슬라비아·멕시코·일본·인디언은 오늘날도 단단히 감싼다.

최근 이 문제가 과학적으로 검토되었다. 즉, 단단히 감싼 아기와 그렇지 않은 아기의 불쾌지수를 일련의 장치를 통해 검사한 것이다. 그 결과, 단단히 감싼 아기에게서 짜증이 줄어들어 맥박, 호흡수, 우는 빈도수 모두 낮아졌다. 반대로 수면량은 늘어났다. 이는 아마도, 단단히 감싸는 쪽이 임신 말기 몇 주 동안 태아가 경험했던 자궁의 단단한 조임을 연상시켰기 때문일 것이다.

이러한 실험이 감싸기를 주장하는 사람들에게 매우 유리하게 보이긴 하지만, 다음 사실을 잊어서는 안 된다. 즉, 어머니의 배를 잔뜩 부풀리는 다 큰 태아일지라도 발길질을 하거나 발버둥칠 수 없을 정도로 자궁에 압박당하지는 않는다는 것이다. 태내 움직임을 느끼는 어머니라면 누구나 아기가 전혀 움직일 수 없을 정도로 단단히 감싸이지 않는다는 것도 알고 있다.

따라서, 태어난 후에 너무 단단하지도 너무 헐겁지도 않게 감싸는 편이, 어떤 문화에서 보는 것처럼 단단히 감싸는 것보다 훨씬 자연스럽다. 나아가, 감싸기를 주장하는 사람들은 아기를 감싸는 기간을 불필요하게 연장시키는 경향이 있는데, 그러면 그것이 유리한 시기를 훨씬 초과해버린다. 단단히 감싸는 것은 생후 수주간은 확실히 유효한 방책이지만, 몇 개월을 지나도록 여전히 지속한다면 근육의 건전한 성장과 체격의 발달을 저해할 우려가 있다. 마치 태아가 진짜 자궁에서 나올 수밖에 없었던 것처럼, 새로이 태어난 아기도 옷이라는 자궁을 떠나지 않으면 안 된다. 그렇지 않으면 다음 발달단계에 '지각'하고 만다.

우리는 통상 탄생일에 비추어 조숙하거나 미숙하거나를 문제로 삼는데, 이후 아동시대의 발달단계에서도 마찬가지로 이 개념을 적용시켜봐야 한다. 아이들이 다양한 단계를 무난하게 통과하는 것을 바람직하다고 볼 때, 부모와 자식 사이에 일어나는 친밀성, 즉 보디 터치와 마음의 배려 등은 아이가 유아에서 청년에 이르는 각 고비마다 고유한 형태를 보이기 마련이다. 어떤 단계에서 양친이 주는 친밀성이 그 단계에 어울리지 않게 너무 빠르거나 너무 느리다면 나중에 문제가 생기는 수가 있다.

이상, 어머니가 아기에게 자궁시대의 친밀성을 추체험(追體驗)시키는 방법을 몇 가지 검토했다. 그런데 이러한 검토가 갓 태어나 느끼는 쾌감이 태아 때 느꼈을 쾌감의 연장에 불과하다는 인상을 주었다면, 이는 아니다. 이 같은 해석은 문제의 일면을 겨우 파악한 데 지나지 않는다.

어머니와 자식 사이에는 생후에 새로운 관계가 시작된다. 유아단계에서는 고유한 형태의 쾌감이 새로이 추가된다. 어머니는 아기를 애무하고, 키스하고, 어루만지고, 피부를 부드럽게 비비고, 살살 마찰하면서 교묘하게 씻긴다.

또한 포옹도, 단순히 껴안는 것이 아니라 팔로 아기의 전신을 감싸안으면서 어머니는 포옹 이상의 일을 한다. 한쪽 팔로 아기를 리드미컬하게 두드려주는 것이 그 하나다. 이 두드리는 동작은 대개 아기 신체의 일정한 부분, 즉 등에 한정돼 있다. 또한 그 동작에는 일정한 속도와 강도가 있으며, 너무 강하지도 약하지도 않다. 이것을 '트림'시키는 동작이라고 하지만, 사실 이 말은 잘못이다. 이것은 보다 일반적이고 기본적인 어머니의 행동이며, 유아를 불쾌하게 하는 행동이 아니다. 아기가 좀더 위안을 요구한다고 생각될 때, 어머니는 반드시 등을 두드리는 행동을 덧붙임으로써 단순한 포옹을 더욱 쾌적하게 한다. 그와 더불어 아기를 흔들어주거나 귓가에 입을 대고 얼룰루 달래거나 콧노래를 불러주기도 한다. 사실, 갓 태어난 아기에게 이러한 위안 행동은 무척 중요하다. 나중에 서술되지만, 이런 행동은 성인이 된 이후의 다양한 친밀성에서 때로는 그대로의 모습으로, 때로는 크게 변형된 모습으로 재현되기 때문이다. 어머니 쪽에서 보면 정말로 무의식중에 행하는 동작이기 때문에, 이것들을 연구나 논의의 대상으로 삼는 경우는 거의 없고, 따라서 장차 이것들이 역할을 바꾸어 어떠한 결과를 낳을지는 완전히 간과하고 있는 것이 보통이다.

이 두드리는 동작을 동물학자들은 인텐션 무브먼트(intention movement, 의미동작)라 부르는데, 동물의 예를 들어 설명하면 더 알기 쉽다. 새는 날아오르려고 할 때 그 동작의 일부로서 고개를 무심코 위아래로 움직인다. 진화과정에서 이 고개를 움직이는 동작이 과장되어, 다른 무리에게 날 것임을 알리는 신호가 되었다. 실제로 날아오르기 바로 직전에 새는 몇 번이나 고개를 힘차게 흔들어, 동료에게 이제 날아오른다는 경고 메시지를 보내고 함께 날 아갈 준비를 시킨다. 바꿔 말하면, 이것은 날아오른다는 의지의 신호다.

따라서, 고개를 움직이는 동작은 인텐션 무브먼트다. 인간 어머니가 아기 를 가볍게 두드리는 것도 이와 마찬가지로 특수한 접촉 신호로서 진화해온 것이며, '찰싹 달라붙어 있다'는 인텐션 무브먼트의 반복이다. 이럴 때 어머 니의 손은 한 번 두드릴 때마다 이렇게 말하는 셈이 된다. "자, 엄만 너를 꽉 껴안고 위험에서 지켜주고 있어. 그러니 아무 염려 말고 푹 쉬거라." 두드릴 때마다 반복되는 이 신호는 아기를 곧 온순하게 만든다. 그러나 여기에는 그 이상의 의미가 있다.

다시 한 번 새를 예로 들어보자. 약간 놀라긴 했지만 날아오를 만큼 위협 을 느끼지 않은 경우, 새는 가볍게 두세 번 머리를 흔들어 동료에게 경고를 발할 뿐 실제로 날아오르지는 않는다. 즉, 인텐션 무브먼트의 표시는 비행이 라는 완전한 동작으로까지 진행되지 않고 그것만으로 그친다. 이와 같은 행 동이 인간의 두드리는 동작에서도 나타난다. 아기의 등을 두드리는 손은 두 드리다가는 멈추고 다시 두드리다가는 멈춘다. 진짜 위험에서 지켜주기 위 해 껴안는 동작은 아닌 것이다.

어머니가 아기에게 보내는 메시지에는 "염려 마. 만일 위험이 닥쳐오면 이 렇게 꼭 껴안아줄 테니까." 하는 의미뿐 아니라, "염려 마. 아무 위험도 없단 다. 위험하면 이보다 더 꼭 너를 안아줄 테니까." 하는 의미도 포함되어 있다. 그러므로, 반복해서 등을 두드리는 동작이나, 이중으로 달래는 효과를 갖는 부드럽게 어르는 소리나 콧노래는 또 다른 방식으로 아기를 달래준다.

다시 한 번 동물의 경우를 생각해보자. 물고기 중 어떤 종류는 공격적인 상황일 때 머리를 밑으로 내리고 꼬리를 위로 치켜들어 이를 나타낸다. 반대로 전혀 공격적이지 않을 때에는 머리를 올리고 꼬리를 내린다. 어머니가 부드럽게 어르는 소리도 이와 똑같은 행동이다. 갑작스럽게 지르는 큰소리는 대부분 다른 동물들과 마찬가지로 인류에게도 위험신호다. 새된 소리, 고함소리, 으르렁대는 소리, 우는 소리 등은 고통과 위험, 공포와 공격을 나타내는, 포유류에 널리 공통된 메시지다. 이들 소리와 정반대 소리를 사용함으로써 인간 어머니는 앞의 메시지와 반대의 신호, 즉 만사가 잘되고 있다는 신호를 보낼 수 있다. 어머니는 어르거나 작은 소리로 노래를 부를 때 언어를 사용하기도 하는데, 그 경우에도 물론 말은 거의 의미를 갖지 않는다. 아기들에게 생생한 위안을 전하는 것은 어르는 소리가 주는 부드럽고 달콤하고 매끈한 음질인 것이다.

자궁에서 나온 뒤의 새로운 친밀성의 형태 중에서 또 하나 중요한 것은 아기가 빠는 젖꼭지(또는 젖병의 꼭지)다. 아기 입은 부드럽고 축축한, 탄력성이 있는 것이 들어오는 것을 느끼고, 거기서 달콤하고 따뜻한 액체를 마신다. 그리하여 입은 따뜻함을 느끼고, 혀는 달콤함을 맛보고, 입술은 부드러운 감촉에 잠긴다. 지극히 기본적이고 새로운 쾌감—원초적인 친밀성—이 아기의 인생에 추가되는데, 이것 또한 성인이 된 후 여러 가지 형태로 반복해서 나타나는 친밀성이라고 할 수 있다.

이상이 대충 인류가 유아기에서 겪는 가장 중요한 친밀성들이다.

'원숭이님'의 반응은 사라지고

어머니는 아기들을 껴안고, 움직이고, 흔들고, 가볍게 두드린다. 또한 애무하고, 키스하고, 어루만지고, 씻기고, 젖을 먹이며, 얼룰루 하고 어르거나 콧노래와 노래 소리를 들려주기도 한다. 초기단계에서 아기가 할 수 있는 유일하고 적극적인 접촉 행위는 젖을 빠는 것인데, 아기는 어머니의 친밀 행위를 재촉하고 그 접촉 행위를 긴밀하게 하는 중요한 신호 두 가지를 갖고 있다. 우는 것과 웃는 것이 바로 그것인데, 우는 소리는 터치를 유도하고, 미소는 터치를 지속시킨다. 우는 소리는 "이리 오세요."이고, 웃는 얼굴은 "아무 데도 가지 마세요."를 표현한다.

그러나 운다는 행위는 때때로 오해를 불러일으킨다. 아기는 보통 배가 고플 때나 기분이 나쁠 때, 또는 고통스러울 때 운다. 아기가 울면 어머니는 곧 이 셋 중 하나가 문제라고 생각하지만 반드시 그렇지만은 않다. 아기의 메시지는 "이리 오세요."일 뿐이며 그 이유가 명백하지 않을 때도 있다. 배가 부르고 기분도 좋고 별다른 고통을 느끼지 않을 때에도 아기는 운다. 이럴 때에는 단지 어머니의 친밀한 터치를 재촉할 따름이다. 사실, 아기에게 우유를 주고 불쾌한 점이 없는가를 살핀 다음 다시 재우려고 하면 아기는 금세 다시 울기 시작한다. 건강한 아기라면 이것은 친밀한 접촉을 충분히 받고 있지 않다는 것을 의미하며, 그것을 받을 때까지 계속 항의를 하는 것으로 보아야 한다. 갓 태어났을 무렵에는 이 요구가 거세지만, 다행히도 아기는 행복에 겨운 웃는 얼굴이라는 매력 넘치는 신호를 갖고 있어 어머니의 노력에 보답할 수가 있다.

영장류 가운데서 인간 아기의 미소는 독특하기 그지없다. 원숭이나 원인류의 새끼는 웃을 줄 모른다. 즉, 그들은 자신의 의지에 따라 스스로 어미 원숭이의 털에 매달려 단단히 붙어 있기 때문에 굳이 미소가 필요 없다. 인간 아기에게는 이러한 곡예가 불가능하며, 역시 뭔가 어머니에게 호소하지 않으면 안 된다. 진화는 미소라는 형태로 이 문제에 대답해주었다.

우는 것도 웃는 것도 제2차 신호로 보강된다. 인간이 처음으로 울기 시작할 때에는 원숭이와 똑같은 방식을 취한다. 원숭이 새끼는 일련의 리드미컬한 새된 소리로 울지만 눈물은 흘리지 않는다. 생후 2, 3주까지는 인간 아기도 마찬가지로 눈물을 흘리지 않고 우는데, 이 기간이 지나면 소리란 신호에 눈물이 추가된다. 그러나 더 나중에, 즉 성인이 된 인간은 소리를 내지 않고 눈물만 흘림으로써 그것 자체로 독립된 신호를 보내지만, 아이들 경우는 우는 것에 눈물이 기본적으로 조합된다고 보아야 한다.

그런데 어찌 된 셈인지 눈물 흘리는 영장류란 인간에 대해서는 거의 논평된 적이 없다. 하지만 눈물 흘리는 행위가 우리 종에게 특수한 의미가 있다는 사실만은 분명하다. 당연하지만, 첫째가 시각적인 의미이다. 반짝반짝 빛나면서 흘러 떨어지는 눈물은 뺨에 털이 없어서 더욱 강조되고, 눈에도 확실하게 띈다. 또 다른 중요한 의미는 어머니의 반응이다. 즉, 대부분 어머니는 아기 '눈을 닦아주는' 반응을 보인다. 그 결과, 얼굴에 흐르는 눈물을 부드럽게 닦아주는 행위, 곧 친밀한 보디 터치에 의한 위안 행위가 자연스럽게 이루어진다. 따라서 아마도 이것이, 어린 인간과(人間科) 동물의 얼굴에 빈번하게 흘러넘치는, 대단히 많은 누선분비물(淚腺分泌物)의 두 번째 중요한 기능일 것이다.

만일 이 주장이 억지로 느껴진다면, 인간 어머니도 다른 수많은 종류의 동물과 마찬가지로 아기의 신체를 깨끗이 해주려는 강한 충동을 갖고 있음을 상기하기 바란다. 어머니는 아기가 오줌을 싸서 젖었을 때 닦아준다. 대량의 눈물이라는 것은 일종의 '오줌의 대용물'로서, 정서적으로 동요될 때 역시나 친밀한 반응을 불러일으키기 위해 진화된 것으로 보아야 하지 않을까?

오줌과는 달리, 눈물은 노폐물을 제거하지는 않는다. 분비량이 적을 때 눈물은 확실히 티끌을 제거하여 눈을 보호하지만, 완전히 울 때 눈물의 유일한 기능은 사회적으로 신호를 보내는 것이며, 따라서 행동학적인 해석이 타당하다. 웃는 얼굴이 그렇듯이, 그 주요 역할은 친밀성을 유도하는 데 있다.

한편, 웃는 얼굴을 뒷받침하는 부차적 신호는 옹알거리거나 손을 뻗는 동작이다. 아기들은 목을 울리면서 빙긋이 웃으며 어머니에게 곧 매달리기라도 하듯 양손을 뻗어 껴안아달라고 한다. 이에 어머니는 그 요구대로 아기에게 미소를 지어 보이고 어르며 양손을 내밀어 만지거나 안아올린다. 눈물과 마찬가지로 웃음과 관련된 행위는 생후 2개월까지는 나타나지 않는다. 실제로 최초 1개월은 '원숭이의 단계'라고 불러야 할 정도이며, 인간에게 특유한 신호가 나타나는 것은 생후 2, 3주가 지나면서다.

나아가 3, 4개월에 접어든 아기는 새로운 보디 터치의 유형을 보이기 시작한다. 파악반사나 모로반사 등 초기 '원숭이님'의 반응은 사라지고, 대신에 '의도적'으로 쥐고 매달리는 등 더욱 복잡한 형태를 보인다. 초기 파악반사에서 아기는 손에 닿는 것은 무엇이든 구별 없이 쥔다. 그러나 이제는 사물을 선택하여 쥐는 적극적인 행위를 한다. 아기는 눈과 손을 조정하면서 손을 뻗어 자신의 주의를 끄는 특정한 사물을 쥔다. 그리고 이것은 주로 어머니 신체의 일부, 특히 머리카락을 쥐는 경우가 많은데, 이렇게 '의도적'인 쥐는 행위는 5개월쯤부터 나타나는 게 보통이다.

마찬가지로 모로반사에서 보여지는 자동적인, 목적 없는 매달림 동작은 지향성 있는 것으로 바뀌어, 아기는 특히 어머니의 신체에 매달리면서 그 위치에 맞게 동작을 변화시킨다. 그리고 의도적인 매달림이 확립되는 것은 통상 6개월째부터라고 보아도 좋다.

영아기를 지나 유아기에 접어들면 초기의 육체적인 친밀 행동이 감소하는 경향이 두드러진다. 양친과 하는 풍부한 보디 터치로 충족되던 안전성의 욕구에 더하여, 새로운 욕구가 고개를 쳐든다. 즉, 독립된 행동에 대한 욕구, 세계를 발견하고 자신의 주변을 탐험하고 싶다는 요구가 그것이다.

그러나 이 욕구는 어머니 팔에 갇혀 있는 한 채워지지 않는다. 아이들은 밖으로 나가지 않으면 안 되는데, 그러기 위해서는 초기의 친밀 행동을 억제할 수밖에 없다. 그러나 세계는 경이로움에 차 있으므로, 여전히 피보호와 안전 감각을 유지하기 위해 모종의 간접적인, 리모트 콘트롤에 의한 친밀 행동을 필요로 한다. 한편으로는 독립심이 자기 주장을 하기 시작한다. 촉각적인 커뮤니케이션은 예민한 시각적 커뮤니케이션에 차츰 길을 물려주게 된다. 이리하여 아이는 포옹과 안겨서 잠드는 안전한 울타리를 버리고, 더 자유로운 표정 교환을 시작한다. 안고 안기는 관계는 미소나 웃음을 비롯하여 인간이 지을 수 있는 모든 미묘한 표정에 의해 바뀌어간다. 빙긋 웃는 얼굴은 예전에는 포옹을 재촉하는 표시였으나, 이젠 포옹 그 자체로 바뀐다. 사실 웃는 얼굴은 그 자체가 거리를 두고 작용하는 상징적인 포옹이다. 덕분에 아이들은 전보다 더 자유롭게 움직이며, 어머니와 하는 감정적인 '터치'를 쉽게 회복할 수 있다.

그리고 아이들이 말을 시작함과 동시에 다음의 큰 발달단계가 시작된다. 생후 3년째가 되면 아이들은 기초적인 어휘를 기억하므로, 시각적 촉각에 언어에 의한 터치가 추가된다. 이제 어머니와 자식은 언어로 '느끼는 것'을 표현할 수 있다.

성장이 이 단계까지 진행되면 초기에 직접적으로 터치하던 친밀 행위는 필연적으로 더 한층 제한되어, 안기는 것은 갓난아기 때의 행위로 치부된다. 탐험과 독립에 대한 욕망, 부모와 떨어진 개인의 정체성에 대한 욕망이 왕성해짐에 따라 안기고 싶다, 애무받고 싶다는 충동은 차츰 그림자를 감춘다. 이 단계 이후부터 양친이 보디 터치를 과도하게 표현하거나 하면, 아이들은 보호받는다는 느낌보다는 오히려 갑갑하다고 느낀다. 안기는 것은 이젠 족쇄에 불과할 따름으로, 양친은 새로운 상황에 적응하지 않으면 안 된다.

그렇지만 보디 터치가 완전히 사라지는 것은 아니다. 고통과 충격을 받았을 때나 공포와 당혹한 상태에 빠졌을 때에는 역시 안기고 싶어지며, 그만큼 극적인 순간은 아닐지라도 어느 정도 접촉은 일어난다. 그러나 그 발생 방식에는 상당한 변화가 있다. 전신 포옹은 축소되고 작고 단편적인 것으로 바뀐다. 가볍게 포옹하거나, 팔을 어깨에 두르거나, 머리를 쓰다듬거나, 악수하거나 하는 행동이 나타나기 시작한다.

유아기에는 모험으로 인해 생겨나는 모든 스트레스와 더불어, 기분 좋은 보디 터치와 친밀 행동에 대한 내적 욕구가 여전히 크게 작용한다. 이 욕구는 억누른다고 해서 감소하는 것이 아니다. 감각적인 친밀 행동은 아기 때의 것이며 과거로 밀어버려야 할 것이지만, 환경은 여전히 그것을 요구한다. 결국, 여기서 생기는 갈등은 새로운 형태의 터치를 도입함으로써 해결된다. 즉, 육체적인 친밀감을 만족시키면서 철부지 같은 인상을 풍기지 않는 터치가 그것이다.

위장된 친밀 행동을 보이는 최초의 징후는 상당히 일찍부터 나타나므로, 우리는 다시 한 번 영아기로 돌아가야 한다. 생후 1년 후반에 이 징후는 시작되며, 이른바 '전이물(轉移物)'이라는 것이 사용된다. 생명이 없는, 어머니의 대리품이 그것인데, 일반적이며 대표적인 것으로는 다음 세 가지를 들 수 있다. 즉, 마음에 드는 젖병, 부드러운 장난감, 숄이나 특정한 침구 같은 부드러운 천이다. 이 물건들은 어느 것이나 영아기에 아기가 어머니와 함께 나누었던 친밀한 터치의 일부로서 친숙한 것들이다. 물론 그 무렵에는 대리품이 어머니와 비교될 바가 아니었지만, 그럼에도 어머니의 신체라는 존재와 강하게 결합되어 있었다. 어머니가 없을 때에는 이러한 물건이 어머니를 대신하기 때문에, 이것을 가까이에 두지 않고는 자려 들지 않는다. 잘 때 숄이나 부드러운 장난감이 잠자리에 있지 않으면 좀처럼 잠들지 못하는 것이다. 더구나 이 요구는 아주 특수해서, 저 장난감 또는 이 숄이 아니면 안 되며, 비슷하지만 친숙하지 않은 물건은 통용되지 않는다.

유아기에서 물건은 어머니가 없을 때에만 사용된다. 따라서, 어머니로부터 터치를 얻어낼 수 없을 때 잠들기 위한 매개체가 된다. 그러나 아이가 성장함에 따라 변화가 일어난다. 이제는 아이가 어머니로부터 독립함에 따라 마음에 드는 물건이 위안을 주는 것으로서 큰 의미를 갖게 된다. 개중에는 이점을 오해하여, 아이들이 뭔가 다른 이유로 필요 이상 불안감을 갖는다고 생각하는 어머니도 있다. 아이들이 필사적으로 '곰돌이'나 '멍멍이'—이런 대리품에는 필히 특수한 별명이 붙기 마련이다—를 놓지 않으려고 하면 어머니는 퇴행현상이 아닌가 하여 염려한다. 그러나 사실은 정반대다. 이런 행동에는 실제 이런 의미가 담겨 있다. "엄마에게 안기고 싶어요. 하지만 그렇게 하면 갓난애 같잖아요. 나는 이제 독립했으니까 그런 철부지 같은 짓은 안 해요. 그 대신 나는 이걸 만지고 있어요. 그러면 엄마의 팔에서 자지 않아도 안심할 수 있거든요."

어떤 권위자가 평했듯이 전이물은 "어머니의 모습을 기분 좋게 떠올리게 하는데, 어머니의 대리품인 동시에 어머니의 재포위(再包圍)로부터 몸을 지키는 방어물이기도 하다."

아이들이 성장하여 세월이 지나도 이런 위안은 놀랍도록 완강하게 존속하며, 때로는 아동기 중반까지 지속되기도 한다. 드물긴 하지만, 성인이 된 다음에도 이것을 버리지 못하는 경우도 있다. 앞에서 나도 드문 경우라고 말했지만, 여기에 대해서는 설명이 필요할 것 같다. 우리가 어렸을 때 사용했던 것과 똑같은 전이물에 집착하는 일은 확실히 드물다. 이는 우리가 사물의 성격을 간파해버렸기 때문이다. 그 대신 우리는 대리품의 대리품을 찾아낸다. 영리하고 교활한 성인은 아이 같아 보이는 대리품을 다른 대리품으로 바꾼다. 유아용 숄이 모피 코트로 바뀌고, 우리는 그것을 매우 정성스레 다룬다.

아이가 성장단계에서 보이는 또 하나의 위장된 친밀 행동은 싸움놀이에서 엿볼 수 있다. 안기거나 부둥켜서 자는 것은 아무래도 철부지 같지만 아직 그런 욕구를 벗어버리지 못했을 때, 문제의 해결법은 안기는 것처럼 하지 않으면서 안기는 것이다. 이때 쉬운 방법은 공격성을 위장한 난폭한 포옹이다. 포옹은 레슬링 시합처럼 된다. 양친과 레슬링을 함으로써 아이들은 공격적인 '어엿한 아이'의 가면을 뒤집어쓰고 따스한 추체험을 할 수 있다.

더욱이 이 책략은 흠잡을 데가 없다. 그래서 양친과 하는 위장 레슬링은 사춘기 후반까지도 이어진다. 더 성장해서 어른이 되면 팔을 두드리거나 등을 툭툭 치는 것 등으로 한정된다.

아이들의 싸움놀이는 단순히 위장된 친밀 행위 그 이상을 포함하고 있다. 거기에는 보디 터치와 똑같은 정도로 보디 테스팅이란 의미도 있으며, 옛 것의 추체험과 함께 새로운 육체적 탐구가 내포돼 있기도 하다. 그러나 옛 형태의 것이 싸움놀이에 포함되는 것은 확실하며, 이것은 일반적으로 생각하는 것보다 훨씬 더 중요한 의미를 갖는다.

제2의 탄생

사춘기에 접어들면 새로운 문제가 고개를 쳐들기 시작한다.

양친과 하는 보디 터치는 이 시기서부터 점점 사라진다. 아버지는 자신의 딸이 갑자기 전처럼 놀지 않는 것을 발견한다. 아들은 어머니의 몸을 보려 하지 않는다. 독립된 행동에 대한 욕구는 유아기 끝 무렵부터 싹이 트기 시작하는데, 사춘기가 되면 이 욕구는 더욱 거세어져서 새로운 욕구를 분출시킨다. 프라이버시에 대한 요구가 그것이다.

아기의 메시지가 "꼭 안아주세요."이고 아이의 그것이 "밑으로 내려줘요."라고 한다면, 청소년이 말하고 싶은 것은 "혼자 있게 놔둬요."이다. 어떤 정신분석의가 이야기하듯, "사춘기 청소년은 스스로 고립되고 싶어한다. 이 무렵부터 그들은 가족 안에 있으면서 타인처럼 행동한다." 그러나 이 표현은 과장되어 있다. 청소년은 스치고 지나가는 타인으로서만 집안을 뱅뱅 도는 것이 아니라, 여전히 가족에게 키스는 보내고 있다. 사실, 이 키스라는 행위가 전보다는 형식적—쪽 하는 소리를 내던 키스가 뺨에 대한 가벼운 키스로 바뀐다—이긴 하나, 그럼에도 간단한 친밀 행위가 아직 사라진 것은 아니다. 이 단계에서 이루어지는 성인 간의 친밀 행동은 주로 환영하고 작별할 때와 축하하고 위로할 때로 한정된다.

실제로 사춘기 청소년은 가족과는 친밀성에 관한 한 이미 성인이며, 때로는 도를 넘어선 성인이기도 하다. 자식 때문에 번뇌하는 양친은 무의식중에

재치를 발휘하여 이 문제를 극복하려고 한다. 그 가장 전형적인 방식은 "옷을 고쳐주마." 형이다. 직접적인 러브 터치가 불가능한 경우, 부모는 "넥타이를 바로 해줄게."라든가 "코트를 솔질해주마." 하는 구실을 대고서 보디 터치를 할 수가 있다. 그러나 "엄마, 귀찮게 하지 마세요."라든가 "그런 건 제가 할 수 있어요."라는 대답이 나오면 청소년 역시 무의식중에 이 트릭을 간파한 셈이 된다.

이윽고 사춘기가 끝나면 청년이 가정을 꾸밀 때가 온다. 육체적인 친밀성이라는 관점에서 말하면, 이것은 마치 제2의 탄생을 경험하는 것과 같고, 20년 전에 어머니의 자궁을 떠났던 것과 마찬가지로 이번에는 가정이라는 자궁을 버리는 것이다. 최초의 친밀성의 일련의 변화, 즉 "꼭 안아주세요."에서 "밑으로 내려주세요.", "혼자 있게 놔두세요."는 이제 다시 출발점으로 돌아가게 된다. 젊은 연인들은 아기 때처럼 "꼭 안아주세요."라고 말하며, 때로는 거기에 더하여 상대를 '베이비'라고 부른다. 유아기를 떠난 이래 처음으로 친밀성은 다시 밀도를 더해간다. 그리고 예전에 그랬던 것처럼, 보디 터치의 신호는 불가사의한 힘을 발휘하여 강력한 애정의 고리를 형성한다. 이 애정을 더욱 강고히 하기 위해 "꼭 안아주세요."라는 메시지는 "언제까지나 함께 있고 싶다."는 말로 증폭된다. 그러나, 일단 커플을 형성한 연인들이 둘만의 새로운 가정을 꾸미면 제2의 유아기도 작별을 고하게 된다. 새로운 일련의 친밀성은 제1의 유아기 때처럼 미련없이 바뀌어간다. 제2의 유아기는 제2의 아동시대에 길을 물려준다(이것이야말로 제2의 아동시대인데, 훨씬 나중에 나타나는, 그리고 흔히 제2의 아동시대라고 잘못 이야기되는 노년기와 혼동해서는 안 된다).

구애시대의, 매달리다시피 하는 친밀성은 약해지기 시작한다. 극단적인 경우는, 커플 중 한 사람 또는 양쪽 모두 행동의 자유가 구속되었다며 올가미에 걸린 것처럼 느끼기 시작한다. 이것은 아주 자연스러운 과정이지만, 그들은 전부가 잘못됐다는 결론을 내리고서 헤어지기도 한다. 그리하여 제2아동시대의 "밑으로 내려주세요."는 제2사춘기의 "혼자 있게 놔두세요."로 바뀌며, 청년의 가족으로부터의 독립은 이혼이라는 제2의 가족분해로 나타난다. 그러나 이혼으로 제2의 사춘기를 재차 획득한다 해도, 이 청년이 연인도 없이 혼자서 무엇을 할 수 있겠는가? 그래서 이혼한 커플들은 각각 새로운 연인을 찾아내고, 제2의 유아기를 다시 한 번 통과하여 재혼하면서 또다시 제2의 아동시대로 거슬러올라간다. 놀랍게도 이 과정은 그대로 반복된다.

이렇게 서술하고 보면 비꼬아서 단순화시킨 것에 불과하다는 느낌도 없지 않지만, 아무튼 요점을 명확히 하는 데는 도움이 된다. 오늘날에도, 그 숫자는 적지 않지만, 행복한 인간은 제2의 사춘기를 맞이하지 않아도 된다. 그들은 제2의 유아기가 어느덧 제2의 아동시대로 바뀌어가는 것을 자연스럽게 받아들인다. 그들에게는 섹스를 통한 새로운 친밀 행동이나 부모로서 나누는 친밀성이 추가되며, 부부의 고리도 계속 살아 있다.

나아가 만년이 되어 부모로서 기능을 소실했다 해도, 손자와 새로운 친밀성을 나누므로 어느 정도 위안을 느낀다. 이어 무력한 노년기가 다가와 제3의, 그리하여 최후의 유아기를 맞이하게 된다. 그러나 이 제3의 친밀성의 기간은 휙 지나가버리고 만다. 적어도, '지상(地上)'적인 의미로 말하면, 제3의 아동기라는 것은 결코 찾아오지 않는다. 우리는 마치 최초의 요람이 그러했듯이, 부드러운 천으로 안온하게 둘러싸여 갓난아기처럼 생을 마감한다. 요람의 흔들림으로부터 우리는 해묵은 흙덩어리로 바뀌어가는 것이다.

많은 사람들에게서 제3의 위대한 친밀성이 거기서 끝나버린다고 생각하기는 어렵다. 그들은 제3의 유아기가 '천국'에서 누릴 제3의 아동기로 연결되지 않는다고는 생각하지 않는다. 천국에서는 모든 것이 이상적이고 영원히 변하지 않으며 다시 태어난다는 공포도 없다. 왜냐하면 아버지인 신에게는 아내가 없기 때문에……

이상, 자궁에서 묘지에 이르기까지 친밀성의 유형을 더듬어보았는데, 인생의 초기단계에 비교적 지면을 많이 할애하고 성년 이후의 단계는 개략적으로 설명하는 데 그쳤다. 이로써 친밀성의 밑바탕에 있는 것을 파악했을 것이므로, 다음 장부터는 성인의 행동을 더욱 상세하게 검토하기로 하자.

성적 친밀성을 향한 유도

신체와 관련된 신호

　인간의 신체는 항상 그 사회적 동료에게 신호를 보내고 있다. 신호 중에서 어떤 것은 친밀한 터치를 유도하고, 어떤 것은 그것을 거부한다. 무의식중에 타인의 신체에 부딪히지 않는 한, 이유를 알기 전까지는 우리는 결코 타인에게 닿으려고 하지 않는다. 하지만 우리 두뇌는 이러한 유도 신호를 읽어내는 미묘한 일에 훌륭하고 교묘하게 조율되어 있어서, 타인의 상황을 눈 깜짝할 새에 파악할 수가 있다.

　예를 들면, 한 무리 타인들 속에서 사랑하는 사람을 발견했을 경우, 그에게 시선을 돌리는 2, 3초 사이에 이미 껴안는 것도 가능하다. 그렇다고 결코 경솔함의 소치는 아니다. 우리 두개골 속 컴퓨터는 성능이 훌륭해 눈을 뜨고 있을 때 만나는 수많은 인간들의 모습과 이미지를 재빨리, 거의 순간적으로 포착하는 능력이 있다. 즉, 사람들의 생김새와 크기, 색깔, 냄새, 자세, 동작, 표정 등등에서 비롯되는 수백 개의 신호가 특수한 감각기관에 전광석화 같은 속도로 감지되면, 대인관계용 컴퓨터가 핑핑 돌기 시작해 터치해야 할지 말아야 할지 답을 내주는 것이다.

　아기의 경우 작은 몸과 무력함이 성인으로 하여금 손을 내밀게 하며, 그것이 부드러운 터치를 유도하는 강력한 신호가 된다. 두루뭉술한 얼굴에 커다란 눈, 어색한 몸놀림, 짧은 손발, 그리고 대개는 둥그스럼한 윤곽, 이것들 전부가 터치를 호소한다. 더불어, 활짝 웃는 얼굴과 소리 지르며 우는 비상소집

기관을 갖고 있기 때문에, 인간 아기는 친밀성을 끌어내는 데 탁월한 힘을
발휘한다.

또한 성인도, 예컨대 병이나 사고를 당해 도움을 호소하는 신호를 보낸 경
우에는 대략 같은 종류의 의사양친적(擬似兩親的)인 반응을 끌어낼 수가 있
다. 그리고, 우리는 악수라는 형태로 최초의 보디 터치를 시도할 때 거의 예
외 없이 미소를 떠올린다.

이것들은 친밀성에 대한 기본적인 유도다. 그러나 성적 성숙에 동반하여
인간이라는 동물은 터치 신호를 전혀 새로운 국면으로 끌고 간다. 섹스 어필
의 신호가 그것인데, 이를 통해 남자와 여자는 마음에 단순한 우정 이상의
것을 품고 서로를 터치할 수 있는 용기를 얻는다.

섹스 신호 중에는 보편적으로 성인 일반에게 통용되는 것도 있지만, 문화
적 차이가 있는 것도 있다. 또한 남성 및 여성으로서 성인다움에 관련된 것
도 있지만, 자태·몸매·동작 등과 관계된 것도 있다. 따라서 이렇게 많은
섹스 신호를 솜씨 있게 설명하려면, 인간 신체를 흥미 있는 부위별 순서대로
파악할 필요가 있다.

가랑이

문제가 섹스 신호인 이상, 성기 주변서부터 출발하여 바깥쪽으로 나아가는 것이 논리적일 것이다. 가랑이는 금기 구역 중에서도 가장 금기가 센 곳인데, 그 이유는 단지 외생식기가 있는 부위이기 때문만은 아니다. 신체 중 그 좁은 면적에 배뇨, 배변, 삽입, 펠라치오, 사정, 마스터베이션, 월경 등 대략 금기 항목의 필두에 뽑혀야 할 것들이 모두 집중해 있다. 이것들만 죽 늘어놓아도, 인체 중에서 항상 이곳이 가장 비익(秘匿)되어온 장소라는 것을 한눈에 알 수 있다. 친밀성을 향한 시각적 유도로서, 이곳을 직접 노출하여 내보이는 것은 섹스 신호로는 지나치게 강렬하다. 이곳은, 좀더 초기단계의 보디 터치를 통해 관계가 깊어지기 이전에는, 그 예비수단으로서 사용하기가 불가능하다. 그런데 아이러니컬하게도 성기적 친밀성이 더 진행된 단계에서는 시각적으로 보이는 것은 별로 의미가 없으며, 상대의 성기를 최초로 보는 것은 통상 접촉을 통해서다.

따라서, 현대인의 구애행위에서는 이성의 성기를 직접 본다는 것은 비교적 작은 역할밖에 하지 못한다. 그럼에도 신체 중 이 부분에 커다란 관심을 쏟고 있고, 성기의 명백한 노출은 불가능하다 해도 그것에 가까운, 혹은 그것을 대신하는 무엇을 찾아낼 수는 있다.

우선 첫 번째 방법은, 그 밑에 숨겨진 기관의 형태를 강조하는 옷을 입는 것이다. 여성의 경우라면 작고 찰싹 달라붙는 바지, 반바지, 수영복 등을 입는다. 착용감은 나쁘지만 바싹 조이기 때문에 갈라진 성기 부분에 끼어서, 주의 깊은 남자 눈에는 그 형태가 드러난다. 이것은 현대에 와서 시작된 현상이나, 남성의 경우에는 똑같은 종류의 의상이지만 훨씬 긴 역사를 지니고 있다. 대략 200년간(1408년경에서 1575년까지)에 걸쳐 유럽 남성의 성기는 고대(股袋, codpiece, 남자 바지 앞의 볼록한 부분)를 착용함으로써 민망하게도 간접적으로 노출했다. 최초에 등장한 것은 낮에 입는 아주 꽉 조이는 남자용 바지 또는 타이츠의 가랑이 부분에 달린 작은 주머니 모양의 앞치마였는데, 이것은 모양새가 그리 눈에 띄는 것은 아니었다. 이 무렵 타이츠는 너무나 거북했기 때문에 별반 선호되지 않았다. '코드(cod)'란 음낭의 고어인데, 여기에서 '코드피스(codpiece)'라는 이름이 나오게 되었다. 그런데 세월이 흐름에 따라 눈에 띌 만큼 커져서, 단순히 음낭 주머니라기보다는 여봐란 듯이 과시하는 남근 주머니로 바뀌어, 그것을 입은 남자는 늘 발기한 페니스의 소유자인 듯한 인상을 주게 된다. 그리고 국부를 더욱 강조하기 위해 바지의 옷감과 색상에 차이를 두거나 금이나 보석으로 장식하기도 했는데, 이것이 지나쳐 종국에는 조소의 대상이 되고 말았다.

예를 들면, 라블레는 이렇게 쓰고 있다. 그는 책의 주인공 가르강튀아가 걸친 고대를 다음과 같이 묘사하고 있다.

"고대를 만들기 위해서 천을 16과 4분의 1(약 49미터)이나 끊었다. 그리고 그 형태는 툭 튀어나왔으며, 보기에도 화려하고 아름다운 황금 고리 두 개로 추켜올렸다. 이 고리는 칠보 장식을 단 황금 걸쇠에 걸려 있는데, 그 걸쇠 하나하나에는 모두 같은 크기의 벽옥이 하나씩 박혀 있었다…… 이 고대의 융기 정도는 1장(3미터)이나 되고 바지처럼 장식 구멍이 있으며, 푸른 다마스 비단이 솟아 있었다."

물론 오늘날 패션은 페니스를 이처럼 과장하지 않는다. 그러나 비슷한 경향이 없지는 않다. 이를테면 1960년대, 70년대의 젊은이들이 다시 꽉 조이는 바지를 입기 시작한 것이 그 예다. 여성과 똑같이, 그들은 찰싹 달라붙는 청바지와 수영복으로 몸을 죄었으므로 페니스를 둘 장소를 바꿀 수밖에 없었다. 헐렁한 바지를 입고 양 다리 사이에 페니스를 느슨하게 늘어뜨림으로써 여전히 세대 차이를 보이고 있는 고령자들과는 달리, 젊은이들은 페니스를 위쪽에 두고 걸어다닌다. 착용감 좋고 꽉 끼는 옷에 수직 방향으로 단단히 올려놓은 페니스는, 호기심 많은 여성의 눈에 완만하긴 하지만 확실히 알아볼 수 있게 부풀어 있다. 이렇게 해서 젊은 남자의 의상은 이전 고대와 마찬가지로 의사 발기를 과시하게 되는데, 이에 대해 놀랍게도 청교도 진영에서도 비난의 소리를 그리 높이지 않고 있다. 앞으로 고대 자체가 복귀할지 어떨지, 또 그런 장식이 다시 성을 지나치게 노골화해 악평의 대상이 되기까지 얼마나 지속될지 매우 흥미 있는 일이다.

현대에서 성기를 과시하는 유의 의상은 보기에 따라 다르며, 그 용도도 한정돼 있다. 털이 난 부분에 모피를 대거나, 혹은 성기 모양을 흉내낸 레이스를 여성용 수영복이나 팬티 등에 댈 뿐이다. 그 어떤 비난도 받지 않고 시대를 지나온 간접적인 성기 과시의 것으로서, 스코틀랜드인의 스포런(sporran, 스코틀랜드 남자들이 두르던, 짧은 치마 앞에 달린 모피 주머니)을 들 수 있다. 이것은 음낭 부분에 댄 상징적인 주머니로서 대개는 음모를 상징하는 털로 덮여 있다.

시각적인 성기의 신호를 보다 간접적으로 보내는 방법은 신체의 다른 부분을 의사 성기로 이용하는 것이다. 이 방법으로 본질적인 성 메시지를 보내면서 진짜 성기는 완전히 숨길 수 있다. 여기에는 몇 가지 방법이 있는데, 이를 이해하기 위해서는 다시 한 번 여성 성기의 구조를 확인해둘 필요가 있을 것이다. 심볼로서 파악하면, 여성 성기는 구멍(질) 하나와 펄럭이는 피부(대음순과 소음순) 한 쌍으로 이루어져 있다. 이것들은 숨겨져 있으나, 비슷한 신체 기관을 의사 성기로 이용하여 신호를 보낼 수 있다.

구멍의 대리품으로 사용될 수 있는 것은 배꼽·입·콧구멍·귀인데, 이것들은 어느 것이나 가벼운 금기를 연상시킨다. 공중 앞에서 코를 후비거나 귀에 손가락을 집어넣어 귀 청소를 하는 것은 예의에 어긋난다. 이에 반하여 똑같은 청소 동작이지만 이마를 닦거나 눈을 비비는 것은 조금도 비난받지 않는다. 입은 베일로 가릴 필요까지는 없더라도, 적어도 하품을 하거나 숨을 헐떡이거나 킥킥댈 때에는 곧 손으로 덮어 가린다. 배꼽은 금기 정도가 더욱 강하며, 그 암시적인 형태가 눈에 띄지 않도록 과거 수십 년 동안은 사진에 배꼽이 드러나면 에어 브러시로 완전히 지우는 경우가 많았다. 이 네 가지 형태의 구멍 중에서 특히 성기의 대용품으로써 이용되어온 것은 입과 배꼽이다.

입은 특히 중요하며, 연인 사이에 의사 성기적 신호를 대량으로 보내는 역할을 하고 있다. 『털 없는 원숭이』에서 지적했듯이, 우리 인류에게서 특이한 발달을 보이는 불거진 입술은, 아마 이러한 목적을 달성하기 위한 일부일 것이다. 다육질에 핑크색을 띤 입술 표면은 단순히 문화적 차원이 아니라 오히려 생물학적 차원에서 음순의 보조품으로서 발달해왔다고 생각된다. 진짜 음순과 마찬가지로 성적으로 흥분하면 입술은 빨개지면서 부풀어오르고, 중심에 위치하는 구멍을 둘러싼다. 유사 이래로 여성 입술의 신호는 인공적인 색채를 가함으로써 더욱 강조해왔다.

루즈는 오늘날에는 화장품 산업의 주류를 점하고 있다. 그 색채는 고양이 눈처럼 유행이 변하긴 하지만, 얼마간 시간이 지나면 다시 핑크 계통의 색, 즉 성적 흥분이 진행된 단계의 붉은 기가 도는 음순 색깔로 돌아오는 게 보통이다. 하지만 이것이 성기의 신호를 의식적으로 모방하는 것이 아님은 물론이다. 깊게 생각할 필요도 없이 단지 섹시하고 매력적이기 때문이다.

성숙한 여성의 입술은 남성의 그것보다 좀더 크고 두툼한 특징이 있다. 이점도 입술이 상징적 역할을 하고 있음을 보여주며, 나아가 이 크기 차이는 루즈를 입술보다 크게 바름으로써 강조되는 경우도 있다. 즉, 한편으로는 섹스할 때 음순 그 자체가 충혈하여 커지는 것의 모방인 것이다.

작가와 시인 중에는 입술과 입을 인체 중에서 에로티시즘이 가장 강렬한 부분으로 보는 사람이 많다. 짙은 키스 신에서는 남성의 혀가 마치 페니스처럼 여성의 입에 삽입되기도 한다. 또한, 특정한 여성의 입술 모양은 성기의 형태를 반영하고 있다(아직 보지는 못했지만)는 속설도 있다. 두툼한 입술을 가진 여성은 다육질 음순의 소유자로 상상되고, 반대로 가냘픈 입술의 여성은 성기도 가냘플 거라는 것이다. 이러한 견해는 물론 올바르다곤 할 수 없다. 여기서 문제가 되는 것은 여성의 전체적인 체형일 뿐이다.

한편 배꼽은 입만큼 주목받지는 못했다. 그러나, 최근 몇 년 동안에 배꼽이 의사 성기로서 두드러지게 역할하고 있음을 보여주는 흥미로운 사실이 몇 가지 나타났다. 초기 사진에서는 배꼽이 지워졌을 뿐 아니라 최초의 '헐리우드 법'에서는 배꼽 노출을 엄금했기 때문에, 전쟁 전의 영화에 등장하는 하급 무용수들은 장식적인 배꼽 가리개를 두르고 출연하지 않으면 안 되었다. 그러나 이 금기가 현실에 근거한 어떠한 설명을 요구받은 적은 없었다. 아마도 기껏해야 아이들로부터 배꼽은 무엇 때문에 달려 있느냐는 질문을 받았을지도 모른다. 그러면 부모들은 당황하여, 무서운 '인생의 진실'을 밝힐 수밖에 없다는 듯 정말로 기묘한 구실을 댔을 것이다. 그러나 성인에게 이 구실은 완전히 넌센스이며, 진짜 이유는 배꼽이 '비밀 구멍'을 강하게 연상시키기 때문이다.

무용수들은 벨리댄스(허리춤)를 추면서 베일을 벗고 허리를 꿈틀거리는데, 그때 의사 성기인 배꼽이 갈라진 틈을 만들어 늘어났다 구부러지면서 성적 흥분을 돋운다. 그래서 헐리우드에서는 이런 무례한 춤은 숨기자는 방침을 세웠던 것이다. 그런데 아이러니컬하게도, 20세기 후반에 접어들어 헐리우드 법이 서구에서 느슨해진 것과 반대로, 아랍 세계에서는 이 추세와 역행한 새로운 건국이념이 세워졌다. 실제로 이집트의 벨리댄서들은 전통적인 민속무용을 출 때 배꼽 노출은 외설이며 품위를 떨어뜨리는 행위라는 공식 통달을 받았다. 앞으로는 배 부분을 얇은 천으로 적당히 가리는 게 바람직하다는 것이 신정부의 주장이었다. 유럽인이나 미국인의 배꼽은 스크린상에서나 해안에서나 공공연히 그 존재를 주장하는데, 북아프리카의 완고한 관리들은 다시 목적을 알 수 없는 곳으로 후퇴해버린 것이다.

서구 사회에서 햇빛을 본 이래로 벌거벗은 배꼽은 기묘한 수정을 겪게 되었다. 배꼽의 형태가 바뀌기 시작한 것이다. 그림에 그려진 고풍스러운 원형 구멍은 가느다란 세로의 째진 구멍으로 바뀌는 경향이 있다. 이 기묘한 현상을 조사해본 나는, 옛날 모델과 비교해 현대의 여우나 모델들이 원형 배꼽보다 세로 배꼽을 하고 있는 비율이 여섯 배나 된다는 것을 발견했다. 미술사전 영역에서, 여성의 누드를 표현한 회화·조각류를 무작위로 200점 정도 골라 관찰해보니, 원형 배꼽 대 세로 배꼽은 92퍼센트 대 8퍼센트의 비율이었다. 같은 방법으로 현대의 모델이나 영화배우의 사진을 분석해본 결과 놀랄 만한 변화가 있었다. 세로 배꼽 비율이 46퍼센트로 올라간 것이다.

이것은 여성의 체형이 일반적으로 날씬해지고 있는 것과는 거의 관계가 없다. 왜냐하면 지방질이 많은 여성에게서 세로로 째진 구멍을 보기 어려운 것은 확실하지만, 홀쭉한 여성에게서도 쉽게 볼 수 없기 때문이다. 모딜리아니가 그린 호리호리한 여자들은 르누아르가 그린 포동포동한 여자들과 마찬가지로 둥근 배꼽을 보이고 있다. 또한 1970년대 날씬한 두 젊은 처녀가 각각 상이한 배꼽 형태를 보이는 경우도 간간이 있다.

이 변화가 어떻게 일어났는지, 부지불식 간에 일어났는지, 아니면 현대 사진가들의 고의였는지 전혀 알려진 바가 없다. 모델이 취하는 미묘한 자세에 따른 변화일지도 모르고, 혹은 과장되게 숨을 들이마시는 행동 때문일지도 모르겠다. 그러나 새로운 배꼽 형태가 주는 궁극적인 의미는 분명하다.

고전적인 둥근 배꼽은, 그 구멍이라는 상징적인 역할로 볼 때 오히려 항문을 연상시킨다. 하지만 세로의 타원형 구멍이 됨으로써 배꼽은 필연적으로 성기의 형태에 가까워지고, 성적 심볼로서의 특성이 눈에 띄게 증대했다. 그리고 이것은, 서구 사회에서 배꼽이 해금되어 에로틱한 신호 수단으로 기능하게 되면서 나타난 현상임은 의심할 여지가 없다.

궁둥이

이상, 가랑이와 그 대역을 훑어보았다.

다음에 골반 부분을 뒤쪽으로 돌아가면 한 쌍의 육질 반구에 이르게 된다. 이것은 남성보다도 여성 쪽이 돌출돼 있는데, 그것은 포유류 중에서도 다른 종에는 보이지 않는 인류 특유의 현상이라고 할 수 있다. 인간 여자가 포유류의 전형적인 교미도발 체형을 취하고 몸을 둥글게 굽혀 남자의 눈앞에 궁둥이를 돌출시킬 경우에는, 두 개의 매끈매끈한 육질 반구 사이로 성기가 보였을 것이다. 이렇게 해서 우리 인류에게 궁둥이는 중요한 성적 신호가 되었고, 아마 이러한 신호는 지극히 오랜 생물학적 기원을 갖고 있을 것이다. 이는 우리에게는 다른 동물의 '발정기의 부풀음'과 같은 의의를 갖는데, 단지 다른 점은 우리 경우 이 상태가 불변이라는 것이다. 다른 동물의 경우는 월경주기에 따라 궁둥이가 부풀었다가 가라앉는데, 암놈이 교미를 받아들일 때, 즉 배란일에 가까워졌을 때 최대로 부푼다.

그러나 인간 여자는 사실상 언제나 성교가 가능하기 때문에, 성적 '부풀음'이 언제나 '부푼' 상태로 머무는 것이 당연하다. 우리 먼 선조들이 차츰 직립자세를 취함에 따라 성기는 뒤쪽보다 오히려 앞에서 과시하게 되었지만, 여전히 궁둥이는 성적인 의미를 담고 있었다. 성교가 점점 앞에서 이루어지게 되었다 해도, 여성은 어떤 방식으로든 궁둥이를 강조함으로써 성적 신호를 보낼 수 있는 것이다. 그리고, 오늘날에는 여자가 걸을 때 약간 크게 궁둥이를 흔드는 것만으로도 남자에게는 강한 에로틱 시그널로 작용한다. 또한 '어떤 순간에' 평소보다 조금 더 궁둥이를 돌출하는 자세를 취해도 마찬가지 효과가 있다. 때로는 고대 영장류 동물이 궁둥이를 돌출시키던 모습을 방불케 하는 자태가 캉캉춤에서 보여지기도 하며, 떨어진 물건을 줍기 위해 아무 생각 없이 허리를 구부린 여자의 궁둥이를 두드리거나 어루만지는 남자를 소재로 한 조크는 셀 수 없이 많다.

예부터 궁둥이와 관련해 논할 만한 가치가 있는 현상으로는 두 가지가 있다. 첫째는 둔부지방축적증이며, 둘째는 페티코트다. 둔부지방축적증이란 문자 그대로 튀어나온 궁둥이를 의미하며, 특히 남아프리카 부시맨에게서 볼 수 있는 돌출된 궁둥이의 융기를 말한다. 이것은 낙타의 혹과 마찬가지로 지방이 축적된 것이라고 알려져 있지만, 남자보다 여자가 더 발달된 점으로 볼 때, 신체 중 이 부분에서 발하는 성적 신호가 특수화된 것이라는 게 더 타당할 것 같다. 부시맨 여성은 이런 신호가 다른 종족보다 더 발달했다고 할 수 있다. 또한 우리 먼 선조에게는 이 같은 상태가 정형화되어 있었는데, 시대가 발전함에 따라 운동하기 쉬운 형태, 즉 오늘날 볼 수 있는 좀더 수줍은 형태의 궁둥이로 정착되었을 것이다. 예전 부시맨들은 지금보다 활동 범위가 넓어서, 나중에 니그로가 영토를 확장하기 전까지는 아프리카의 대부분을 점하고 있었다.

유럽을 비롯한 각지 선사시대 여성은 유사한 모습을 보이고 있다. 일반적으로 육체를 풍만하게 그렸는데, 완전히 균형을 무시할 정도로 돌출된 거대한 궁둥이를 드러내고 있다. 이것 또한 흥미 있는 사실로, 이 점에 대한 해석은 두 가지가 있을 수 있다. 선사시대 여성은 거대한 궁둥이라는 축복을 받고서야 남자들에게 묵직한 성적 신호를 보낼 수 있었다는 것이 그 하나고, 또 하나는 선사시대 조각가들이 현대 만화가들처럼 궁둥이의 에로틱함에 집착하여 예술적 파격을 상당히 자유롭게 행사했다는 것이 다른 하나다. 어쨌든 선사시대의 궁둥이는 거대한 것으로서 군림했다. 이어서 미술 형식이 진보함에 따라, 거대한 궁둥이를 가진 여성은 차츰 모습을 감추기 시작한다. 사실, 선사시대 미술 발생 지역 어디서나 예외 없이, 궁둥이가 큰 여성상은 가장 초기 연대에 속한다. 그후 큰 궁둥이는 사라지고 호리호리한 여성들이 등장한다.

태고에는 궁둥이가 큰 여자들이 사실상 많았는데 나중에 그녀들이 서서히 절멸한 것이 아니라면, 선사시대 미술에서 광범하게 나타나는 변화의 이유는 아직도 수수께끼다. 여성 궁둥이에 대한 남성의 관심은 사라지지 않았지만 오늘날엔 소수 예외를 제외하고는, 여자 궁둥이는 20세기 영화 스크린에서 보는 것처럼 자연스런 균형을 갖추게 되었다. 고대 이집트 벽화에 그려진 무용수들은 오늘날 나이트클럽에서도 쉽게 일자리를 찾을 수 있을 터이고, 또한 밀로의 비너스가 살아 있다면 그녀의 히프는 94센티미터보다 크지는 않을 것이다.

표준으로부터의 일탈은 꽤 흥미롭다. 왜냐하면 어떤 의미에서는 선사시대로의 회귀를 나타내며, 과장된 거대한 여성 궁둥이에 남성의 관심이 다시 커지고 있다는 것을 보여주기 때문이다. 여기서 우리는 둔부지방축적증라는 육체적 현상에서 인공적인 페티코트로 눈을 돌려보자.

궁둥이 부분의 대대적인 과장이라는 의미에서는 양자 모두 그 효과가 같지만, 페티코트는 의상 밑에 굵은 심이나 어떤 골조를 삽입함으로써 과장이 이루어지고 있다.

이것은 본디 밑에 입는 크리놀린(crinoline, 버팀대를 넣어 만든 치마 등) 스커트에서 생겨났다. 골반 주변에 심을 넣는 관습은 유럽 패션에서 다시 등장하고 있다. 그리고 이 경우, 궁둥이를 과장하려면 이 심을 몸 앞으로 또는 옆으로 이동하기만 해도 충분하다. 이런 까닭에, 페티코트란 창작은 과장이라기보다 오히려 변형이라고 보여져, 부당한 비판을 받지 않고 고급 패션에 무리 없이 차용되었다. 변형적으로 등장했기 때문에 페티코트는 성적 의미를 피하며 통용될 수 있었던 것이다.

　뼈대를 넣고 심을 넣은 1870년대의 페티코트는 2, 3년 만에 모습을 감추었지만, 1880년대에는 전보다 더 과장된 형태로 부활하여 유행을 거두었다. 철삿줄과 철판으로 지탱시킨 이것은, 선반 모양으로 궁둥이에 달려 있어, 피곤한 부시맨일지라도 반응을 보이지 않고는 못 배길 것 같은 인상을 풍겼다. 그러나 1890년대가 되자 이 유행도 사그러들고, 20세기에 접어들면서 점차 활동적이 된 여자들은 페티코트를 두 번 다시 차지 않게 되었다. 그 대신 오늘날 과장된 궁둥이는, 좀체로 사용된 적이 없는 '히프 패드'나 '허리를 높이는' 도발적인 포즈, 그리고 만화가가 그리는 화면 등에서밖에 보이지 않게 되었다.

다 리

골반에서 아래쪽으로 눈을 돌려보자. 성적 신호를 보내는 소도구로서 여성의 다리는 남자들이 큰 관심을 기울이는 대상이다. 해부학적으로 보면 여성의 허벅다리 바깥쪽은 남성의 경우보다 훨씬 두꺼운 지방층으로 둘러싸여 있고, 어떤 시대에는 둥글고 살찐 다리가 에로틱하게 여겨지기도 했다. 또 어떤 시대에는 다릿살을 노출하는 것만으로도 충분히 성적인 신호를 보낼 수 있었다. 말할 필요도 없이, 노출이 다리 위쪽으로 올라갈수록 본래 성기의 장소에 가까워진다는 단순한 이유에서 자극이 더해졌던 것이다. 그리고, 다리를 장식하는 인공적인 세공물로는 불투명한 스타킹 밑에 달린 '장딴지 패드' 등이 있는데, 이것은 히프 패드와 마찬가지로 아주 드물게만 사용되었다. 하이힐은 훨씬 일반적인 인기를 얻었는데, 이것은 아마 발의 기울기가 다리의 윤곽을 두드러지게 하고 동시에 다리를 길어 보이게 했기 때문이리라. 이는, 날씬하게 죽 뻗은 다리가 여인의 성숙도를 나타내는 지표가 된다는 사실을 말하고 있다. '껑충한 다리'는 성적 성숙에 보조를 맞추고, 따라서 섹시하다.

발 자체도 꼭 맞는 구두 속에 구겨넣고 있다. 이는 성인이 된 여자의 발이 남성의 발보다 조금 작다는 것에서 비롯된 것이다. 즉, 이 차이를 좀더 강조해 보임으로써 여자의 발을 더욱 여자답게 하여 남자에 대한 성적 신호로 이용할 수 있는 것이다. 귀여운 발은 흔히 남자들의 찬탄을 불러일으키며, 때문에 많은 여자들은 발을 작게 하기 위한 고통을 감내해왔다. "공기의 요정처럼 작은 발은 훌륭하게 완결된 아름다운 자태의 완벽한 조화를 암시한다.”
는 바이런의 말은 예부터 내려온 남자들의 생각을 요약하고 있다. 또한 여성
의 발에 대한 이러한 생각은 저 영원한 신데렐라 이야기(적어도 2천 년 전까
지 거슬러올라가는 이야기다)에서도 엿보인다. 신데렐라의 못생긴 언니들은
작은 유리구두에는 가당치도 않은 큰 발의 소유자였고, 아름다운 여주인공
만이 왕자의 마음을 쏘아맞추기에 충분한 귀여운 발을 가졌던 것이다.

예전 중국에서는 여자의 발을 작게 하려는 노력이 끔찍한 지경에까지 달
하여, 혹심한 기형에 시달리지 않으면 안 되었다. 전족(纏足)이라는, 천으로
옥죈 발은 장식한 작은 신발을 신었을 때에는 아주 매력적이지만, 신발을 벗
으면 마치 돼지발 같았다. 더욱이 여자를 매매할 때 그 가격이 작은 발로 결
정되는 만큼, 이 관습에 무게가 실릴 수밖에 없었다. 시집갈 때에도 신부의
발이 그 가치를 결정했다. 이런 의미에서, ‘죽을 때까지 고통스러운’ 구두를
신어야 하는 현대 여성도 이 고대 풍습을 다른 형태로나마 얼마간 모방하고
있는지도 모른다.

전족을 하는 표면적인 이유는, 여성은 일할 필요가 없다(말하자면 장애를
가지고 있으므로 일할 수가 없다)는 것을 표명하기 위한 것이라고 한다. 그러
나 똑같이 일할 필요가 없는 지체 높은 남편 쪽은 발을 옥죄지 않아도 된다.
따라서, 성 차이의 과장이라는 것이 더 근본적인 이유일 것이다. 이 같은 예
는 일일이 헤아릴 수 없을 정도로 많다.

유행이라든가 신분의 상징이라는 명분하에 왜곡과 과장이 이루어지지만,
이면을 파고들면 여자(또는 남자)의 생물학적인 특징을 강조하는 것이 목적
임을 알 수 있다. 여성의 허리를 인공적으로 졸라매는 것도 이런 예다.

그런데 해부학적 구조와는 상관없이, 다리 자세를 달리하여 성적 신호를
보내는 것도 사실이다. 여자에게 다리를 벌리고 서거나 앉도록 가르치는 문

화는 거의 없다. 다리를 벌리는 것은 성기를 '여는' 것이며, 비록 보이지 않는다 해도 그 메시지는 기본적으로 같다. 여성의 바지 차림새 출현과 번거로운 예의범절 소멸에 수반하여 근년에는 다리를 벌린 자세도 상당히 일반적이 되었고, 특히 광고에 등장하는 모델들이 이 자세를 취하는 경우가 많다. 예전에는 충격적인 신호라 빈축을 샀지만 지금은 단순한 도발에 지나지 않으며 관심의 대상도 되지 못한다. 하지만 스커트를 입은 여성은 지금도 옛 규율을 따르고 있다. 팬티에 둘러싸였을 뿐인 가랑이를 벌려 보이는 행동은 거의 예외 없이 유혹의 신호이기 때문이다.

따라서, 전통수구형의 '기품 있는 여자'는 다리를 꼭 오므린다. 그러나, 만일 그녀가 이 점을 고집한 나머지 두 발을 단단히 오므린다면 여기에도 위험이 도사리고 있다. 다리를 오므리거나 허벅다리가 달라붙을 정도로 강하게 다리를 교차시키고 있는 여성은 '강한 거부'를 표명하는데, 거기에는 또 다른 성적 코멘트가 담겨 있다. 즉, 청교도적인 언사가 모두 그렇듯이 그녀는 마음속 깊이 성적 관심을 품고 있으며, 그것을 은연중에 드러낸 것이다. 사실, 자신의 성기를 과도하게 지키려는 여성은 그것을 드러내는 여성과 마찬가지로 주의를 끌 수밖에 없다. 의자에 앉으려는 여성이 자기가 생각했던 것보다 치마가 더 올라가 다리를 보였을 때, 그것을 끌어내리려는 행동은 그 상황의 성적 의미를 두드러지게 할 수밖에 없다. 유일한 비성적 신호는 양극단을 피하는 방법뿐이다.

그러나 여성과 마찬가지로 남성의 경우도 다리를 벌리는 것은 같은 종류의 신호를 보내는 것이다. 즉, 이렇게 말하는 것과 같다. "나는 당신에게 내 성기를 보이고 있습니다." 다리를 넓게 벌리고 앉는 것은 지배적이고 자신감이 강한 남자의 제스처다(물론 뚱뚱해서 다리가 오므려지지 않는 경우는 여기에 해당되지 않는다).

배

성기 부분보다 위쪽으로 가면 배와 만난다. 배는 보통 평평한 배와 튀어나온 배로 나뉜다. 대다수 사람들은 평평한 배를 하고 있으나, 영양실조에 걸린 아이나 과식하는 남자들은 대개 배가 튀어나왔다. 성인 여자는 성인 남자보다 배가 나오는 비율이 적은데, 이것은 체중초과 정도가 비슷한 경우에도 그렇다. 왜냐하면 여성의 경우는 배 주변보다 허벅다리와 궁둥이의 근육조직에 지방이 끼기 쉽기 때문이다.

물론 남자나 여자나 비만이 지나치면 결국은 비슷한 뚱보가 되기 마련이지만, 그리 심하지 않은 단계에서는 지방 분포의 차이가 분명하다. 살집이 빈약한 남자들도 중, 노년기가 되면 대개는 작으나마 배가 나오게 된다. 이것은 어떤 이유에서일까?

만화 중에는 때로 작자가 의도한 이상으로, 혹은 이해하는 것 이상으로 이 점을 해명해주는 장면이 있다. 예컨대, 바닷가에 서 있는 중년남자 옆을 비키니를 입은 젊고 아름다운 여자가 지나간다. 그녀가 가까이 다가오는 것을 깨닫자 남자는 늘어진 하복부를 끌어당기기 시작한다. 그녀가 옆을 스칠 때쯤에는 남자의 가슴은 크게 부풀어오르고 배는 쑥 들어간다. 그리고 그녀가 지나가자 다시 배는 늘어지고, 멀리 사라진 뒤에는 원래대로 거대한 배로 되돌아간다.

이것은 남자의 성적 이미지와 그가 의식적으로 행한 뱃살 조절을 우스개 소재로 삼은 것인데, 이것이 주는 메시지는 그 이상이다. 남자의 성적 과시를 무의식중에 표출하는 동작을 그린 것이다. 그 이유는, 성적 흥분이나 길게 이어지는 성적 관심은 자연스레 복근을 수축시키는 작용을 하기 때문이다. 더구나 이것은 개인 차를 넘어, 젊은 남자와 늙은 남자를 막론하고 뱃살에서 볼 수 있는 일반적인 차이다. 젊은 남자는 늙은 남자보다 성 능력이 강하고 신체의 형태는 밑으로 갈수록 조여져 있다. 그 넓은 어깨와 완만한 가슴, 수축된 궁둥이는 우리 인간의 전형적인 남자다운 형태를 보여준다. 평평한 배는 이러한 역삼각 체형의 일부이다. 한편, 나이든 남자는 처지고 둥근 어깨와 납작한 가슴, 무거운 궁둥이를 갖고 있다. 볼록하게 튀어나온 배는 삼각 체형의 일부로, 이런 체형을 가진 나이든 남자는 "나는 색(色)에서 졸업한 남자다."라고 스스로 선언하는 것과 같다.

젊음과 성적 능력을 최고로 떠받들면서, 현대 남자들은 피하기 어려운 체형의 변화를 만회하기 위해 눈물겨운 노력을 한다. 다이어트를 위해 굶기를 자처하며 열심히 운동하고, 때로는 불편한 코르셋까지 착용하고서 느슨해져 가는 복근을 의식적으로 힘껏 죈다. 만일 그들이 잇따라 사랑에 빠질 수만 있다면 물론 일은 훨씬 간단할 것이다. 현명한 남자라면, 정사는 식이요법과 코르셋을 조합시킨 정도로 효과가 있으며, 더구나 육체 단련도 겸할 수 있다는 사실을 잘 알 터이다.

사랑에 빠진 경우 '정보'의 영향을 받아 그들의 복근은 자연스럽게 수축되고 잠시 그 상태가 지속된다. 연애라는 행위 덕분에 그들은 정신적으로나 생물학적으로나 청년기의 상태로 돌아가고, 육체는 그 기분에 맞추기 위해 최선의 노력을 하기 때문이다. 많은 남자들이 가끔 이 방향으로 일보를 내딛긴 하지만 거스르기 어려운 체형 변화가 대가를 요구하고, 결국 육체적 패배를 떠안고 만다. 이러한 과정은 나이든 남자의 진정한 생물학적 역할, 즉 안정된 가정 내 가장의 역할을 파괴할 수도 있음은 물론이다.

하지만 옛날부터 그랬던 것은 아니다. 예전, 현대의학의 기적이 인간의 수명을 부자연스러울 만큼 늘리기 이전에는, 연장자들은 대부분 재빨리 흙 속으로 퇴장해버렸다. 영장류로서 인간의 체중과 그 밖의 라이프 사이클에서 나타나는 여러 가지 특징으로 보건대, 인간의 자연 수명은 대략 40세에서 50세 사이이며, 그 이상은 아니라고 생각된다. 그 뒤의 인생은 말하자면 보너스 같은 것이다. 게다가 과거 역사에서는, 권력을 쥔 나이든 남자는 그 지위를 젊음으로써가 아니라 사회적 권세로써 유지했다. 매혹적인 젊은 여자는 왕왕 말로 구슬러서 얻는 대상이기보다는 돈으로 사는 대상이었다.

비만한 영주도, 하렘(harem, 회교도의 처첩들 방)을 거느린 뚱뚱한 왕도 그 뒤룩뒤룩한 몸이나 자신이 발하는 비성적 신호를 조금도 고민할 필요가 없었다. 이런 하렘에서 스네이크 댄스(뱀춤)라는 것이 생겨났다. 본디 이것은, 영주나 왕의 땅딸막하고 형편없는 몸 위에서 여자들이 행한 허리 왕복운동에서 비롯되었다. 스스로는 왕복운동을 할 수 없어서, 섹스에서 남성의 역할을 할 수 있는 숙련된 여성에게 서비스를 받지 않으면 안 되었다. 여성은 움직이지 않는 페니스를 바기나(질)에 집어넣고 허리를 빠르게 느리게 자유자재로 움직여 절정으로 이끌었다. 따라서 이것은, 손으로 하는 마스터베이션 행위나 거의 다를 바 없었다. 이렇게, 권력 있는 뚱뚱한 남자를 흥분시키기 위해 여자들이 개발한 변화무쌍하고 교묘한 동작이 유명한 스네이크 댄스의 기초가 되었던 것이다. 시각적인 전희 동작인 이 무용은 차츰 세련되어 오늘날 나이트클럽이나 카바레에서 흔히 볼 수 있는 쇼로까지 발전했다.

현대 남성들이 남자다운 유혹의 신호를 보내지 않고 할 수 있는 섹스는 대개 매춘부와 하는 잠깐 동안의 놀이로 한정되고 있다. 그러나 장기간에 걸친 관계에서는 훨씬 많이, 개인적인 섹스 어필에 의존하지 않으면 안 된다. 20대를 지나 필연적으로 성 능력의 감퇴를 느끼기 시작하는 남성들 사이에서 '젊음과 정력'에 대한 새로운 관심이 일게 된다. 40대에 자연사를 맞이한다면, 이것은 문제도 되지 않을 것이다. 그러나 수명은 늘어났다. 남자가 아버지를 졸업하고서도 거의 반세기란 시간과 직면하지 않으면 안 되는 지금, 문제는 심각하다. 바로 그 해결의 실마리를 찾기 위해, 우리는 다이어트 북이나 헬스 클럽을 비롯해 다양한 장치를 갖기에 이른 것이다.

허 리

여기서는 다시 여성의 성적 신호로 돌아간다. 허리는 통상 남성보다 여성이 가늘다. 꼭 그렇지 않더라도, 여성은 출산이라는 것 때문에 궁둥이가 넓고 가슴도 불룩하여 상대적으로 가늘게 보이기도 한다. 어쨌든 가는 허리는 여성의 중요한 성적 신호가 되며, 이미 서술한 식의 인공적 과장을 겪게 된다. 허리를 졸라매든가 가슴과 히프를 부풀림으로써 신호는 직, 간접적으로 더욱 강력해진다. 양자를 동시에 행하면 신호를 최대한으로 보낼 수 있다. 가슴은 꼭 맞는 천으로 지탱해 위로 추켜올리고, 패드를 넣거나 미용수술을 함으로써 과장된다. 히프 역시 패드를 넣거나 곡선을 그리며 부풀어오른 옷을 걸침으로써 크게 과장할 수 있다.

여성의 허리 코르셋은 길고도 때로는 불행한 역사를 지니고 있다. 예전에는 코르셋이 너무나 꽉 조여서 늑골과 폐의 성장을 가로막아 건강한 호흡을 방해하는 일이 많았다. 빅토리아 시대 후기에는 허리 인치 숫자가 탄생일의 수와 같지 않으면 매력적인 여성이라는 소리를 못 들었다. 이 목표를 달성하기 위해 애젊은 귀부인들은 끈으로 단단히 쥔 코르셋을 낮은 물론 잠잘 때에도 착용하지 않으면 안 되었다. 그러나 펑퍼짐한 스커트가 유행한 시대에는 허리 조임이 비교적 느슨했다. 폭 넓은 스커트로 푹 감싼 히프에 비하면 어떤 허리든 가늘게 보이기 마련이다.

20세기에 들면서 허리는 인공적인 코르셋의 압박에 고통받는 일이 훨씬 적어졌고, 완전히 해방된 경우도 적지 않다. 그 대신 다이어트라는 압박에 시달리지 않으면 안 되게 되었다. 오늘날 영국 여성의 허리치수는 평균 70센티미터다. 튀기 모델, 전형적인 『플레이보이』지의 플레이메이트, 미스 월드의 평균 허리는 대개 60센티미터다. 한편 육체적으로 남성적인 훈련을 필요로 하는 현대 여자 운동선수는 보통 허리 74센티미터를 보인다.

이 숫자는 가슴과 히프 사이즈와 관련시켰을 때 더 큰 의미를 갖는다. 이로써 '허리 가늘기'가 더욱 두드러져 체형이 신호로 전달되기 때문이다. 따라서 튀기(85-61-84)와 미스 월드(91-61-91)는 분명히 구분되어, 후자가 허리 신호를 더 강력하게 보내게 된다.

그러나 허리와 관련해서는 아직 논평을 요하는 문제가 있다. 양쪽(가슴에서 허리, 히프에서 허리)이 똑같이 들어가는 경우도 있지만, 한쪽이 다른 쪽보다 큰 경우도 있는 것이다. 미스 월드는 가슴에서 허리, 히프에서 허리가 각각 30센티미터씩 들어가 완전히 균형이 잡혀 있다. 그러나 영국 여성의 평균은 94-70.5-99로서, 가슴에서 허리보다 히프에서 허리 쪽이 더 들어가 있다. 가슴보다 히프가 5센티미터 더 크기 때문에 이른바 5센티미터의 낙차가 생긴다. 나아가 그 밖의 서구 국가들의 평균 여성에게서도 같은 점이 나타난다. 이탈리아에서는 역시 5센티미터, 독일과 스위스에서는 6센티미터, 스웨덴과 프랑스에서는 7.9센티미터로 아래가 퍼져 있다.

이들 숫자는 『플레이보이』지의 플레이메이트와는 의미 깊은 차이를 보인다. 전형적인 플레이메이트는 94-61-89로서, 5센티미터 역삼각형 체형을 보이고 있다.

따라서 그녀들이 '글래머'라고 불리는 것은 단지 가슴이 크기 때문이 아니다. 그녀들의 가슴은 영국 여성의 평균과 똑같다. 그녀들이 글래머로 보이는 것은 가슴은 크지 않지만 허리와 히프가 작아서 위쪽이 볼륨 있는 체형이므로, 싫든 좋든 가슴을 주목받기 때문이다. 하지만 이런 여성을 찾아내기란 쉬운 일이 아니다. 왜냐하면, 잡지 성격상 여자의 가슴을 벗겨 사진을 찍어야 하는데, 이 문제는 바로 생물학적 차원과 연계되기 때문이다.

이 점을 좀더 깊이 생각해보기 위해, 이제부터 잠시 허리를 떠나 가슴 부분에 표적을 맞추기로 하자.

가슴

인류는, 성인 여자는 부푼 밥공기형 유방 두 개를 갖는다는 점에서, 영장류 중에서도 독특한 존재다. 유방은 젖이 나오지 않을 때에도 현저하게 부풀어 있으며, 이 점은 유방이 단순한 수유기관(授乳器官) 이상의 것임을 명백히 하고 있다. 내가 이미 서술했듯이, 그 형태에서 볼 때 유방은 본래 성감대의 의태(擬態)이며, 바꿔 말하면 반구형 궁둥이의 복제품으로서 생물학적으로 발달했다고 보는 것이 타당할 것이다. 인간에게만 허용된 직립 자세로 여성이 남성과 마주 보았을 때, 여성에게 강력한 성적 신호가 주어지는 것은 이 때문이다. 궁둥이 의태로는 이 밖에도 두 가지가 더 있는데, 양자 모두 유방이 주는 신호만큼은 강력하지 않다. 그 하나는 둥그스럼한 어깨다.

블라우스나 스웨터를 벗을 때 보이는 어깨는 마치 궁둥이처럼 굴곡이 진 반구형이다. 어깨선을 드러낸 드레스가 유행하던 시대에는 여기서 에로티시즘이 강조되기도 했다. 그리고 또 다른 의태는 매끈매끈하고 둥근 무릎에서 보여진다. 다리를 구부린 상태에서 오므릴 때, 무릎은 남성의 눈에 여자다운 반구형 한 쌍으로 들어온다. 에로티시즘을 운운할 때 무릎 역시나 자주 인용되어왔다. 어깨와 마찬가지로 무릎도 살짝 노출될 때가 가장 자극적이다. 다리 전체가 보이면 그 자극은 약해질 수밖에 없다. 왜냐하면, 무릎 고유의 반구형 한 쌍이라는 성격은 상실되고, 단순히 다리가 시작되는 부분에 지나지 않기 때문이다. 그러나 무릎은 궁둥이의 의태로서는 미약하며, 강한 자극을 주는 것은 역시 가슴이다.

여성의 가슴에 대한 아이들 반응과 어른의 성적인 반응은 구별할 필요가 있다. 남자들은 보통 여성의 유방에 대한 자신들의 관심을 단순히 성적인 것으로 생각한다. 이를 일부 이론가들은 순수하게 유아적인 것으로 치부해버리기도 한다. 그러나 양자 모두 단면적인 견해이며, 두 요소가 함께 작용한다고 봐야 한다. 여성의 젖꼭지에 키스를 하는 연인은 의사 궁둥이에 키스한다기보다는 오히려 거기서 유아기에 누렸던 쾌락의 냄새를 맡는다고 해야 할 것이다. 그러나 유방을 바라보거나 애무하는 남성은, 유아 때 손에 쥐었던 어머니 유방을 재체험한다기보다는, 먼저 본능적으로 그 공기형 의사 궁둥이에 반응하는 것이다. 어머니 유방은 유아의 자그마한 손바닥 안에는 들어가지도 않고, 아기가 쥐기에도 너무 벅차다. 그러나 성인의 손에는, 궁둥이의 반구형을 암시하는 유방의 둥그스럼한 표면이 느껴진다. 시각적으로 궁둥이와 유방은 확실히 같은 것이며, 유방 한 쌍은 아기가 젖을 먹으며 근거리에서 보던 어럼풋한 형태보다는 궁둥이 한 쌍에 훨씬 가까운 이미지를 준다.

여성의 유방이 갖는 성적인 의미는 우리 인류에게는 아주 중요하다. 여기서 온갖 것의 방향이 결정된 것은 아니지만, 여성의 유방에 두었던 사회의 오랜 편견에 이 성적 의미가 크게 역할했음은 사실이다. 초기 영국 청교도들에게 이 성적 이미지는 딱딱한 띠로 유방을 완전히 납작하게 눌러 감싼다는 것을 의미했다. 17세기 스페인에서는 더 가혹한 형벌이 내려졌다. 젊은 여성은 유방의 성장을 막기 위해 부푼 가슴에 납판을 대어야 했다.

그렇다고 이러한 조처가 여성의 유방에 대한 관심의 결여를 말해주는 것은 아니다. 관심의 결여라면, 유방을 완전히 무시함으로써만 증명될 것이다. 그러나 오히려 유방에서 성적 신호가 표출되는 것을 문화적인 이유에서 처단하지 않으면 안 되었음을 증명해주고 있다.

보다 일반적이고 흔한 풍조는 유방을 어떤 방법을 써서 하는 과장이다. 이 과장은 크게 키우기보다 높이는 데 중점을 두었다. 바꿔 말하면, 반구형 궁둥이의 의태로서 유방의 모습을 더 좋게 만드는 것이 목적이었다. 유방 위쪽이 부풀도록 단단한 의상으로 받쳐올리고, 유방 사이 계곡이 진짜 궁둥이의 갈라진 틈과 비슷하도록 꽉 조이거나, 늘어지지 않고 앞으로 튀어나오도록 넓은 브래지어로 감싼다. 사실, 여기에 온통 관심을 쏟던 시대도 있었다. 고대 인디오의 사랑의 안내서는 다음과 같이 충고하고 있다.

> "안티몬(Antimon, 은백색의 금속 원소)과 미음을 장기간 도포하면 젊은 처녀의 유방은 크게 솟아올라, 도둑이 황금을 훔치듯이 좋아하는 사람의 마음을 훔칠 수 있을 것이다."

그러나 두셋 미개문화는 밑으로 처지고 쭈그러진 유방을 선호해, 젊은 처녀들에게 언제나 유방을 짓누름으로써 빨리 처지게 하라는 가르침을 하달했다. 일반적인 관습에 반하는 예외는 설명을 요하는데, 사회인류학자는 이것을 단순히 문화적 변종으로 이해하고서 문제를 파헤치려고 하지 않는 듯하다. 모든 문화, 모든 시대는 나름대로 고유하고 특수한 미에 대한 기준을 갖고 있으며, 특정 종족 또는 사회가 받아들인 양식이라면 그것으로 족하다는 것이 사회인류학자들의 통설이다. 거기에 변종으로 갈 수밖에 없었던 생물학적 근거는 없으며, 단지 '같은 값이면 다홍치마'라는 양자택일만이 있을 뿐이라고 주장한다.

이 견해는 인간이라는 동물, 즉 남자와 여자는 육체적인 차이를 왜 이리도 크게 진화시켜왔는가(이 차이는 인류에게서만 보이는 것이다), 하는 근본적인 문제를 회피한다. 전형적인 여성은 남성에게는 없는 부푼 유방을 갖추고서,

아이를 기르기 위해 젖을 생산할 때나 그렇지 않을 때나 똑같이 유방을 과시하는데, 인류 이외의 영장류에게서는 보기 어렵다.

즉, 부푼 유방이 호모 사피엔스에게 근본적인 생물학적 테마임은 분명하나 그 변종은 따로 주석을 달 필요 없는 그 종족의 풍습에 지나지 않으므로 등가 개념의 문화적 양자택일 뿐이다,라고 치부하고 말 것이 아니라, 오히려 그 현상에 대해 특정한 설명을 요하는 것으로 생각해야 한다.

이 예외를 이해하기 위해서는 전형적인 여성 유방의 라이프 사이클을 생각해보면 좋을 것이다. 아이들 시절에는 평평한 가슴에 달린 젖꼭지 상태로 출발한다. 이어서 사춘기가 되면 꽃봉오리처럼 피어오른다. 이 단계에서 부풀어오르는 부분은 전방을 향한다. 더 성장하여 무게가 늘어나면 유방은 밑으로 쏠리면서 위쪽보다 아래쪽이 약간 강한 굴곡을 그리게 된다. 지금까지 젖꼭지는 여전히 앞을 향하고 있다. 이것이 10대 후반 무렵의 상태다. 마침내 20대에 접어들면 유방은 계속 부풀어오름에 따라 서서히 아래로 처지기 시작하고, 마지막으로 중년이 되면 인공적인 받침대를 사용하지 않는 이상 큰 유방은 눈에 띄게 늘어진다. 즉, 유방은 사춘기의 미성숙 상태, 처녀기의 팽팽하게 솟아오른 상태, 장년기의 처진 상태라는 기본적인 세 단계를 거친다.

이 관점에서 생각하면 문화적인 변종은 보다 깊은 의미를 갖는다. 이를테면, 어떤 이유로 미성숙한 소녀에게 섹스 어필한다고 하는 경우에는 작은 유방을 선호할 것이다. 나이든 여성을 선호할 경우에는 처진 유방을 찬양할 것이다. 그러나 대다수는 이 둘의 중간 단계를 선호한다. 왜냐하면, 이 단계야말로 인간 여성이 본격적인 성 활동에 들어가는 시기이기 때문이다. 성숙하지 않은 여성은 작은 유방에 패드를 넣어 팽팽하게 솟은 상태를 모방하고, 나이든 여성은 성 생활의 개화기에 있는 듯한 인상을 풍기도록 인공적인 받침대를 사용하여 솟은 유방으로 위장한다.

미성숙한 소녀를 선호하는 이유를 몇 가지 생각할 수 있다. 성적으로 억압된 청교도적 문화 속에서 생활하는 남자에게 여성의 평평한 유방은 강력한 성적 신호를 무디게 한다. '딸' 같은 신부를 얻어 '아버지' 역할을 하고 싶은 심적 경향을 가진 남성은 유방이 작은 소녀 같은 느낌을 풍겨야 좋아할 것이다. 잠재적으로 호모 섹스 경향이 있는 남자들은 작은 유방에서 소년 같은 인상을 받고 거기서 강한 매력을 느낄 것이다. 한편, 여성의 어머니로서의 역할이 성적 역할보다 문화적으로 한층 더 중요성을 띠는 사회에서는, 나이든 여성의 처진 유방이 젊은 여성의 것보다 호소력 있을 것이다. 이런 연유로, 젊은 여자들이 유방을 눌러 처지게 함으로써 유방을 '노화'시키는 것이다.

그러나, 대다수 인간에게 유방이 최대 섹스 어필하는 시점은 반구가 부풀어올라 밑으로 처지기 바로 직전인 듯하다. 이 점은 『플레이보이』지의 사진작가들에게는 딜레마 중 하나다. 왜냐하면, 한쪽의 미점(사이즈의 크기)이 늘어나면 다른 쪽의 미점(처지지 않는 것)이 감소되기 때문이다. 이를 찍기 위해서 사진작가는, 이미 성숙한 크기로 솟았으면서도 젊은 유방이 갖는 탄력성을 유지하고 있는, 보기 드문 여자를 찾아내야 한다. 흥미롭게도, 이 조건을 채우는 시기는 10대 후반의 몇 년으로 한정된다. 성적 신호에 관한 한, 이 시절이 여성의 라이프 사이클 중에서도 가장 생생한 시점이다. 그래서 나이 먹은 여자들은 이 상태를 모방하여 다양한 테크닉을 구사하며 인공적으로 지연시키려 한다.

이 효과는 허리나 궁둥이가 작은 여자를 선택함으로써 간접적으로 강화되기도 한다. 그런데, 여기서 다시 한 번 나이와 더불어 진행되는 여성 체형의 일반적 변화라는 문제에 부딪히게 된다. 실험 결과, 성인 여성의 평균 체중은 5년마다 1,360그램씩 늘어난다는 것이 밝혀졌다. 이 중 유방에 붙는 것은 적은 양에 불과하겠지만, 그럼에도 세월과 더불어 유방을 늘어뜨리기에는 충분하다. 궁둥이와 허벅다리는 이 체중증가 가운데서도 부당하게 큰 비중을 점하며, 이것이 앞에서 말한 '아래가 넓은 체형', 즉 가슴보다 히프가 다소 큰 체형을 설명해준다. 지중해 연안지방을 대표하는 몇 군데 지역에서는 여성이 20대에 접어들면 놀랄 만큼 빠른 속도로 이런 변화를 겪는다. 어떤 시기에 호리호리했던 그녀들은 거의 하룻밤 사이에 허리 주변이 굵어지기 시작하여 나이든 여자처럼 전형적인 '어머니' 스타일이 되어버린다. 이 변화가 더 서서히 일어나는 지역도 있지만, 기본적인 경향은 같다. 고령이 되어 신체가 다시 줄어들기 시작할 때까지 역전은 있을 수가 없다.

지금까지도, 젊어지고 싶어하는 많은 서구 여성들에게 이러한 생물학적인 경향은 엄한 과제여서 식이요법이라는 끊임없는 고통을 감내하고 있다. 그녀들은 식욕과 싸우는 것이 아니라 자연을 상대로 싸우는 셈이다. 여자다운 자태를 유지하려면 '보통으로' 먹어서는 안 되며, 세심한 주의를 기울여 절식을 해야 한다. 그렇다고 오늘날만큼 극단적이었던 것은 아니다. 과거 시대에는 성숙한 여성의 포동포동한 자태도 성적인 즐거움의 대상이었다. 풍만한 곡선을 보고 여성답지 않다고 말하는 사람은 없었다. 그러나 그것은 처녀보다는 오히려 어머니의 모습이었다. 젊음을 금과옥조로 삼는 풍조 속에서 현대 여성은 아기를 낳은 뒤에도 계속 싱싱한 처녀이기를 바란다.

성숙한 여성이 주는 풍요로운 곡선은 기본적으로 결혼 적령기 여성의 상태가 아니라 어머니 상태라는 것을 다음과 같은 사실이 증명해준다. 즉, 결혼을 하여 아이를 가진 여성이 약 3,200그램 느는 동안에, 미혼 여성은 900그램씩 는다는 사실이 그것이다. 여기서 얻는 교훈은 언제까지나 처녀 같은 자태를 유지하고 싶다면 처녀 상태로 머물러야 한다는 것이다. 생물학적으로 말하면, 연령과 무관하게, 미혼이란 남편이 될지도 모르는 남자에게 자신을 내보이는 상태며, 그렇게 진화해온 것도 사실이다. 그런데 일단 결혼하면 보다

‘편안한’ 어머니 상을 표현하기 위해 체형이 변한다.

현대 여성 대부분은 이 변화를 매우 곤혹스러워하지만, 이것을 불행한 우연으로 치부하기보다는 더 근원적인 문제로 볼 필요가 있다. 그 이유로 흔히 지적되는 것이, 허리 굵은 여성은 아이를 잘 낳는다는 것인데, 이것은 증거가 불충분하다. 왜냐하면, 허리가 굵다는 것은 산도를 에워싸는 뼈의 공간이 넓은 것이 아니라 그 대부분이 두터운 지방층이라는 말이기 때문이다(여성은 평균 28퍼센트의 지방을 갖고 있음에 반해 남성은 15퍼센트에 불과하다). 그러나 이 점에 대해서는 보다 성적인 해석이 있으며, 이쪽이 내게는 더 의미가 있다. 날씬한 여체는 남성이 시각적으로 즐기는 것, 즉 바라보거나 가볍게 만지거나 키스하거나 사랑에 빠지거나 하는 데 어울린다. 좀더 풍만하고 여자다운 자태는 남성이 수년간에 걸쳐 섹스를 하기에 적당하다. 즉, 순리적인 진행경과는 시각적으로 멋있는 자태가 촉각적으로 좋은 육체가 되도록 변화하는 것이며, ‘팔팔 뛰는 영양’이 ‘푹신푹신한’ 쿠션으로 바뀐다는 것이다. 이같은 변화야말로 보기엔 좋지만 촉감은 좋지 않은 깡마른 패션 모델과, 껴안으면 편안한, 이미 남성과 생물학적인 임무를 수행하여 풍만해진 여성의 차이가 아닐까 싶다.

그러나 내가 여기서 서술하는 것이 극단적인 예임은 물론이다. 보통 여성이라면 몸이 소녀 같다고 해도 섹스하기에 불쾌할 만큼 깡마르지는 않으며, 풍만하다 해도 보기 흉할 만큼 뚱뚱하지 않다. 나쁜 것은, 젊은 연인들은 영원히 사랑을 꿈꾸어야 하며, 세월이 지나도, 완전히 부부로서 맺어진 뒤에도, 구혼시대의 뜨거운 상태가 쭉 지속되어야 한다는 신화를, 현대사회가 억지로 주입시키고 있는 것이다. 처음 격렬하게 ‘사랑하던’ 상태는 그 사랑이 성숙하고 깊어지면 편안하게 ‘사랑하는’ 상태로 필연적으로 바뀌기 마련임을 인정하지 않고, 심지어 부부간에도 연애시절에 겪었던 숨쉴 수 없을 만큼 열

럴했던 사랑을 지키느라 안간힘을 쏟으며, 세월과 더불어 변하는 자신들의 체형과 악전고투한다. 이윽고, 연애시절의 빛이 바래기 시작한 것을 느끼면 그들은 뭔가 잘못됐다고 생각하여 낙담한다. 이렇게 보면, 초기 헐리우드 영화도 무척이나 죄스런 짓을 했다.

피부

남녀 모두, 그리고 모든 문화에서 매끈하고 청결한 피부가 주는 성적 의미는 크다. 주름살, 때, 피부병 등은 항상 비에로틱하다(어떤 문화에서 피부에 일부러 생채기를 내거나 문신을 하는 경우는 별개의 문제다. 이것은 본인의 섹스어필을 오히려 강화하는 것이다).

여성의 신체와 손발의 피부는 남성보다 체모가 적다. 여성은 매끈한 피부를 만들기 위해 오일과 로션을 바르고 마사지를 할 뿐 아니라, 체모를 뽑아 성의 차이를 강조한다. 이런 식의 제모(除毛)는 수천 년에 걸쳐 여러 문화에서 행해졌다. 몇몇 미개종족뿐 아니라 고대 그리스에서도 행해져왔다. 그리스 여성들은 음모를 뽑기도 했다. 손으로 털을 뽑거나(어떤 고전작가의 문장을 인용하면, ‘손으로 뽑아낸 미르테——복숭아과의 키 작은 나무——의 밭’이라고 표현했다) 촛불이나 뜨거운 재를 사용하여 태웠다.

현대 여성은 면도기로 깎거나 화학적 수단을 사용하여 제모하기도 한다. 미용 전문가에 따르면 영국 여성의 80퍼센트는 체모를 거추장스럽게 생각하며, 남성의 것보다 드문드문하기는 하지만 그 흔적은 역시 남자 같아서 불쾌하다는 것이다. 여기에 힘입은 미용가들은 면도기나 제모용 크림 · 로션 · 에어 스프레이에 더하여, 왁스법 · 마찰법 · 뽑기법 · 전기분해법 등을 권장하기도 한다. 왁스법은 젤리 상태로 만든 특수 왁스를 피부에 발라 굳힌 다음 떼어내는 것으로, 왁스에 체모가 묻어 나온다. 이 방법은 아랍 여성이 예로부터 사용하던 방법과 기본적으로 동일하다. 다만, 아랍 여성은 왁스 대신 같은 양의 사탕과 물로 짙은 시럽을 만들고 여기에 레몬즙을 더하여 사용했다는 점이 다를 뿐이다.

한편, 매일 시간을 들여 수염을 깎아내는 현대 남성을 보자. 남성들이 전통적인 면도 외에 다른 방법을 시도하지 않는 것은 언뜻 놀랍다. 그러나, 여기에는 어떤 요소가 숨겨져 있다. 소심하다든가 창의성이 결여되었다든가 하는 문제는 없다. 다만, 수염이 없을 때라도 있는 것처럼 보이고 싶다는 모순된 욕망을 버리지 못할 뿐이다. 수염을 깎아도 얼굴 아랫부분에는 반드시 남자다운 푸르스름한 광채는 남는다. 바로 수염의 존재를 말해주는 그림자다. 실제로 어떤 새로운 기법으로 성인 남자의 수염을 영원히 없애버릴 수 있다면, 그래서 남자다운 푸른 그림자도 없애버린다면, 그 얼굴은 그 임자에게 남자다운 자신감을 줄 수 없는 너무나도 여성스런 얼굴로 보일 게 틀림없다. 이런 이유에서, 남자들은 죽을 때까지 수염을 깎는 데만 평균 2,000시간 이상을 들이는 것이다. 모순된 신호를 위해 지불하는 시간치고는 꽤 엄청난 대가라고 할 수 있다.

그런데, 성 행위와 전희가 격렬한 단계에서는 남녀 모두 피부에 상당한 변화를 겪는다. 체온이 올라가는 오르가슴의 순간에는 엄청난 땀을 낸다. 에로틱한 사진이 이런 현상을 시각적 신호로 이용한다. 피부에 오일이나 크림을 발라 광택을 내거나 물을 뿌리는 것은 땀을 연상시키기 위해서다.

그렇다고 이 물이 반드시 땀을 의미하지는 않는다. 물은 단지 물에 불과하며, 이를 증명하기 위해 풀이나 욕조에서 일어서는 장면도 자주 찍는다. 땀을 흘리는 피부는 너무 노골적이다. 그렇지 않아도 물에 젖은 피부는 무의식중에 연상작용을 일으킨다. 컬러 사진에 붉은 색이 강하게 가미된 것도 이와 같은 이치다. 이 붉은 기는 섹스로 막 달아오르기 시작한 여자의 피부를 에로틱하게 묘사한다. 이는 수많은 잡지가 늘 사용하는 뻔한 수단이다.

최근에, 사적인 차원에서 피부에 인공적으로 붉은 기를 감돌게 하는 제품이 판매되고 있다. 이제 연인들은 전희 시작 전이라도 상당히 흥분된 상태처럼 보이게 하는(느끼게 하는) 각종 기묘한 물질로 몸을 칠할 수가 있다. 예를 들면, 깡통에 든 스프레이식 '사랑의 거품'이 그렇다. 면도 크림처럼 보이지만 피부에 문지르면, 그 회사 말마따나 몸이 '마법처럼 붉은 기'를 띤다는 상품이다. 보다 색다른 기호를 충족시켜주기 위해 '오디 버터'라 이름 붙인 상품도 있다. '딜럭스한 광택료'라고 불리는 그 광고는 "분방한, 붉은 기를 띤 뜨거운 몸. 반들반들한 관능적인 효과를 드립니다. 문질러서 몸에 스며들게 하면 화끈하게 달아오릅니다."라고 말한다.

빨강, 반질반질, 화끈화끈. 이 모두는 흥분한 상태를 말해주는 생생한 신호이며, 피부가 진정 흥분한 상태에 이르렀을 때처럼 혈관 확장과 발한을 모방하고 있다.

어 깨

둥그스름한 여성의 어깨는 이미 서술한 대로지만, 남성의 넓은 어깨도 다룰 가치가 있을 듯하다.

어깨가 벌어지는 것은 사춘기에 발달하기 시작하는 중요한 제2차 성징의 하나다. 사춘기 남성의 어깨는 여성보다 크게 벌어지고, 성인이 되면 여성보다 확연하게 넓은 어깨가 되어 있다.

그리고, 이 어깨 넓이도 다양한 방법으로 인공적으로 과장해왔다. 역사를 통해 보면, 남성 의복은 어깨 부분에 특별한 패드를 넣어 남자다운 신호로서도 지나치다 할 만큼 과장한 적이 숱하다. 가장 극단적인 예는 군복의 견장으로, 이것은 어깨를 넓게 또 각지게 보이는 작용도 한다. 이 때문에 좁고 둥근 여성의 어깨하고는 이중적으로 대비되며, 반구상의 시각적 특징을 완전히 상실하고 있다.

턱

머리에서 몇 가지 중요한 성 차이가 보여지는데, 우선 들고 싶은 것이 턱과 턱끝이다. 보통 남성은 여성보다 더 실팍한 턱과 턱끝을 가지고 있다. 어찌 된 셈인지 이 사실을 등한시해왔는데, 이 점이야말로 완벽한 복장도착증(服裝倒錯症)의 가면을 벗기는 열쇠가 된다. 이런 유의 남자들은 패드를 넣어 체형을 변화시키거나, 드러나는 털을 전부 제거하거나, 얼굴에 진한 화장을 하거나, 왁스를 주사하여 인공적으로 유방을 부풀리거나 하는 방법으로 매혹적인 자태를 쉬이 꾸밀 수가 있다. 외국 항구에서 수부가 창녀를 샀는데, 나중에 보니 여자가 아니더라, 하는 사건은 흔하디흔하다. 그러나 아무리 교묘한 복장도착증이라도 외과수술을 받지 않는 한 턱과 턱끝은 속일 수가 없다. 운 좋게, 이상하리만치 턱이 작은 남자로 태어나지 않는 한, 주의 깊은 눈에 걸리면 두터운 턱이 본인의 정체를 폭로하고 말기 때문이다.

그러나, 남성의 턱과 턱끝의 늠름함이 그리 두드러지지 않는 종족이 극동지방에 몇몇 있다. 이들 종족은 턱수염의 발달도 뒤처져 있는데, 이 두 특색 사이에는 관련성이 있는 것처럼 생각된다. 턱을 앞으로 내미는 것은 남녀를 불문하고 공격적인 행위로서, 앞으로 달려들어가 공격하겠다는 의지를 보이는 동작이다. 이것은 머리를 숙이며 얌전히 허리를 굽히는 동작과는 대조적이다. 남성은 굳센 턱으로써, 말하자면 늘 단호한 자기 주장을 하고 있는 셈이다. 턱이 빈약한 남자를 흔히 무턱이라고 놀리는 것으로 보아도, 늠름한 턱은 남성의 특징으로서 중요시됨을 알 수 있다.

이상과 같이, 가장 현저한 남성적 특징 중 하나를 턱수염이라고 할 때, 이 턱수염은 앞으로 튀어나온 턱에 수반하여 진화했다고 보아야 할 것이다. 뼈의 억센 구조는 수염에게는 기름진 땅이 된다. 이 두 특징이 맞물려 남자답게 돌출한 턱을 만들었을 것이다. 다른 영장류와는 달리 우리 턱뼈는 바깥쪽으로 튀어나와 있다. 이 점에 대해서, 해부학자들은 이미 그 내부에 아무런 역학적 기능도 없다고 결론 지었다.

과거에는 인류의 이 고유한 특징을 설명하는 이론이 많이 발표되었다. 그 중에는 턱의 근육과 혀의 특수한 성질과 관련이 있다는 이론도 있었는데, 이러한 논의는 최근에 이르러 모두 부정되고 있다. 턱의 돌출은, 오늘날에는 기본적으로 신호로서의 성격을 갖는다고 간주되고 있다. 따라서, 턱의 돌출은 남성 턱수염의 자기 주장을 돕는 초석이 된다고 할 수 있다.

뺨

얼굴 위쪽으로 올라가면, 앞에서 서술한 입을 빼고 그 다음으로 만나는 것이 뺨이다. 여기서 가장 중요한 신호는 홍조, 즉 충혈로 인해 피부가 붉어지는 현상이다. 홍조는 항상 뺨 부분에서 시작되어 얼굴 전체와 목, 때로는 가슴까지 확대되는데, 가장 눈에 띄는 것이 뺨이다. 더욱이 이것은 남성보다 여성에게서 더 흔하며, 나이든 사람보다 젊은 여성에게 많다. 피부가 붉어짐과 동시에 팽창하기 때문에, 흑인에게서도 이런 종류의 달아오르는 현상을 확인할 수 있다.

홍조는 전 인류에게 일어나며, 따라서 이것은 인류의 기본적이고 생물학적인 특징이라고 할 수 있다. 다윈은 예전에 홍조의 문제에 대해 꼬박 한 장(章)을 할애하여 논한 적이 있다. 그에 따르면, 얼굴이 빨개지는 것은 수줍음이나 부끄러움, 내성적인 성격, 용모에 대한 자의식 때문이라고 한다. 그리고 기록에 의하면, 고대 노예시장에서 하렘에 바칠 여자를 살 경우, 웃돈을 더 주고서라도 뺨에 홍조 띤 여자를 골랐다고 한다.

결국, 뺨의 홍조는 친밀성을 향한 강력한 유도 신호였다고 보아야 할 것이다.

눈

　인간의 감각기관 가운데 가장 중요한 것이라고 할 수 있는 눈은 이미 검토해온 여러 가지 신호를 모두 감지할 뿐 아니라, 스스로 신호를 보내기도 한다. 우리는 얼굴과 얼굴을 마주하고 있을 때, 눈으로 접촉을 행하거나 중단하기를 반복한다. 감정 변화를 살피기 위해 상대를 쳐다보고, 이어서 무례를 범하지 않기 위해 눈을 내리깐다. 그러나 연인 사이라면 길게 쳐다보고 있어도 상대를 당황케 하거나 위협을 가하는 것이 되지 않는다. 연인들은 특별한 이유에서 상대의 눈을 깊이 들여다본다. 기쁜 감정이 강하게 작용하면 동공이 평소보다 커져 눈동자 중앙의 작은 암점(暗点)이 점차 확대된다. 이것은 무의식중에 본인이 느끼는 사랑의 격렬함을 나타내며, 이로써 상대에게 강한 신호를 보내는 것이다. 이 사실이 과학적으로 규명된 것은 최근이지만, 실은 예부터 잘 알려져 있다.

　예를 들어, 고대 이탈리아 미녀들은 이 효과를 인공적으로 얻기 위해 벨라도나(belladonna, 가짓과의 유독식물)의 즙을 눈에 떨어뜨렸다고 한다. 그러나 지금은 광고주들이 이런 종류의 장치를 쓰고 있다. 이들은 벨라도나 대신 검은 잉크를 사용하여 사진에 찍힌 모델들의 동공을 인위적으로 확대하여 매혹적으로 만들고 있다.

　감정이 격해졌을 때 눈에 나타나는 또 다른 변화는 눈물이 찔끔 솟는다는 것이다. 격렬하게 사랑하는 상태에서는, 실제로 눈에서 떨어질 만큼 눈물이

나온다기보다는 단지 눈동자 표면의 빛을 늘려주는 정도로 나오는 게 보통이다. 이것이 사랑하는 사람의 눈을 빛나게 하며, 동공의 확대와 아울러 본인이 빠져 있는 감정의 상태를 분명하게 이야기해준다.

다른 다양한 눈 동작도 친밀성을 유도한다. 누구나 알고 있는 윙크는 차치하고, 어떤 문화에서는 눈을 빙빙 돌리는 것이 성 행위를 향한 직접적인 유도라고 보고되고 있다. 여성의 경우는 짐짓 눈을 내리까는 것도 그 나름대로 메시지를 보내는 것이며, 남성이라면 눈을 가늘게 뜸으로써 관심을 나타낼 수가 있다. 처음 만났을 때 상대방 눈을 보통보다 좀더 길게 바라보는 것도 효과적이다. 그것은 말하자면, 나중에 관계가 발전했을 경우 깊은 응시를 떠올리게 하기 때문이다.

눈을 크게 떠서 보는 과장된 응시도 여성이 친밀성을 유도하는 경우에 자주 행해진다. 속눈썹을 깜박이거나 눈꺼풀을 닫거나 하는 것도 여성적인 수단이다. '깜빡이다'의 의미인 bat는 '날갯짓을 한다'는 의미인 'bate'가 변형된 것이다. 이는 우리 문화에서는 결정적으로 비남성적인 행위로서, 놀림 삼아 여성의 제스처를 흉내낼 때에만 남자들이 행하는 것이다.

오늘날 여성들 사이에서 속눈썹의 과장이 크게 번성하는 것도, 속눈썹의 동작이 본질적으로 매우 여성스럽기 때문이다. 이 과장은 먼저 속눈썹을 진하고 분명하게 하는 마스카라에서 시작되며, 이어서 속눈썹의 털로 옮겨가고, 마지막으로 1960년대에 진짜 속눈썹에 붙이는 긴 인공 속눈썹 세트가 개발되면서 최고조에 달한다. 그리고 오늘날에는, '눈을 시원스럽게 한다', '젖혀진 별빛 같은 속눈썹'이라든가 '작은 눈을 크게 보이게 한다', '깔쭉깔쭉한 속눈썹' 등, 한 회사만 해도 열다섯 종류 이상의 스타일로 인공 속눈썹을 발매하고 있다. 이것들은 '클러스터 러시'나 '내추럴 플랙 러시', '슈퍼 스위퍼' 등 색다른 상품들과 마찬가지로 윗눈꺼풀에 고정시키는 것들이다. 또한 아랫눈꺼풀에 붙이는 것으로는 '눈을 맑고 시원하게 하는 윙드 앤드 러시' 등이 있다.

어쨌건, 여러 신체 부품들과 마찬가지로, 여성스런 신호를 보낼 수 있는 것이라면 여성은 그것을 최대한 활용한다. 속눈썹을 과장하는 이 새로운 유형은 사랑에 빠진 남자에게는 확실히 낭보일 게 틀림없다. 사랑 행위의 중요한 일부로서, 남자는 늘 연인의 속눈썹을 깨무는 경향이 있기 때문이다. 그러나 여성의 속눈썹은 아주 성장이 빠르고, 깨물리지 않는 경우라도 3, 4개월이 지나면 자연스럽게 떨어져나간다. 따라서, 인공 속눈썹은 여성들에게는 행운이라고 해야 할 것이다.

눈썹

인간이라는 동물의 눈 위에는 두 줄의 독특한 털 부스러기가 있다. 이마 부분은 그곳 이외에는 완전히 무모(無毛)다. 예전에는 눈으로 떨어지는 땀을 막기 위해 눈썹이 존재한다고 생각했다. 그러나 그 눈썹을 위로 올리고, 화가 날 때에는 밑으로 내리며, 염려스러울 때에는 그 끝을 모으고, 따질 때에는 비스듬히 기울인다. 또한 친밀한 감정을 품고 수긍할 때에는 눈썹을 기민하게 위아래로 올렸다 내렸다 한다.

여성의 눈썹은 남성만큼 진하게 밀집해 있지 않다. 그래서 여기서 또 여성을 더욱 여자답게 하는 과장이 이루어진다. 예를 들면, 더 가늘게 하기 위해 자주 눈썹을 뽑는 방법이 그것인데, 1930년대에는 아이 펜슬로 가는 선을 그려주는 데까지 나아갔다. 이런 극단적인 형태도 아직 성이 차지 않았는지, 옛날 일본 신부는 결혼할 때 눈썹을 몽땅 뽑기까지 했다.

여성의 용모에 대한 비교적 사소한 수정이 갖는 성적 의미는 다음 사실에서 충분히 설명될 것이다. 1923년의 일이다. 런던 모 병원 간호사에 지원한 한 여성이 간호부장으로부터 몇몇 항목에서 경고를 받았는데, 그 중에는 눈썹을 뽑는 것은 허용할 수 없다는 사항도 있었다. 이에 그 여성이 간호부장을 고소했고, 런던 시의회는 간호부장을 견책 처분하도록 조처했지만 받아들여지지 않았다. 그래서, 병원 환자들은 오랫동안 성감을 돋우는 가는 눈썹으로부터 보호받을 수 있었다.

얼 굴

얼굴 영역을 끝내기 전에 일련의 기관들이 아니라 전체적인 얼굴을 검토하는 것이 타당할 듯싶다. 인간 신체 중에서 얼굴은 가장 표정이 풍부한 부분으로, 표정의 다양한 조합에 따라 매우 변화무쌍한 감정을 전달할 수 있다. 특정 근육, 특히 입과 눈 주위의 근육을 조이거나 풂으로써 우리는 기쁨과 놀람, 슬픔과 분노 등 모든 감정을 신호화할 수 있다. 친밀성을 유도하는 장치로서 주역을 담당한다 해야 할 것이다.

부드럽게 미소 짓거나 흥분으로 상기된 얼굴은 우리를 강하게 끌어당긴다. 풀이 죽어 시무룩하거나 고뇌하는 얼굴도 우리를 자극하며, 가까이 다가가 위로해주고픈 마음이 들게 한다. 부자연스럽게 딱딱하거나 신경질적인 얼굴은 반대 효과를 준다. 이는 상식이지만, 얼굴에 작용하는 장기적인 효과라는 것도 있다. 아래서 이 점에 대해 간단히 언급하겠다.

표정과 관련해, '외면'이라든가 '내면'이라는 것이 문제가 될 수 있다. 외면이란 사교적인 얼굴이다. 우리는 '외면이 좋다'든가 '딱 잡아뗀다' 등의 말을 하며, 대중 앞에서 '체면을 잃지' 않도록 주의한다. 그리고 호의를 보이고 싶을 때에는 부드럽게 미소 짓는다. 한편, 좀더 심각한 상황에 처해서는 까다로이 점잔 빼는 표정을 취한다.

그러나 우리는 혼자만 있고 아무도 없을 때에는 얼굴에 특별한 주의를 기울이지 않는다. 이때의 얼굴은 저절로, 시간의 폭에 맞는 표정을 짓는다. 어딘가 불안한 남자는 파티석에서는 열심히 행복한 듯한 표정을 꾸몄지만, 이젠 본래 얼굴로 돌아와 진정한 감정 상태를 드러낸다. 물론 드러낸다고 해도 그것은 자신을 향해서일 뿐이며, 그 모습을 거울에 비춰보지 않는 한 본인도 자신이 지금 어떤 표정을 짓고 있는지 깨닫지 못한다. 본질적으로 행복에 찬 남자는, 장례식장에서는 슬프고 심각한 표정을 짓기 위해 애쓰지만 혼자만의 얼굴로 돌아오면 입술 근육을 풀고 이마의 주름살을 편다.

기분이라는 것은 시시때때로 변하며, 따라서 얼굴 근육도 특정 내면에 장기간 좌우되지는 않는다. 아침에는 침울했다가 저녁에는 다시 기운을 차리는 식으로, 혼자 있을 때 얼굴 표정도 그때그때 기분에 따라 바뀐다. 그러나 사적인 불안과 우울, 분노가 영속되는 상황에서 생활하는 사람들은 사정이 다르다. 내면이 완전히 침체해버릴 위험이 있는 것이다. 이 경우에는 얼굴의 근육 조직이 하나의 표정으로 틀 짓게 된다. 이맛살이나 법령은 거의 펼 수 없게 되어버린다.

이런 사람들은 사교적인 행사에서 그에 어울리는 외면으로 바꾸기가 용이하지 않다. 불안한 사람은 미소를 지으며 인사를 해도 역시 불안해 보인다. 신경질적인 남자는 농담을 듣고 웃을 때조차도 신경질적으로 보인다. 일련의 근육이 얼마간 강고해지면, 외면이 내면을 대신하는 것이 아니라 그것에 지배당하게 된다. 얼굴에서 그 사람의 현재 감정뿐 아니라 과거사까지도 유추할 수 있는 것은 이 때문이다.

그러나, 그 사람이 인생에 획기적인 변화를 맞은 뒤 내면의 주름살이 어느 정도 지속되는지는 명확하지 않다. 이를테면, 불안과 고뇌로 점철된 삶을 살던 사람이 만족한 상황을 맞이했다 해도 하룻밤 새에 주름살이 사라지지는 않을 것이다. 문제의 인물이 행운의 전기를 맞은 때가 이미 노년이라면, 주름살은 결코 사라지지 않을 것이다. 전반적으로 보아 응고된 표정이, 그 메시지가 이미 의미를 상실했음에도 불구하고, 사라지지 않는 시간의 폭이 얼마간 존재하는 것은 분명하다. 하지만 이 기간의 길이를 측정한 연구가 있다는 소리는 들어본 적이 없다.

이상에서 서술한 내용은 인간이 취하는 자세에 대해서도 얼추 적용시킬 수 있을 것이다. 생기 없는 신체도 있지만 팔팔한 신체도 있고, 딱딱하게 굳은 신체도 있지만 느긋하고 유연한 신체도 있다. 우리는 신체 근육의 긴장 상태도 개인적인 감정과 상황에 맞게 변화시킬 수 있다. 이마의 경우와 마찬가지로 극단적인 상황이 길어지면 하나의 자세로 굳어지고 말며, 그것을 고치려고 해도 쉽지 않다. 오랫동안 어깨를 구부리면 결국 새우등이 되고, 그렇게 되면 설령 억만장자가 되었다 해도 등을 펼 수 없다. 마찬가지로, 딱딱하고 부자연스런 걸음걸이도 평생 계속되는 수가 있다.

머리카락(머리)

마지막으로 인간의 영예로운 두부(頭部), 머리를 빽빽이 감싸고 있는 약 10만 개의 머리카락(머리)에 대해 알아보자. 양털처럼 곱슬머리 민족이 있는가 하면, 밑으로 길게 늘어지는 머리, 바람에 나부끼는 머리를 가진 민족도 있다. 머리는 1년에 약 13센티미터 정도 자라며, 6년 정도 붙어 있다가 떨어지면 다시 새 머리가 난다. 가위를 대지 않은 직모는 평균 잡아 엉덩이까지 자랄 것이다. 따라서, 이발을 하지 않은 원시인은 다른 영장류와 비교해 이상한 모습을 하고 있었을 게 분명하다. 체모가 퇴화하여 멀리서는 거의 보이지 않는 것에 반해, 머리는 제멋대로 뻗어나갔을 것이다.

남성이 나이를 먹으면서 대머리가 되는 경우를 제외한다면, 머리에서 성의 차이는 보이지 않는다. 생물학적으로는 남녀 모두 장발이며, 이 특징은 성별 인지 신호로서보다 오히려 종족 인지를 위한 신호로서 발달해왔다. 그러나 문화적으로 머리는 흔히 성의 신호로서 손길이 가해져왔다. 남성이 여성보다 긴 머리를 한 시대도 있었지만, 보통 그 반대였다. 근대에 이르면, 남성의 머리는 이가 끓는 것을 방지하고자 짧게 자르게 되었고, 군대에서는 남성의 장발을 '이의 사닥다리'라고 헐뜯곤 했다. 여성이 거의 어느 시대나 차이 없이 적당한 길이로 머리를 유지해왔던 반면, 남성은 극단에서 극단으로 왔다 갔다 했다. 과거에 남성이 길게 늘어뜨린 머리에 큰 댕기를 매던 시대가 있었는데, 이 관습은 오늘날에도 영국 재판관 사이에 남아 있다.

근년에는 일반적으로 장발을 여성의 것으로 인식하기 때문에, 소수긴 하지만 머리를 기르려는 남자는 본질적으로 여성적일 것이라는 잘못된 시선을 받기도 한다. 하지만 최근에는 머리의 길이가 그 본래의 비성적 역할을 다시 확립해가고 있는 듯하다.

문화적으로 머리를 성적 신호로 이용하기 위해서 청결히 하고, 빗고, 감고, 오일을 바르는 행위는 어느 시대에나 중요시되었다. 고대 한량들은 지금의 한량들과 마찬가지로 자기가 생각한 효과를 거두기 위해 머리를 언제나 길게 기르고 있었다. 가장 오래된 모발제로 알려진 것은 '개의 발과 대추야자 씨와 당나귀 발굽을 같은 양으로 준비해 기름에 철저하게 볶은 것'이었다. 오늘날에는 반짝반짝 빛나는 부드러운 머릿결이 모든 여성의 이상이며, 광고가 반복해서 알리듯이 '윤기 없는 거센' 머리는 친밀성을 유도하는 기회를 앗아간다고 인식하고 있다.

이상, 인간의 신체가 발하는 신호를 이해하기 위해 각각 다른 부분들을 하나씩 검토해보았지만, 아직 고찰해야 할 전체상이 남아 있다. 각 부분은 그것만이 단독으로 전시되는 게 아니며, 조합되어 한꺼번에 보여진다. 더구나 그 조합은 무수하며, 또한 조합되어 나타나는 상황에도 커다란 차이가 있다. 따라서, 사람과 사람의 접촉은 매우 복잡하고 매혹적일 수밖에 없다. 예컨대, 우리는 방에 들어가거나 거리를 걸을 때, 언제나 다량의 신호를 계속 보낸다. 그 신호는 순수하게 생물학적인 것도 있지만, 문화적으로 변형된 것도 있다. 나아가 다종다양한 사람들과 만남을 가질 때, 우리는 이들 신호를 무의식중에 깨닫고 무수하고 교묘한 방법으로 대응해간다. 어느 때는 친밀성을 불러일으키기 위한 신호를, 또 어느 때는 그를 거부하는 신호를 보내며, 언제나 균형 잡힌 일련의 신호를 송수신하려고 애쓴다. 그러나 간혹 우리는, 뻔뻔스럽게 유혹하거나 혹은 적의 서린 신호로써 자신을 표현하기도 한다.

이 장에서는 성적인 친밀성과 관련된 여러 가지 시각적 유도를 개략적으로 설명했는데, 내게는 극단적인 예를 다루는 경향이 있는 것 같다. 요점을 강조하기 위해 가장 적절한 예를 고르다 보니 어쩔 수 없었다. 코드피스나 코르셋이나 견장은 오늘날 보통 성인이 사용하는 섹스 어필의 일반적 신호로는 거리가 멀지도 모른다. 그러나 꽉 죄는 바지, 벨트, 패드 등, 널리 사용되나 눈에 띄지 않고 과장도도 적은 것에 대해 우리가 생각해볼 수 있는 단서를 제공한다. 마찬가지로 뱀춤은 색다른 오락 이상의 것이 아닐지도 모른다. 하지만 이를 고찰함으로써, 파티나 디스코텍에서 매일밤 수만 명의 보통 여자들이 춤추는, 그리 극단적이지 않은 움직임을 바르게 이해하는 실마리를 얻을 수가 있다.

성숙한 인간으로서 우리는 섹스 어필과 관련된 시각적 신호를 개선하고 과시하기 위해서는 어떤 것도 마다하지 않을지도 모르며, 혹은 아예 처음부터 관심조차 없을지도 모른다. 또, 인공적인 수단에 호소할지도 모르며(인공적인 수단 중 어느 것 하나 사용하지 않는 사람은 없을 것이다), 그보다는 자연스러운 접근법을 택할지도 모른다.

어쨌든 우리는 모두가 동료에게 항상 복잡한 시각 신호를 보내고 있다. 이 신호 대다수는 필연적으로 성인의 성적 특성과 관련이 있으며, 우리는 자신이 하는 일을 완전히 깨닫지는 못하더라도 '사인을 읽는' 것을 멈추려 하지 않는다. 이렇듯 우리는 사회적 계단을 밟을 준비를 하는 바, 이 계단은 우리를 잠재적인 섹스 파트너와 시험적 접촉에 들도록 이끌어, 어쩔 도리 없이 그 자체로서 복잡한 성적 친밀성의 세계로 통하는 입구에 서게 한다.

성적 친밀성

사랑으로 가는 열두 단계

성장 과정에 있는 아이들은 자기의 정체성을 확립하면, 어머니 팔이 주는 부드러운 포옹을 거부하기 시작한다. 그리고 마침내는 젊은 성년으로서 혼자 서게 된다. 유아 시절에는 어머니에 대한 신뢰는 무한했고, 어머니와 주고받는 친밀성이 전부였다. 그러나 성인이 된 지금은 다른 성인과 맺는 관계와 그 친밀성은 엄격히 제한되고 있다. 다른 사람들과 마찬가지로 그는 일정 거리를 유지한다. 맹목적인 신뢰는 기민한 전술로 바뀌고, 의존은 상호의존으로 바뀐다. 즐거운 놀이에 흐르던 유아기 때의 다정한 친밀성은 성인 간의 곤란한 대인관계로 바뀌어간다.

심적 동요가 없는 것은 아니다. 탐험해야 할 사물도, 완성해야 할 목표도, 획득해야 할 지위도 있다. 그런데 사랑은 어디로 가버렸단 말인가? 사랑은 주는 것, 망설임 없이 자기를 타인에게 주는 것이었다. 하지만 성인관계는 그렇지 않다.

내가 위에 서술한 것은 성장기 인간에게 적용되는 것과 마찬가지로, 성장기 원숭이에게도 적용된다. 패턴은 동일하다. 그러나 한 가지 커다란 차이가 있다. 원숭이가 수컷이라면, 어른이 된 원숭이는 두 번 다시 사랑이란 테두리 속의 전적인 친밀성을 느끼지 못하리라는 사실이다. 사랑과는 거리가 먼, 적과 우리 편의 경쟁과 협력이란 세계에서 그 원숭이는 죽을 때까지 살아갈 것이다. 암컷이라면, 나중에 어미가 되어 자기 새끼들과의 관계에서 사랑할 기회를 다시 얻긴 하겠지만, 수컷과 마찬가지로 어른 원숭이와는 애정의 고리를 맺어보지 못한 채 생을 끝마친다. 물론 친밀한 우정도, 힘을 합하는 것도, 짧은 성적인 만남도 있을 것이다. 그러나 전적인 친밀성은 결코 존재하지 않는다.

그런데 인간 성인에게는 그 가능성이 있다. 그는 이성 한 사람과 강력하고 오래 지속되는 애정의 고리를 맺을 수 있고, 그 고리는 단순한 파트너십 이상의 것이다. "결혼은 파트너십이다."라고 흔히들 이야기하는데, 이는 결혼을 모독하는 말이며, 애정 고리의 진정한 성격을 완전히 오해하는 말이다.

어머니와 갓난아기는 파트너가 아니다. 갓난아기가 어머니에게서 먹을 것을 제공받고 보호받기 때문에 어머니를 신뢰하는 것은 아니다. 갓난아기가 어머니를 사랑하는 것은 그녀가 뭔가 해주기 때문이 아니라, 그녀가 어머니기 때문이다. 파트너십이라면 사람은 서로 호의를 가질 뿐이다. 파트너는 주기 위해 주지는 않는다. 그러나 성숙한 연인 간에는 어머니와 자식 같은 관계가 존재한다. 전적인 신뢰가 싹트고 그에 수반하여 육체적인 친밀성이 커 간다. 참된 애정은 '기브 앤 테이크(give and take)'가 아니라 오로지 줄 뿐이다. 파트너십에서처럼 조건 때문에 주는 것이 아니라, 단지 즐거움 때문이다.

그러나 용의주도하고 계산 빠른 성인은 이런 관계에 들어서는 것을 위험천만한 일로 여긴다. '저돌적이고' 완전히 믿는 것에 대한 저항이 매우 크다. 왜냐하면 다른 성인과의 관계에서는 아주 익숙한, '끌어내어 다투는' 법칙이 먹히지 않기 때문이다. 그러나 인류에게는 이것이 가능하고, 온갖 이유로 거부할 때까지 우리는 종종 사랑에 빠진다.

개중에는 자연의 한 과정을 억압하는 사람이 있는데, 이들은 결혼이나 그와 비슷한 상황을 사업상의 거래처럼 치부해버린다. 네가 아이들을 길러주면 나는 돈을 벌어다 주겠다,는 식이다. '아이를 사기' 위한 또는 '지위를 사기' 위한 결혼은, 슬프게도 인간 동물원에서는 흔하디흔한 사건이 되고 말았지만, 역시 위험을 안고 있다. 왜냐하면, 결혼한 두 사람이 애정이라는 내적 고리로써가 아니라 사회적 관습이라는 외적 압력으로써 결합돼긴 했으나, 부부가 자연스레 사랑에 빠질 가능성은 여전히 뇌의 내부에 잠재해 있고, 그것이 어느 날 갑자기 아무런 경고도 없이 행동을 개시하며 사회적 고리를 벗어던지는 시점에서 진정한 고리를 맺을 가능성이 있기 때문이다.

행운아는 이러한 절차를 밟지 않는다. 젊은 성년으로서 그들은 억누르기 힘든 사랑에 빠지고, 진실한 애정의 고리를 맺는다. 이 과정은 반드시 그렇진 않지만, 점진적이다. "한눈에 반했다."고 흔히 말하지만 그것은 회의적인 판단인 경우가 많다. 즉, '한눈에 전적으로 신뢰'한 것이 아니라 '한눈에 강하게 매혹'된 것이다. 거의 예외 없이, 최초의 매혹으로부터 최종적인 신뢰에 이르기까지 차츰 친밀성을 늘려가는 길고 복잡한 과정을 거치는데, 우리가 지금 검토해야 할 것은 바로 이 과정이다.

이 '검토'의 가장 간단한 방법은 서구 문명사회에서 보여지는 '전형적인 연인'을 본보기로 삼아, 최초의 시선 교환으로부터 최종적인 성 행위에 이르기까지, 커플 형성과정을 더듬어보는 것이다. 이 작업에, 현실적으로는 '평균 시민'이라든가 '시정 사람' 같은 존재가 있을 수 없듯이, '전형적인 연인' 역시 마찬가지라는 사실을 잊어서는 안 된다. 그러나 그것을 상정하는 것에서 출발하여, 다음에 그 변형을 고찰하는 것은 유효하다고 생각한다.

모든 동물의 구애형태는 전형적인 과정으로 조립되는 바, 인간의 연애 과정도 그 예외는 아니다. 그래서 편의상 우리는 인간의 구애 과정을 열두 단계로 구분하고, 각 단계를 잘 통과했을 때 어떤 일이 일어나는지 관찰할 수가 있다. 이 열두 단계란(지나치게 단순화시킨 것은 사실이지만) 다음과 같다.

1단계 : 눈에서 신체

사회적인 '접촉'에서 가장 일반적인 형태는 거리를 두고 사람을 보는 것이다. 이때 우리는 1초의 몇 분의 일 사이에 타인의 육체적 특징을 요약하고, 그것들을 분류하고, 마음속으로 채점한다. 타인의 성별, 크기, 형태, 연령, 피부색, 지위, 기분 등에 관한 정보를 눈은 한순간에 뇌에 전달한다. 나아가 가장 매력적인 것에서 가장 혐오스러운 것까지, 그 등급 구분을 행한다. 곧 시야에 들어온 사람이 매력적인 이성이라는 사인이 나온다면, 다음 단계로 이행할 준비가 갖추어진 것을 의미한다.

2단계 : 눈에서 눈

우리가 타인을 볼 때 상대도 우리를 보고 있다. 때로 이것은 눈이 마주치는 것을 의미하는데, 이때 보통 반응은 금방 눈을 내리깔아서 눈의 접촉을 중단해버린다. 물론 전부터 아는 사람이라면 경우가 다르다. 그 경우에는 알아본 순간에 빙긋 웃든가, 눈썹을 위로 올리든가, 자세를 바꾸든가, 손을 흔든다든가 하는 인사 신호를 보내고 이어서 말을 건넨다. 반대로, 모르는 타인과 눈을 마주쳐버렸을 때에는 마치 잠깐이지만 프라이버시를 침해한 것처럼 황급히 눈을 내리까는 게 보통이다. 타인들 간에 눈의 접촉이 이루어진 뒤 한쪽이 계속 쳐다보면 다른 쪽은 심히 당혹해하고, 이윽고는 화를 내기도 한다. 그 시선을 피하기 위해 자리를 떠날 수 있다면, 상대의 표정과 동작에 공격적 요소가 없다 해도 곧 그렇게 할 것이다. 모르는 성인들 사이에서는 긴 응시 자체가 공격적인 행위기 때문이다.

따라서, 타인들끼리는 동시가 아니라 교대로 쳐다보는 것이 보통이다. 그때 한쪽이 다른 쪽에 매력을 느끼면, 그나 그녀는 다음에 눈이 마주쳤을 때 언뜻 미소를 머금을 것이다. 만일 여기에 반응해 상대방도 미소를 띠면, 더 친밀한 접촉이 진행될지도 모른다. 그러나, 반응이 없고 친밀한 미소에 대해 무표정한 시선밖에 돌아오지 않는다면 다음 진행은 억제되고 만다.

3단계 : 목소리에서 목소리

개입해주는 제삼자가 없다고 가정한다면, 다음 단계에서는 타인인 남녀 사이에는 목소리 접촉이 일어나게 된다. 이 경우 처음에는 사소한 것을 화제로 삼을 것이다. 예외 없이 그렇다. 그러나 이 단계에서는 말하는 사람이 자신의 본심을 솔직하게 말하는 일은 좀처럼 없다. 이 잠깐 동안의 대화에서 보다 진전된 일련의 신호가 오가는데, 이번에는 눈이 아니라 귀를 통해서다. 그리고 사투리나 어감·억양·언어를 매개로 하는 사고, 어휘 사용법 등이 전혀 새로운 일련의 정보로서 뇌로 전달된다.

그러나 앞의 시각 신호가 유망했던 것에 반해 새로운 신호가 매력적이지 않다면, 커뮤니케이션을 부담 없는 사소한 영역에 머물게 함으로써 두 사람 모두 보다 깊은 관계로 나아가는 것을 중지할 수 있다.

4단계 : 손에서 손

앞의 세 단계는 모두 눈 깜짝할 사이에 일어나는 수도 있고 수개월이 걸릴 수도 있다. 상대는 멀리서부터 묵묵히 호의를 보이지만 굳이 목소리를 내려고 하지 않는 잠재적인 파트너기 때문이다. 또한 손에서 손이라는 새로운 단계도 소개받을 때 악수라는 형태로 곧 실현돼버리는 수도 있지만 상당히 시간이 걸릴 수도 있다. 성적 의미를 갖지 않은 형식적인 악수가 이루어지지 않았을 경우, 최초에 행해지는 실제 보디 터치는 '손을 내밀어 부축한다'든가 '몸을 지켜준다'든가 '방향을 가르쳐준다'는 행위로 위장되기 쉽다. 이는 통상 남성이 여성에 대해 행하며, 길을 건너거나 장애물을 넘거나 할 때 여성의 팔이나 손을 받쳐줌으로써 성립한다. 여자가 장애물이나 위험한 장소에 발을 내딛는 순간 재빨리 그녀의 팔을 붙잡아 방향을 틀어준다든가 움직임을 멈추게 함으로써 남성의 손은 행운을 쥐게 된다. 또한 여자가 미끄러지거나 발을 헛디디기라도 한다면, 손을 부축해주는 동작을 취하지 않을 수 없으므로, 최초의 보디 터치는 더욱 쉽게 이루어진다. 여기서도 또한 두 사람은 본심과는 무관한 행위를 선택하는 것이 대부분이다. 여성의 몸이 어떤 형태로든 돕는 행위로 인해 남성과 터치했다면, 양자 모두 아직 체면을 잃지 않고 다음 단계로부터 몸을 빼낼 수가 있다.

여성은 남자의 도움에 감사를 표하고 떠나버리면 그만으로, 노골적으로 팔꿈치로 밀쳐내야 하는 입장에 놓이지는 않았다. 두 사람 모두 하나의 행동 체계를 시작했을 뿐이며, 그것이 나중에 더욱 깊은 친밀성으로 발전할 수도 있음을 충분히 깨닫고 있다. 하지만 이 점을 공공연하게 밝히는 행위는 아직 두 사람 모두 하지 않았으므로, 어느 쪽이나 상대의 마음을 상하게 하지 않고 뒤로 빠질 시간이 있다. 두 사람은 관계를 공공연하게 선언하고 나서야 비로소 손을 쥐거나 팔을 껴안는 동작을 길게 이을 수 있다. 그때 이 동작은 '받쳐준다'든가 '이끄는' 행위가 아니라 가식 없는 친밀성의 표현이다.

5단계 : 팔에서 어깨

이 시점까지 두 사람의 신체는 아직 밀접한 접촉까지는 이르지 않고 있다. 두 사람이 그것을 행했을 때, 또 하나 중요한 경계선을 넘게 된다. 앉거나 서거나 걸을 때 이루어지는, 신체 한쪽에 대한 보디 터치는 초기의 주저하던 터치에 비하면 두 사람의 관계가 크게 진전했음을 보여준다. 처음 수법은 어깨 포옹으로, 남성이 자신의 팔을 여성의 어깨에 두르는 것이 보통이다. 이것은 몸을 터치하는 가장 손쉬운 방법인데, 이유는 이전과 다른 상황에서 단순히 친구들과 비성적인 우애 행위로서 나누었던 경험이 있기 때문이다.

이는 옮겨갈 다음 단계와 비교해 가장 수동적인 행위이며, 거절을 당할 확률도 가장 적다. 이 자세로 함께 걷는 것은 친밀한 우정과 사랑의 중간에 있다는, 다소 모호한 분위기를 풍긴다.

6단계 : 팔에서 허리

앞 단계가 조금 더 진전한 것이 팔을 허리에 두르는 동작이다. 이는 아무리 친하더라도 남자들끼리는 별로 하지 않는 행위다. 즉, 이 동작은 사랑의 친밀성을 더욱 명료하게 나타내는 동작이다. 나아가 여기서 남성의 손은 여성의 성기 부위에 한층 가깝게 접근한다.

7단계 : 입에서 입

마주 보고 하는 완전한 포옹에 수반되는 입에 대한 키스는 크게 진전된 단계다. 이 동작이 길어지거나 반복될 경우에는 생리적으로 흥분할 계기가 처음 주어진다. 여성은 질 점액이 분비되고, 남성은 페니스가 발기한다.

8단계 : 손에서 머리

앞 단계의 연장으로서, 손은 상대의 머리를 애무하기 시작한다. 손가락은 얼굴과 목, 머리를 쓰다듬는다. 나아가 손바닥으로 목덜미와 뺨을 감싸기도 한다.

9단계 : 손에서 몸

앞의 키스 단계에서 손은 상대의 몸을 더듬기 시작해, 강하게 껴안거나 어루만지거나 한다. 여기서 획기적인 진보는 남성이 여성의 유방을 애무하는 것이다. 이들 동작과 더불어 생리적 흥분이 더욱 고양되어 최정점에 도달하기 때문에, 많은 젊은 여성들은 여기서 일시 정지를 요구하기도 한다. 더 발전되면 이 동작을 중단하기가 점점 어려워진다. 그래서 애정의 고리가 서로 충분히 신뢰할 수준까지 도달하지 않은 경우, 더 진전된 성적 친밀성은 연기하게 된다.

10단계 : 입에서 가슴

여기서, 두 사람 간의 교섭이 엄밀하게 둘만의 사적인 것에서 그 경계선이 허물어진다. 대개 커플들은 유방을 애무하는 시점 이전에 경계선을 둘러치지만, 특정한 상황에서는 짙은 키스와 신체 애무도 공공연하게 행한다. 이런 행위가 사람들의 빈축을 사기도 하지만, 국가에서도 껴안고 있는 커플을 제재하는 경우는 드물다.

그러나 유방에 대한 키스로 진전되면, 여성의 유방이 노출되는 것만으로도 사태는 완전히 달라진다. 입과 가슴의 터치는 성기 이전 친밀성의 최후이며, 단순한 흥분이 아니라 절정에 이르는 행위의 전주곡이 된다.

11단계 : 손에서 성기

파트너의 신체를 손으로 더듬는 것이 계속되면 필연적으로 성기 부분에 도달하기 마련이다. 상대의 성기를 시험적으로 애무한 후, 이 동작은 곧 골반의 왕복 리듬을 흉내낸 부드럽고 리드미컬한 애무로 발전해간다. 남성은 여성의 음순과 클리토리스를 반복해서 쓰다듬고, 페니스의 행위를 흉내내어 하나 또는 그 이상의 손가락을 바기나(질)에 삽입하기도 한다. 이런 손놀림으로 남녀 모두 금방 오르가슴으로 도달할 수 있으므로, 이것은 관계가 발전한 연인들이 성 교섭 이전 단계에서 절정을 맛보기 위해 하는 일반적인 형태라고 할 수 있다.

12단계 : 성기에서 성기

마지막으로 도달하는 것은 완전한 성교 단계다. 여성이 처녀라면, 모든 단계 중에서 유일하게 되돌릴 수 없는 행위로서 처녀막이 파열된다. 또 한 가지 되돌릴 수 없는 행위, 즉 수정(受精)의 가능성이 처음으로 등장한다. 되돌릴 수 없다는 점에서, 모든 단계의 마지막 행위는 전혀 다른 국면으로 이어질 수밖에 없다. 각 단계는 사랑의 고리를 조금씩 강화하는 데 기여했지만, 생물학적 의미에서 말하면, 이 최종적인 행위는 분명 새로운 국면에 속해 있다. 즉, 초기의 친밀성이 고리를 굳히는 일을 끝마치고, 오르가슴의 성취로 인해 성 충동이 후퇴한 뒤에도 두 사람은 함께 있기를 바란다. 이러한 고리가 완전히 형성되지 않았을 경우, 여성은 안정된 가족단위가 결여된 상태에서 임신하는 상황으로 내몰리기도 한다.

단계의 변형 1 : 단계의 간략화, 강간

이상이 젊은 남녀가 커플을 형성해가는 과정에서 보이는 전형적인 열두 단계다. 이들 단계는 어느 정도는 문화적으로 결정되지만, 그 이상은 우리 인간이라는 종의 해부학적 구조와 성 생리에 좌우된다. 문화적인 전통과 관습에 따른 변형이나 개인적 특질에 따른 변형이 이 기본 과정을 얼마간 변화시키기도 한다. 그래서 우리가 이미 검토한 전형적인 과정을 배경으로 하여, 이번에는 이들 변형에 대해 고찰해보기로 한다.

이 변형은 크게 세 형태로 분류할 수 있다. 과정의 간략화, 패턴의 세련화, 그리고 행위 순서의 변경이 그것이다. 우선 간략화의 가장 극단적인 형태는 힘에 의한 결합 또는 강간이다. 여기서는 최초의 단계가, 물리적으로 가능하다면 재빨리 최종 단계로 직결하고, 중간 단계는 모두 최소한으로 압축되어버린다. 남성에 의한 눈에서 신체로의 접촉 후에, 남성은 즉시 여성에게 덤벼들어 전희 단계를 모두 생략하고, 여성의 저항을 극복할 수 있는 한 재빨리 성기에서 성기 접촉으로 돌진한다. 그리고, 성기 이외의 보디 터치는 여성을 때려 눕히고 성기 부분의 옷을 벗기는 데 필요한 것으로만 한정된다.

객관적으로 보면 강간에는 두 가지 요소가 결여돼 있다. 커플 형성과 성적 흥분이 그것이다. 강간을 하는 남성은 성적 과정의 중간 단계를 모두 생략해버림으로써, 그 자신과 해당 여성 사이에 애정의 고리가 생성될 여지를 남기지 않는다. 이것은 생물학적으로 큰 문제를 야기할 수도 있다.

왜냐하면, 우리 종은 성 행위의 결과인 자손을 잘 키우기 위한 안전장치로서, 애정을 발전시킬 필요가 있기 때문이다. 부모가 책임을 전혀 지지 않아도 되는 혹은 거의 없는 것에 가까운 종이 있고, 그들 종에서는 이론상으로 강간이 크게 문제가 되지 않을 것이다. 그럼에도 그들 종에 강간이 지극히 적은 것은, 목적 달성에 필요한 물리력이 용이하지 않기 때문이다. 실제로 인간에게 물건을 단단히 쥘 수 있는 두 손과 말에 의한 협박수단이 없었다면, 강간도 사실상 불가능할 것이다. 이것은 다른 종이 갖지 못한 이중의 장점이다. 동물의 경우, 강간처럼 보여도 그것은 단순히 그렇게 보일 뿐이다.

육식동물을 예로 들어보자. 수놈은 성 행위 도중에 마치 암놈이 도망가는 것을 막기라도 하듯이 턱으로 암놈의 목덜미를 문다. 그러나 바르작거리는 암놈의 바기나에 원활히 삽입하는 문제가 아직 남아 있다. 만일 암놈에게 그럴 기분이 없다면, 수놈은 거의 일을 성사시키지 못한다. 육식동물의 수놈이 목덜미를 문다는 지극히 야만적인 행위는 오히려 특수화된 동작이라 할 수 있다. 수놈이 저지르는 강간인 것처럼 보이나, 실은 그것은 육식동물에게는 우리 종의 부모가 보이는 부드러운 포옹에 필적하는 것이다. 깨무는 것은 강하게 금지돼 있어서, 이빨이 암놈에게 상처를 입히는 경우는 별로 없다. 이것은 육식동물의 어미가 새끼를 이곳저곳으로 나를 때 사용하는 행동 패턴이다. 수놈은 실제로 암놈을 어린 새끼나 작은 딸처럼 다루며, 암놈은 섹스에 마음이 동할 때에는 수놈의 턱밑에서 마치 옛날 어미가 부드럽게 물어줄 때 그랬던 것처럼 느른한 듯 군다.

인간이라는 동물의 수컷에게는 강간은 비교적 간단하다. 예컨대, 완력이 충분하지 않을 때에는 죽이거나 상처를 입히겠다고 협박할 수가 있다. 술수를 써서 여성을 무의식 또는 반(半) 무의식 상태로 만들 수 있고, 다른 남자들의 힘을 빌려 조용히 만들 수도 있다. 여성이 흥분하지 않아 페니스 삽입이 곤란할 때에는, 언제든지 점액을 대신하는 윤활제를 사용할 수 있다.

그러나 여성에게는, 강간은 용납할 수 없다는 점에서 그리고 만족할 수 없다는 점에서 최악이며, 외상뿐 아니라 심리적으로도 상처로 남을 가능성이 크다. 두 사람이 이전부터 알고 있고 그 여성이 마조히즘 경향이 있는 경우라면 모르되, 정상적인 성 접촉과정을 폭력적으로 간략화시킨 경우라면 애정이 커나갈 기회는 완전히 상실되고 만다.

이상, 강간 문제를 다소 길게 검토했다. 그 이유는 강간이 우리 문화에서 그 폭을 더해가는 성 퇴화의 한 형태와 크게 관련 있기 때문이다. 이미 서술한 폭력적 강간과 구별하는 의미에서, 이것을 '경제적 강간'이라 부르자. 폭력적 강간과 달리, 이것은 폐허가 된 빌딩 속이나 축축한 산울타리 옆에서 일어나지 않고, 아름다운 커튼이 드리워진 부인용 침실이나 쾌적한 방에서 이루어진다. 이것은 금전에 의한 결혼에서 비롯되는 사랑 없는 성 교섭으로, 진정한 애정의 고리를 싹틔울 기회를 갖지 못한 상태에서 결혼한 부부의 섹스 행위이다.

과거의 결혼은 부모가 미리 결정하는 가문 단위의 결혼이 다반사였다. 오늘날 이런 결혼이 드물어지긴 했지만, 여기서 태어난 아이들이 받은 심리적 상처는 여전히 존속되고 있다. 이들 부부의 자손은 사랑 없는 관계를 목격하면서 자라나고 또 거기서 사물을 보기 때문에, 자신도 모르는 사이에 성적인 장애를 입어 정상적인 사랑의 과정을 왜곡해 표현할 위험이 있다. 성적 기능은 완전하게 작용하고 생리적인 흥분의 메커니즘도 충분히 작동하지만, 이러한 생물학적 특질을 영속적이고 깊은 애정의 고리로 연결시킬 재간이 없는 것이다. 그들은 만족할 만한 부부의 고리를 맺기가 어려워 사회적인 압력으로 결혼을 시도할 수밖에 없다. 그래서 또다시 다음 세대의 아이들이 괴로워진다.

그리고, 이 같은 반복은 뿌리 뽑기 어렵다. 인간의 속성인 애정을 품는 자연스러운 과정에 왜곡된 문화가 끼어들면서 일으키는, 말로 하기 어려운 상처는 부모가 결정하던 결혼풍습이 역사 속에서 사라져가는 오늘날에도 여전히 남아 있다. 그러나 경제적 강간의 형태는 열두 단계를 단숨에 압축해버리는 폭력적 강간만큼 극단적이지 않다. 표면적으로는 완전한 형태에 아주 가까운 경우도 있고, 두 남녀가 각 단계의 '행위를 통과하여' 성 행위에 이를 수도 있다. 그 행위를 자세하게 검토하면, 전부 밀도와 지속성과 빈도에서 간략화되고 있음을 발견할 것이다.

먼저, 양가의 경제상 또는 신분상의 관계를 만족시키기 위해 결합된 젊은 부부라는, 고전적인 예를 들어보자.

과거 수세기 동안, 결혼 전 구애행위는 긴 대화를 나눈 뒤에 두세 번 간단하게 포옹하고 키스하는 영역을 벗어나지 않는 게 상례였다. 그 다음에는 서로가 육체나 성적 감정에 대해 거의 무지한 채 신혼 침대로 내던져진다. 신부는, 신랑의 손길이 징그럽긴 하지만 장래 국가의 인구를 보증하기 위해 꼭 필요한 일이므로 그동안 "영국을 생각하며 잠자코 누워 있어야 한다."는, 가르침을 받는다. 신랑은 여성의 신체구조에 대해 초보적인 지식을 전수받고, 그녀의 안에 들어가면 출혈이 있으므로 신부를 부드럽게 다루어야 한다는 가르침을 받는다. 이러한 지식을 바탕으로 젊은 부부는 되도록 간단하게 허둥지둥 성 의무를 끝마치는데, 거기서 생기는 쾌락이나 부부의 고리는 매우 작다. 여성은 오르가슴에 좀처럼 이르지 못한다. 남성은 아무런 반응도 없는 물건이 침대에 들어와 있다고 느낀다. 그게 우연히 내 아내가 되긴 했지만 성적으로는 물건이나 다름없으며, 마스터베이션을 할 때 사용하는 손 대신 바기나를 사용할 뿐이다.

그러나 이 젊은 부부도 공적인 사교생활을 할 때에는 당연히 일련의 에티켓을 지키며, 사랑하는 관계를 모방한다. 공적인 자리에서 나누는 친밀성은 그 형태가 엄격하게 제한되고, 예절 지침서에 상세히 해설·정의되어 있어서, 정말 친밀한 부부와 그렇지 않은 부부를 구별하기는 거의 불가능하다. 사실 거의 불가능하지 전적으로 불가능하지는 않다. 아이들은, 고통스럽긴 하지만 아주 간단하게 판별한다. 그들은 사교상의 번거로운 규칙을 아직 염두에 두지 않은 까닭에, 양친 사이의 사랑의 깊이나 사랑의 결여 정도를 본능적으로 통찰해버리는 것이다.

이상에서 서술한 내용은 20세기 후반이 된 오늘날에는 의아스러울지도 모르겠다. 아마도 이러한 결혼이 사라졌기 때문이 아니라 예전처럼 속이 훤히 들여다보이는 형태로는 이루어지지 않기 때문일 것이다. 오늘날에는 이런 관계를 숨기기 위해 훨씬 더 요란하게 사랑의 쇼를 펼치는데, 역시 쇼임에는 변함이 없다. 양친이 옛날만큼 관여하지 않는다는 것 또한 패턴 위장에 톡톡히 한몫하고 있다.

더욱이 최근에는 커플 중 어느 한쪽 또는 양쪽 모두 경제성에 기초한 결혼 생활을 꾀하는 경우가 많다. 웨딩 베일에 숨겨진 신부의 입술은 떨릴지 모르지만, 그것은 그녀가 감격해서가 아니라 이혼수당 계산에 여념이 없어서일 가능성이 높다. 그녀 옆에서 꿈꾸는 듯한 표정을 떠올리는 남자는 달콤한 낭만에 빠져 있는 게 아니라, 사회적 힘이 있는 신부가 자신의 직장 동료들에게 얼마나 충격을 줄지 셈하고 있기 때문이다.

신혼 첫날 밤 잠자코 누운 신부가 엉뚱한 생각을 않음은 물론이다. 대신에 그녀들은 자신들의 오르가슴 빈도가 나이, 교육수준, 인종, 지방 차 등을 고려한 전국 평균치와 비교해 어느 정도 되는가를 점검하고 있다. 그리고 그 결과가 요구 수준보다 밑돌면, 사립탐정을 고용하여 자신들의 것이 되어야 할 1주일의 나머지 1.7회의 오르가슴이 어디에 배당되고 있는지 조사해달라고 부탁한다. 한편 남편은, 저녁 무렵 술자리에서도 그날밤 삽입 가능한 발기 능력을 손상키시지 않으려고 남은 여윳잔을 늘 셈하며 마신다. 현대 도시생활자의 달콤한 비밀이라는 것은 왕왕 이런 식이다.

　이상, 성적 과정의 간략화를 고찰함에 있어서 우리는 강간에서 시작하여 과거 부모의 결정에 따르던 결혼, 그리고 현대의 '여우와 너구리의 화합'식 결혼 순으로 더듬어보았다. 마지막 형태에서 보이는 오르가슴의 빈도에 대한 강박관념은 중요하고도 새로운 발전이며, 우리가 논의하는 완전한 성 과정의 간략화나 압축화하고는 거리가 먼 문제처럼 여겨진다. 실제로 그것은 다른 방향, 간략화보다는 오히려 세련된 방향을 향하고 있는 것처럼 보인다. 그러나 문제는 그리 단순하지가 않다. 기본적으로 새로운 '성적 자유'의 결과, 후반 단계가 훨씬 강조되었다. 과정의 세련은 전부 어떤 하나의 목적, 즉 성교란 목적을 향해 집중되고 있다. 커플 형성이라는 의미에서 매우 중요한 구애행동의 초기 패턴은 세련되기는커녕 오히려 퇴화하고 단순화되었다. 이런 현상이 왜 일어났는지 고찰해볼 가치가 있을 것이다.

단계의 변형 2 : 단계의 세련화, 오르가슴 지상주의

과거에는 구애행동의 각 단계는 시간적으로 길기는 했어도 그 강도는 엄밀히 제한되어 있었다. 아주 사소한 것마저도 공식적인 규칙에 따라야 한다는 강박관념이 감정적인 상승을 감퇴시켰다. 그리고 결혼한 다음에도, 후반부의 성교 전과 성교 시의 패턴은 무지와 에로티시즘을 배척하는 풍조로 인해 엄격히 제한되었다. 남성은 이 문제를 해결하기 위해 사창가나 애인이 있는 곳으로 달려갔다. 여성 대다수는 해결하려는 시도조차 하지 않았다.

그러나 금세기 전반에 상황이 변하기 시작했다. 부모의 지배는 느슨해지고, 한편으로는 성 교육에 대한 진지한 모색이 이루어져 '결혼과 사랑'에 관한 책도 출판되었다. 그 결과 젊은 남녀는 훨씬 자유롭게 자신에게 어울리는 상대를 찾게 되었고, 형식에 사로잡히지 않는 구애행동도 하게 되었다. 딸이 사교계로 나갈 때 시종을 딸려붙이던 관습도 사라졌다. 보디 터치 방식에 관한 규칙도 해이해지고, 사실상 성적 친밀성의 과정 중에서 마지막 단계, 즉 성기 접촉 단계를 빼고는 모든 단계가 허용되었다. 그러나 여전히 이들 혼전 행위에 많은 시간을 투자해야 한다고 생각했다.

그 결과, 신혼 부부는 서로의 육체 및 개성에 대해 훨씬 많은 지식을 갖고 침대로 향하게 되었다. 나아가 완전한 피임법이 개발되고 그것이 새로운 성 지식과 맞물려 결혼의 기쁨은 만족할 만한 수준이 되었다.

상황이 이렇다 보니, 결혼 전 젊은 커플들 사이에 페팅 기간이 길어지는 경향이 발생했다. 꽤 멀리까지 가는 것은 허용되지만 그 이상은 안 된다는 사고는 이치상으론 그럴싸해 보여도 실행은 어렵다. 그 이유는 간단하다. 즉, 옛날 젊은 남녀와는 달리 오늘날 젊은이는 구애행동의 초기 단계(애정의 고리 형성에는 유효하지만 성기에 강한 생리적 자극은 주지 않는 단계)를 통과하여, 사실상 전희에 상당하는 단계가 허용되기 때문이다. 이 두 단계의 중간점은 입에서 입으로 하는 키스 행위다. 이것이 담박하다면 두 사람 간의 고리를 만드는 기분 좋은 행위에 불과할 것이나, 반복해서 세차게 한다면 그것은 성교 전의 흥분을 야기하는 지점이 된다.

이는 젊은 연인들에게 새로운 타입의 위기를 안겨준다. 긴 페팅 후, 남자는 오랫동안 발기하고, 여자는 오랫동안 점액을 분비한다. 그 결과 일어나는 일은 다음 세 가지 중 어느 하나다. 즉, '공인된 규칙'에 따라 과정을 중단하고 심한 욕구불만에 빠지든지, 성교 이외의 수단을 사용하여 서로가 오르가슴을 경험하든지, 혹은 규칙을 깨고 성교해버리든지 하는 것이다. 만일 두 번째 방법을 택해서, 마스터베이션을 하거나 서로 오르가슴에 이르도록 애무해준다고 하자. 그런데 그것을 결혼 전 장기간 계속한다면, 이 절정에 이르는 패턴은 두 사람의 성 관계에서 커다란 의미를 갖기 시작하고, 그 결과 결혼 후 완전한 성 행위가 곤란해질 위험이 있다. 또, 세 번째 방법을 취해 규칙을 깨버린다면 죄의식과 비밀 유지에 시달리지 않으면 안 된다. 이럼에도 불구하고 결혼 전 단계에 긴 시간을 들이는 것은 강한 사랑의 고리를 만드는 데 매우 유효하기 때문이며, 커플 행동에 엄격하게 제약을 가하던 과거에 비하면 이것이 훨씬 바람직하기 때문이다.

여기서 더 최근으로 눈을 돌리면 또다시 새로운 변화를 볼 수 있다. 세상 일반의 사고방식은 변하지 않았다 해도, 그 강제력은 약해지고 있다. 피임법이 더욱 진전된 결과, 젊은 여성 사이에서 처녀성은 의미를 잃어버렸다. 이제 처녀성은 찬양되기는커녕 성적 부적응을 나타내는 오명처럼 돼버린 감이 있다. 부모는 인정하지 않더라도 젊은 연인들 간에는 혼전 교섭이 공인되고 있다. 사실은 일부 사람들이 인정하고 싶어하는 범위보다 훨씬 더 일반화되어 있다. 이로써 연인들은 한 세대 전의 젊은이처럼 '페팅에서 오는 좌절'을 경험하지 않아도 되고, 또한 자위행위 결과 얻을지도 모를 정상적인 섹스 불가능 위험도 줄일 수 있다. 이들은 부당하게 부모가 밥을 먹으라고 할 때까지 기다리지 않고, 구애행위 열두 단계로 자연스럽게 발길을 옮기고 있다.

그런데, 성병을 사전에 예방하고 효과적으로 피임한다면 여기서 발생하는 위험은 없는가? 있다. 일부 사람들이 이미 예상하듯이 '오르가슴 지상주의'다. 즉, 성교 횟수를 최대한으로 늘리려는 욕구가 생겨난다. 그러나 이것은, 진정 사랑하지만 오르가슴 횟수에는 별 관심없는 사람에게는 위험이 아닐 수 없다.

사실 이런 식의 '색홍 돋우기'에는 근시안적인 면이 있다. 앞에서 나는 오르가슴의 빈도에 대한 강박관념을 썼다. 그것은 경제력과 가문에 기초한 과거의 결혼과 똑같은, 현대의 사랑 없는 결혼과 관련된 문제였다. 내가 지적했듯이, 이런 결혼에서는 성 행위가 표준보다 밑돌 경우, 여성은 결혼에 실패했다고 생각할지도 모른다. 그녀는 섹스도 지위나 신분의 거래와 같은 것으로 생각하기 때문이다.

그러나 오늘날 사랑하는 연인이라면 사랑하지 않는 남녀가 나누는 절망적인 운동경기를 일소에 부칠 것이다. 어느 시대나 진정한 연인들이 그러하듯, 그들에게는 사랑하지 않는 사람과 하는 6시간에 걸친 서른일곱 가지 체위의 섹스보다도, 사랑하는 이와 뺨에 가볍게 나누는 키스가 훨씬 더 근사하다. 이것은 어느 시대나 변함 없지만, 지금의 연인들에게는 새로운 상황이 있다. 이제 이들은 뺨에 하는 단순한 키스만으로 만족하지 않는다. 그들은 서로의 몸에 어떤 행위를 해도 괜찮으며, 많이 하든 적게 하든 그것은 그들의 의지에 달려 있다. 강한 사랑의 고리가 맺어지면 중요한 것은 성적 행동의 양이 아니라 질이다. 그들에게 새로운 관습은 일부 비평가들이 생각하는 것처럼 강요하는 것이 아니라, 단지 허용하는 것이다.

비평가들이 놓치고 있는 또 하나 사실은 사랑하기 시작한 커플은 성적 과정의 초기 단계를 생략하려고 하지 않는다는 것이다. 그들은, 단지 성교가 허락되었다는 이유로 손 잡는 것을 그만두지 않는다. 그들은, 과정의 최종 단계로 나아가서도 오르가슴을 자연스럽게 즐기지 못했던 이전 사람들과는 다르다. 이 점을 확실히 하는 것은 두 사람의 감정적인 고양이다. 섹스광들처럼 레슬러 비슷하게 뒤엉킨 체위를 취하지 않아도, 그들은 몇 번이고 행복한 절정에 도달할 수가 있다.

성적 허용도가 높은 젊은 연인들이 현재 안고 있는 최대 위험은 아마 경제적인 것이리라. 이는 그들이 경제 면에서 복잡하게 조직된 사회에 살기 때문이다. 물론 과거의 결혼에 경제가 큰 영향을 미쳤던 것도 우연이 아니다.

예전에는 이러한 면이 조숙한 성적 행동을 엄밀히 제약함으로써 지켜졌다. 성적 친밀성이 자유롭게 개화한 오늘날에는 젊은 부부의 사회적 지위가 문제가 되고 있다. 성적으로 완전히 성숙하고 강한 애정의 고리를 맺었으며 나아가 성 생활을 충분히 즐기는 열일곱 살 된 연인들이 현대의 경제생활 속에서 어떻게 가정을 꾸려나가겠는가? 사회라는 우리 안에서 때가 오기를 기다리거나, 아니면 세상이 인정하는 사회적 패턴에서 낙오하든가 둘 중 하나다. 하지만 그 선택은 즐겁지도 않고 문제를 해결해주지도 않는다.

우리는 성이 그 완전한 표현으로부터 퇴화해가는 과정을 고찰하다가 이 문제에 봉착하게 되었다. 이번에는 성의 과정을 완전히 표현함으로써 커다란 사회 현실에 부딪힌 젊은 연인들의 문제를 떠나, 다시 한 번 앞의 간략화

문제로 돌아가기로 하자.

사랑하지 않는 사람들끼리의 성 행동은 어떠한가? 우리는 앞에서 강간자와, 성교의 각 단계를 어린애를 낳는 최소한의 행위로 퇴화시켜버린 성적으로 억압된 부부의 예를 보았다. 그렇다면 현대의 사랑 없는 섹스 마니아는 어떠한가? 그들은 전형적인 연인들이 거치는 성의 과정을 어떻게 간략화시키고 있는가? 그들에게 마지막 성기 접촉 단계는 패턴의 극치가 아니라 그 대용품이 되고 있다. 이것은 과거에 남자가 매춘부를 찾아가서 하던 것과 완전히 똑같다. 손을 쥐지도 껴안지도 다정하게 속삭이지도 않고, 단지 재빨리 거래를 하고 곧바로 성적 접촉으로 나아갈 뿐이다. 우리는 이것을 '상업적 강간'이라 부른다. 과거 세대의 젊은 남자가 첫 경험을 하는 것은 대개 이런 형태였지만, 오늘날에는 프로들의 서비스는 거의 필요치 않게 되었다. 그 대신에 등장한 것이 이른바 '불특정 다수'다. 이 경우에는 매춘부를 찾는 것이 그렇듯이, 과정의 초기 단계가 대폭적으로 생략된다. 이 상황은 만화에 그려진 다음과 같은 여자의 모습으로 요약될 수 있다.

그녀는, 한눈에 성교 뒤임을 알 수 있게끔, 흐트러진 옷에 흐늘흐늘 녹초가 되어 밤 늦게 집으로 돌아가고 있다. 얼굴 화장만은 아직 그대론데, 이렇게 중얼거린다. "그애는 한 번도 키스를 해주지 않았어."

이런 간략화의 결과는 성교 횟수는 최대, 애정의 고리 형성은 최소로 규정할 수 있다. 지위를 보증하기 위한 수단이라면, 이 같은 섹스를 통해서도 거듭 자기 만족을 누릴 수 있을 것이다. 그러나 격렬한 쾌락 수단으로 보면, 이는 성 행위를 말하자면 배뇨와 같은 수준으로 격하시켜버리고 만다.

따라서 허용은 되었으나 사랑하지 않는 성 행위자들에게는, 침대에서의 행위를 어떻게 세련시키느냐 하는 것만이 중요할 뿐이다. 인간적인 강한 애정의 고리에 수반되는 감정의 고양이 없는 경우에는, 그것을 보충하기 위해 육체적인 고양을 강화시킬 필요가 있다. 그림이 첨부된 성 안내서를 이용하는 것은 이 때문이다. 이런 의미에서 그 책들의 내용을 몇 가지 분석해보는 것도 가치 있는 일일 것이다.

오늘날 시장에 나와 있는 이런 종류의 방대한 출판물 중에서 무작위로 샘플을 취해보았다. 이 중에는 수백 장의 사진을 실은 책도 있는데, 각각 사랑의 행위를 하고 있는 벌거벗은 젊은 커플들을 보여주고 있다. 그런데, 이 사진들 중에서 내가 앞에서 서술한 열두 단계 과정 중 앞의 여덟 단계 내 어느 하나를 찍은 것은 4퍼센트에 지나지 않았다. 나머지 82퍼센트는 완전한 성교를 보이고, 어떤 책에는 각각 30에서 50가지에 이르는 체위 변화를 싣고 있었다. 즉, 성적 친밀성에 이르는 다채로운 과정이 모두 마지막 성기 접촉 단계로 집약되어 있고, 과정을 완성시키는 요소에 큰 비중을 두고 있었다.

예전의 검열은 성애행동의 초기 단계를 나타내는 사진밖에 허용되지 않았다. 검열제도가 사라지자 사태는 호전되기는커녕 이쪽 극단에서 다른 쪽 극단으로 이동했을 뿐이다. 그리고 이것이 주는 메시지는 성교는 되도록 복잡하게 행해야 하며, 그 이외에는 잊어버려야 한다는 것이다. 여기서 말하는 체위 대다수는 아주 잠깐 동안이면 모르되, 길게 한다면 훈련받은 서커스 단원들이 아닌 한 그리 쾌적한 자세라고는 할 수 없다. 이런 체위를 나열하는 것은, 흥분을 돋우기 위해서는 필사적으로 신기한 것을 추구해야 한다는 것의 반영에 불과하다. 이것은 이미 사랑이 아닌 성적 운동경기이다.

이런 양식들도 성 행위를 보다 즐겁게 누리도록 하는 기술이라고 보면 물론 조금도 해롭지는 않다. 하지만 이에 대한 집착이 남자와 여자의 관계에서 인간적인 감정을 대신한다면, 두 사람 관계의 참된 가치를 감퇴시키는 결과로 치달을 수밖에 없다. 그들은 성 과정의 한 요소를 세련되게 했지만, 궁극적으로는 그것을 퇴화시키고 있다.

체위 변화를 필요로 하는 젊은 연인들은 그저 가끔 색다른 맛으로 그것을 즐길 것 같지는 않다. 아마 그런 커플들은 더 이상 젊은 연인이라고 할 수 없을 것이다. 반면, 이미 커플 형성의 뜨거운 단계를 통과하고 부부생활을 유지하는 성숙한 시기에 도달했다면, 뭔가 자극을 가하기 위해 신기한 체위를 연구하는 것이 서로 간의 밀도를 높이는 데 효과적일지도 모른다. 그러나 진심으로 사랑하는 젊은 연인들이 굳이 이런 체위를 필요로 한다는 것은 우스운 일이 아닐 수 없다.

물론 나는, 이러한 성적 친밀성이 아무리 부자연스럽고 이상하다고 해도 그것을 비난하거나 억압하거나 할 의도는 없다. 성인이 자유의지로 사적으로 행하고 또 육체적으로도 아무 해가 없다면, 법률로 금하거나 사회적으로 공격해야 할 생물학적인 이유가 조금도 없다. 그러나 개중에는 이것들이 아직 문제가 되는 나라도 있다.

예를 들면 구강–성기 접촉의 경우가 그러한데, 나는 이것을 앞의 열두 단계에 포함시키지 않았다. 그 이유는, 연인이 최초의 만남부터 최종적인 성교에 이르는 과정에서 그것이 명확히 한 단계를 나타내는 것은 아니라고 생각했기 때문이다. 대다수의 경우, 그것은 최초의 성교가 있고 난 다음에 성기적 친밀성을 더욱 북돋우기 위해 이루어진다. 그러나, 성교를 규칙적으로 하는 관계가 된 후에는 표준적인 전희 패턴에 편입되는 경우가 많다. 원시예술과 역사 역시 구강–성기 접촉이 예부터 널리 이루어져왔음을 보여주고 있다.

현대 미국 통계에 따르면 결혼한 부부의 약 절반은 구강–성기 접촉을 전희의 하나로 취급하고 있다. 남성의 입을 여성의 성기에 대는 예는 54퍼센트, 여성의 입을 남성의 성기에 대는 것은 49퍼센트를 기록하고 있다. 이것은 나의 열두 단계 목록 속의 다른 전희 패턴이 나타내는 수치(입에서 입, 손에서 가슴, 입에서 가슴, 손에서 성기 등은 모두 90퍼센트 이상이다)보다는 낮지만, 약 50퍼센트의 사람들이 구강-성기 접촉을 '변태'라고 부르는 데 저항한다는 것을 의미한다. 그럼에도 구강-성기 접촉은 왕왕 부자연스러운 친밀성으로 취급받는다. 유태교 교전(敎典)에서는 부부간에 행하는 구강-성기 접촉도 비난하고 있다. 이것을 부도덕하게 보거나 비합법적으로 보는 지역도 적지 않다. 놀라운 일은, 20세기 후반에 접어든 오늘날 미국의 거의 모든 주도 이에 해당된다는 것이다. 좀더 자세히 말하면, 미국인 부부가 구강-성기 접촉을 사적으로 행하여 법에 저촉되지 않는 주는 켄터키 주와 사우스 캐롤라이나 주뿐이다. 즉, 전문적으로 말하면, 최근 다른 주에 살고 있는 미국인의 50퍼센트가 결혼생활의 어떤 시기에 성적인 면에서 법률 위반자였다는 셈이 된다. 이것을 단순히 경범죄로 보는 뉴욕 주를 빼면, 나머지 주는 모두 중죄로 취급한다. 더욱이 일리노이, 위스콘신, 미시시피, 오하이오 주에서는 기묘한 성차별 법이 적용되고 있어, 남편이 아내의 성기에 접촉하는 것은 인정되지만 아내가 마찬가지 친밀성을 남편에게 갖는 것은 중죄가 된다.

그러나 이러한 기묘한 법적 규제가 실제로 적용되는 일은 거의 없다. 최근 들어 바기나에 달콤한 액체를 주입하는 기기 판매나 광고가 미국에서 공공연하게 허락되는 마당에, 이 법은 우스꽝스러운 존재가 될 수밖에 없다. 간혹 이혼소송 등에서 도마에 올려지기는 한다. 즉, 구강-성기 접촉이 결혼생활에 '정신적 고통'을 가하는 요소로 등장하는 것이다. 바로 이 점 때문에 이들 법률이 공갈 사건에 악용되는데, 이미 서술했듯이 생물학적으로 구강-성기 접촉은 아무런 문제가 없다. 오히려 그것을 통해 전희에서 감정적 밀도가 높아진다면 관계를 갖는 부부의 애정 고리를 강화하고, 나아가서는 그 나라의 교회나 법률 등 여러 수단에 의해 강고히 보호되는 결혼제도를 강화하는 데도 도움될 것이다.

인류는 이런 종류의 친밀성을 어떤 형태로 행하는가? 이를 검토하기 위해 인류와, 구강-성기 접촉을 행하는 다른 포유류와의 차이를 더듬어보는 것도 방법 중 하나다.

일반적으로 다른 종은 킁킁 냄새를 맡고 코를 비벼대는 것에서 시작하여 핥는 행위로 발전한다. 리드미컬한 마찰은 별로 보이지 않는다. 그리고 이 행위가 갖는 의미는 상대 성기와 관련된 상세 정보를 얻는 데 있다. 인간과 달리 다른 포유류는 일 년 중 특정한 시기, 또는 생리 사이클의 한정된 시점에만 발정하므로, 파트너는 특히 수놈은 교미 전에 상대의 흥분상태를 되도록 정확히 파악해야 한다. 수놈은 코와 혀를 암놈의 성기에 가깝게 댐으로써 냄새나 맛, 피부 상태 등을 파악한다. 따라서, 이러한 접촉을 통해 상대를 실제로 자극하는 일은 드물다.

인간의 경우는 사정이 정반대여서, 자극의 요소가 더 중요하다. 입은, 그 또는 그녀의 성적 상태를 알기 위해서라기보다는 오히려 상대를 흥분시키기 위해 사용된다. 때문에 인간의 경우 리드미컬한 마찰은 대거나 핥는 행위보다 역할이 크다. 여성은 입을 의사 바기나로 사용하여 골반 왕복운동을 흉내내며 고개를 움직인다. 또한 남성은 혀를 의사 페니스로 사용하여 리드미컬하게 놀림으로써 클리토리스를 자극한다. 의사 성교가 남성에게 가져다주는 최대 이점은, 그 자신은 오르가슴에 이르지 않고 오랫동안 여성을 자극할 수 있다는 것이다. 보통 여성이 오르가슴에 도달하는 시간은 남성보다 오래 걸리는데, 이 방법을 통해 그 갭을 보충할 수 있다.

이 점은, 이런 종류의 성적 친밀성을 여성보다 남성이 더 많이 이용하는 이유를 설명해준다. 그러나 '도색 필름'에서는 이러한 현상이 역전되어 나타난다. 과거 반세기 동안의 도색 필름 역사가 최근에 연구되었는데, 결과에 따르면 여성의 행위가 남성의 행위보다 훨씬 많이 묘사된다고 한다. 여기에는 특별한 이유가 있다. 즉, 도색 필름은 전통적으로 '스태그 파티(stag party, 수사슴 파티, 즉 남자들만의 파티)'라 불리는 남자들의 모임에 이용되었고, 그래서 흔히들 스태그 필름이라 부른다. 이 경우에는 사랑은 거의 의미를 갖지 못한다. 사랑이 아니라 지위의 보증 수단으로써 섹스를 보는 것이다.

사실 남자의 지위가 관계되는 경우, 남자가 여성에게 종속적인 자세를 취하는 것은 남자를 작아 보이게 한다고 도색 필름 연구가는 지적한다. 거꾸로 여성으로부터 서비스를 받는 강한 남자의 역할을 묘사함으로써 남자의 우월감을 부추길 수가 있다. 무릎을 꿇고 허리를 구부리는 동작이 종속적인 행위로 간주되는 것은, 약자는 강자 앞에서 몸을 낮춘다는 생물학적인 의미가 있기 때문이다.

구강-성기 접촉을 속어로 '가라앉기(going down on)'라고 하는 것은 꽤 의미가 깊다. 입을 성기에 대기 위해서는 하는 쪽과 받는 쪽의 관계에서 자신의 신체를 밑으로 내리지 않으면 안 된다. 이것은 어떠한 자세를 취하더라도 그러한데, 특히 받는 쪽이 선 상태라면 더욱 그러하다. 이 경우 행하는 남성 또는 여성은 입을 성기에 대기 위해 선 상대의 몸 앞에 무릎을 꿇든가 웅크릴 수밖에 없다. 거의 중세 노예와 같은 자세를 취해야 하는 것이다. 여성이 남성에게 하는 이런 행위가 남자들의 권위적인 섹스 모임인 스태그 파티에 받아들여지는 것은 당연하다.

그러나 연인 사이가 되면 사정은 달라진다. 두 사람의 관계가 사랑이 없는 성적 만족만을 목적으로 하는 것이 아닌 한, 이 행위는 권위에 알랑거리는 것이 아니라 기쁨을 주는 행위가 되므로 위와 같은 왜곡은 없을 것이다. 오르가슴에 이르는 데 남녀간에 시간 차가 있기 때문에 구강-성기 접촉은 이미 말한 것처럼 여성보다 남성의 행위로서 더욱 일반화되는 것이다.

단계의 변형 3 : 단계의 순서 변경

이상, 기본적인 친밀성 과정의 변형에서 몇몇 과정이 퇴화하고 혹은 세련되는 이유를 상당히 깊게 고찰했다. 그러면 이번에는 세 번째 가능성, 즉 행위가 나타나는 순서의 변경에 대해서 알아보자. 이러한 변경은 숱하게 일어나며, 내가 앞에서 서술한 과정은 빈번히 어떤 형태로 변경되곤 한다. 내가 말한 과정은 일반적인 경향에 불과하고, 실제로 첫 만남부터 마지막 성교에 이르는 패턴은 변화무쌍하다. 나는 단지 그 사건의 대략적 과정을 도식화한 것에 불과하다. 그런데 특정 요소는 형식화돼 있어서 다음에 일어나는 순서에 크게 영향을 미친다. 이 점은 몇 가지 예를 들면 더 알기 쉬울 것이다.

언급하고자 하는 세 가지 행위는 눈에서 신체, 눈에서 눈, 목소리에서 목소리다. 이들 촉각 이전의 접촉은 과정상의 순서가 바뀌는 일은 좀처럼 없다. 오늘날 예외는 첫 만남이 전화로 시작되는 경우인데, "전화로 대화를 나눈 다음에 만나는 것도 즐겁다."는 사람도 있다. 이 말은, 전화를 통한 목소리 교환을 그들은 만남으로 받아들이지 않는다는 것을 의미한다.

그러나 눈의 접촉이 수반되는 경우, 그들은 그것을 만남이라고 생각한다. "우리는 작년에 만난 적이 있습니다."라는 표현은 반드시 촉각적인 터치를 의미하지는 않는다. 단지, 시각적 · 언어적 교환의 조합을 의미할 뿐이다. 그러나 만남은 일반적으로 악수라는 최소한의 보디 터치를 포함하고 있다. 누군가를 만나기 위해서는 어느 정도 보디 터치를 감안한다. 더욱이 현대생활을 하는 우리는 너무나 많은 타인과 만나기 때문에, 이 최초의 터치가 엄밀히 양식화되어 있다는 데 그리 놀라지 않는다. 인간관계가 발전하는 과정을 두고 볼 때, 시간적으로 너무 빠른 시점에서 다채로운 보디 터치가 이루어진다면 지나치게 친밀성이 강해질 우려가 있기 때문이다.

흔히 악수가 전 과정에서 가장 먼저 튀어나오는 것은 그것이 완전히 형식화되어 있기 때문이다. 제삼자가 "소개합니다, 이 분은……." 하고 말하면, 눈을 마주 보는 몇 초 사이에 두 사람의 손이 재빨리 앞으로 나오고, 다음에는 피부 접촉이 이루어진다. 이 행위는 언어적 접촉보다 앞서 이루어지는 경우도 있다.

접촉 행위가 형식화되면 될수록, 과정을 비약할 수 있는 기본적인 규칙은 입과 입의 키스에서 특히 분명하게 나타난다. 엄밀히 말해, 이것은 성교 이전에 흥분을 불러일으키는 최초의 행위이며, 과정의 전반보다는 후반에 속해야 할 것이다.

그러나 젊은 연인들 사이에 '인사 키스'를 하는 관습이 인정되고 있으므로, 적절한 시기에 다른 단계를 뛰어넘곤 한다. 또한 최초의 키스가 흔히 인사의 행위로 이루어진다는 것도 의미가 깊다. 이런 키스는 팔을 어깨에 두르거나 팔을 허리에 두르거나 하는 친밀성이 낮은 어정쩡한 포옹을 뛰어넘고, 나아가서는 손을 마주 쥐는 것마저 생략하고, 마주 보는 완전한 포옹과 조합된다. 여기서의 수법은 가족이 만나고 헤어질 때 하는 비성적 키스의 자연스러움을 차용하는 것이다. 만나서 몇 시간 떠들고 난 젊은 커플은 그때까지 상대의 신체에 전혀 닿지 않았어도 헤어질 때 형식적인 포옹과 키스를 가볍게 나누기도 한다. 이는 남자가 매춘부를 찾아가 벌이는 상황과는 지극히 대조적이다. 매춘부를 찾아간 남자는 성기 접촉이 이루어지고 나서, 과정을 거슬러올라가 키스를 하거나 아니면 완전히 키스를 생략해버리기 때문이다.

성적 과정의 변형을 고찰함에 있어서, 내가 기본적으로 현대의 문명 사회를 상정하고 있음은 물론이다. 그 밖의 문화 또는 종족에서는 이 패턴도 상당히 변화한다. 그러나 친밀도가 차츰 높아져간다는 과정의 일반원칙은 동일하다.

예컨대, 약 200개 정도 다른 인류 문화를 대상으로 행한 미국의 조사에서 "적극적인 전희를 사회가 금지하는 경우에도 적당한 전희가 이루어지고 있다."는 사실을 명백히 하고 있다. 흥분을 불러일으키는 거의 모든 행위가 대부분 사회에서 이루어지지만, 때로 약간 형태를 달리 취하는 경우도 있다. 이를테면 접촉 기관으로서 코가 입을 대신하여, 입으로 키스를 하는 대신에 코를 부벼대거나 눌러대는 예도 간혹 발견된다. 어떤 부족에서는, 보통은 입에서 얼굴 또는 입에서 입의 터치가 이루어질 장면에서, 서로 코를 얼굴에 부벼대기도 한다. 나아가 입에서 입, 코에서 코의 터치를 행하는 부족도 있다. 남성이 여성의 유방을 자극할 때 입술로 터치하는 게 아니라 코를 부비는 경우도 있다. 또 어떤 부족은 입술을 상대 얼굴에 가까이 대고 숨을 들이마시는 키스 형태를 취한다. 나아가서는 서로 입술과 혀를 들이마시는 키스 형태를 취하는 부족도 있다.

이러한 세부적인 변형은 물론 각각이 흥미롭다. 하지만 과거에 어떤 사람들이 그랬던 것처럼 그 중요성을 너무 강조한 나머지, 전반적으로 보아 인류의 구애행동과 전희 패턴에는 큰 유사성이 있다는 사실을 흐려놓아서는 안 된다.

인간이 가장 색정적인 이유

이상, 인류의 성적 친밀성 과정을 대략 검토했고, 다음은 그 빈도다. 나는 예전에 인류는 모든 영장류 가운데 가장 호색(好色)하다고 쓴 적이 있는데, 이 설은 일부 사람들로부터 비판을 받았다. 그러나 그 생물학적 증거는 부정하기 어렵다. 오늘날 일부 지역에서 관찰되는 성적 활동의 높은 빈도가 문명 생활의 인공적 산물이라고 주장하는 데에는 어이가 다 없다. 오히려, 일부 지역에서 보이는 현저하게 낮은 성적 활동에서 문명사회의 병폐 원인을 찾아야 할 것이다. 격심한 스트레스를 경험한 사람이라면 누구나 알고 있듯이, 불안은 성 능력을 강하게 억압한다. 그리고 현대 도시사회의 분주한 생활에는 스트레스 요인이 산재해 있다. 그럼에도 성적 활동이 여전히 활발하게 이루어진다는 사실은 우리 인류가 얼마나 놀랄 만한 성욕을 타고났는지 여실하게 보여주는 증거라고 할 수 있다.

이 점을 더욱 파고들어가 보자. 내 설을 조금 다르게 표현하면, 인류는 모든 영장류 가운데 잠재적으로 가장 호색하다는 것이다. 우선 첫째로, 다른 영장류의 성 행위는 암놈의 월경주기 중의 짧은 기간에 한정돼 있다. 이때 암놈의 외성기는 모종의 변화를 보이는데, 대개 종에서는 이것이 확실하게 수놈의 눈에 식별되어 성적으로 이끈다. 이외 기간에 암놈이 수놈의 관심을 끄는 일은 전무에 가깝다. 한편 인간은 성적 활동이 월경주기의 거의 전역에 걸쳐 가능하고, 그 기간이 영장류의 세 배나 된다. 이 점만을 보더라도 인간이라는 동물은 원숭이나 원인류보다 세 배 더 성적 잠재성을 갖고 있음을 알수 있다.

둘째, 인간 여성은 임신기간에도 성적으로 관심을 끌 수 있고 섹스에 응할 수 있지만, 다른 영장류는 그렇지가 않다. 또한 인간 여성은 출산 후 다른 종류보다 훨씬 빨리 성 행위를 부활시킨다.

마지막으로, 현대의 평균적인 인간은 약 반세기에 걸쳐 성 생활을 즐길 수 있는데, 이만큼 긴 기간에 필적하는 포유류는 거의 없다.

인간은 성 행위에 관한 한 잠재성이 무한할 뿐 아니라, 대다수 경우 이 능력을 충분히 개화시킬 수 있다. 따라서 나로서는 앞의 설을 수정할 이유가 전혀 없다. 대개 인간은 배우자를 찾음으로써 자신을 에로틱하게 표현하고 성 교섭을 빈번하게 갖는다. 그렇지 않은 인간이라도, 또는 섹스 면에서 일시적으로 고립된 인간이라도 성 활동을 그치지 않는 게 보통이다. 그들은 배우자의 부재를 메우기 위해 상당히 높은 빈도로 마스터베이션을 행한다.

결론적으로, 인간의 성 패턴은 복잡하기 짝이 없다. 여기에는 격렬한 성교만이 아니라, 부드럽고 미묘한 구애행위나 흥분을 불러일으키는 전희 등이 포함된다. 이것은 긴 세월에 걸쳐 빈번하게 이루어지고, 여성의 생리 현상이 닫힌 뒤에도 좀처럼 중단되지 않을 뿐 아니라, 인간의 성 패턴이 실행될 때에는 충분한 시간과 다양한 수법이 동원된다.

인류의 성 생활 확대는 영장류에게서 물려받은 것에다가, 우리가 이미 검토해온 변형이 가능한 다양한 성적 보디 터치와 친밀성이 더해짐으로써 달성되었다. 그 결과 다른 종과의 차이가 엄청나게 벌어졌다. 이를 명확히 하기 위해 원숭이와 유인원의 섹스 방식을 살펴보는 것도 가치가 있을 것이다.

원숭이는 섹스 상대와 깊은 애정 고리를 맺지 않고, 구애행동이나 전희도 거의 행하지 않는다. 생리 주기상 암놈이 완전히 발정상태가 되는 2, 3주 동안에 암놈이 수놈에게 다가가거나 혹은 수놈이 암놈에게 다가간다. 그런 다음에 암놈은 수놈에게 궁둥이를 돌리고 앞으로 웅크린다. 이어서 수놈이 암놈의 뒤에 올라타 페니스를 삽입하고 몇 차례 재빨리 왕복운동을 하여 사정을 하고는 암놈의 몸에서 내려가면, 두 마리는 다시 떨어진다. 그 전체 과정은 아주 짧은 시간에 이루어진다. 이 시간은 원숭이 사이에서는 당연한데, 몇 가지 예를 들어보면 명확한 개념을 얻을 수 있을 것이다.

보닛원숭이의 수놈은 골반 왕복운동을 5회에서 30회 정도 행한다. 개코원숭이는 8회에서 28회(평균 17회)를 하며, 시간은 22초가 걸리는데 전반 10초는 몸을 가누는 데 쓰인다. 붉은털원숭이는 2회에서 8회 왕복운동을 하지만 전체 시간은 2~4초밖에 안 걸린다. 비비는, 어떤 보고서에는 평균 6회의 왕복과 8~10초의 지속시간, 또 다른 보고서에서는 평균 6회의 왕복과 8~20초의 지속시간, 그리고 다른 보고서에서는 5~10회의 왕복과 10~15초의 지속시간을 보인다고 기록하고 있다. 침팬지에 대해서는 두 개의 보고서가 있는데, 하나는 수놈의 왕복운동을 평균 4~8회, 최고 15회라고 하고, 다른 하나는 6~10회 왕복에 전체 성교시간 7~10초라고 한다.

이들 수치는 인류 유사종들이 섹스를 할 때 꾸물거리지 않는다는 것을 분명히 보여주고 있다. 그러나 그들은 암놈이 발정하는 짧은 기간에, 이 '인스턴트 섹스'를 대단히 높은 빈도로 행한다. 어떤 종은 몇 분 후에 다시 암놈의 등에 올라타 연속해서 몇 차례 섹스를 한다. 예컨대, 남아프리카의 비비는 불과 2분간 틈을 두고 3회에서 6회 암놈의 등에 올라가는 것이 보통이다. 붉은털원숭이는 이 수치가 더 커져서, 불과 1분쯤 간격을 두고 5회에서 25회 섹스를 한다. 수놈이 사정을 하는 것은 암놈의 등에 마지막으로 올라탔을 때뿐이며, 이 마지막 섹스는 격렬하기 때문에 패턴이 더 복잡한 것처럼 보인다. 그러나 어떤 경우에나 그들의 성 행위는 인간이라는 동물의 그것과는 현저하게 다르다.

인간의 경우는 성적인 전희가 있을 뿐 아니라, 성기 결합이라는 행위 자체에 대해서도 더 많은 시간을 들인다. 인간 부부의 50퍼센트 이상이 전희 단계에 10분 이상 시간을 들이면서, 흥분을 유도하는 테크닉을 매우 다양하게 구사한다. 그후 골반 왕복운동으로 남자는 대개 2, 3분 사이에 사정에 도달하는데, 일반적으로 이 단계는 더 늘릴 수 있다. 늘리는 이유는, 원숭이와 달리 인간 여성은 정서적 밀도에서 남자와 똑같이 절정을 경험할 수 있고, 그러기 위해서는 일반적으로 10분에서 20분을 더 필요로 하기 때문이다. 즉, 보통 인간 부부는 전희와 결합을 포함한 전 과정에 약 30분을 소요하며, 이것은 대표적인 원숭이 커플의 100배 이상에 상당한다. 그리고 다시 한 번 말하지만, 원숭이는 인간 부부보다 빠르고 짧은 섹스를 여러 번 반복한다. 이는, 암놈 원숭이는 단 며칠이란 시간밖에 섹스를 받아들이지 못하기 때문이다.

암놈 원숭이와 인간 여성이 놓인 상황을 비교해보면, 전자가 흥분하는 때는 배란 무렵이며, 그 흥분상태는 약 1주일간 지속된다. 이 기간에 암 원숭이가 성교를 통해 특별히 성적으로 흥분하거나 지치거나 하는 일은 없다. 발정기 동안 내내 흥분상태에 있기 때문이다. 그런데 인간 여성은, 마치 성 접촉이 일어날 때마다 짧은 발정기가 찾아오는 식으로, 배란일과 무관하게 남성과 나누는 성교 이전의 자극에 따라 흥분 정도가 좌우된다.

실제로 여성은 배란일에 감응하는 것이 아니라, 상대에게 감응한다. 여성의 생리적 흥분은 배란과 월경 주기가 아니라, 남성과 공유하는 성적 친밀성에 초점이 맞추어진다. 이 중요한 일보는 영장류 전반의 성 시스템에 일어난 근본적인 변화 중 대표적인 것이다. 이는 필연적으로 부부간에 훨씬 풍요롭고 복잡한 보디 터치를 초래했고, 인간의 성적 친밀성의 기초가 되었다.

여기서 우리는 인간이 하는 복잡한 성 행위의 기원은 무엇인가, 라는 문제에 부딪히게 된다. 추가된 여러 가지 보디 터치의 기원은 어디인가? 원숭이는 암놈의 등에 올라타서 결합하는 정도이므로, 사실상 우리가 그들과 공유하는 것은 올라타는 것과 리드미컬한 골반 왕복운동과 사정뿐이다.

그렇다면 우리가 구애기간 중에 하는 부드러운 터치와 악수를 비롯하여, 정열적이고 자극적이며 다양한 전희 행위는 어디서 유래하는가? 거의 전부라고 해도 좋을 만큼, 이미 서술한 어머니와 자식 간에 이루어지는 친밀성에 연원을 두고 있다. 이들 가운데 완전히 새로운 행위, 특히 성욕 그 자체와 관련하여 진화한 행위는 거의 없다고 보아도 좋다. 전희에 포함되는 행동만 관련해서 말하면, 사랑하는 것은 유아기로 회귀하는 것과 매우 유사하다.

우리는 유아기에 이루어지던 최초의 포옹이 성장함에 따라 차츰 제한되는 과정을 더듬어보면서, 긴밀한 육체적 친밀성이 쇠퇴하고 하강하는 것을 확인했다. 이어서 젊은 연인들을 관찰해보면, 전체 과정이 역전되고 있음을 알 수 있다. 성적 과정의 최초 행동은 실제로 성인 간에 이루어지는 여타 사회적 상호작용과 다를 바가 없다.

그리고 그후 행동학적 시계침이 조금씩 되돌아가기 시작한다. 처음 소개받았을 때 하는 형식적인 악수와 잠깐 동안 나누는 대화는 어린 시절 보호 차원에서 행하던 손 잡기로 발전한다. 젊은 연인들은 옛날 그 또는 그녀가 양친과 그랬던 것처럼, 손과 손을 잡고 걸어간다. 신뢰가 쌓여 두 사람의 몸이 더욱 달라붙게 되면, 이윽고 우리는 두 사람이 몸을 맞대고 키스를 하는, 마주 본 포옹으로 행복하게 회귀하는 것을 목격할 수 있다. 관계가 깊어짐에 따라 우리는 더 어린 시절 누리던 부드러운 애무로 돌아간다. 손은 다시 사랑하는 사람의 얼굴이나 머리카락이나 몸을 애무한다. 마지막으로 연인들은 다시 나체가 되어 신체의 가장 비밀스러운 부분을 손으로 친밀하게 터치하는데, 이는 자그마한 갓난아기 때 이후 하는 최초의 경험이다. 그리고 그들의 동작이 시간을 거슬러올라감에 따라 목소리도 마찬가지로 유아기로 돌아가서, 말의 내용보다 말할 때의 부드러운 어감이 더욱 중요해진다. 말을 하는 방식 자체도 종종 어린애다워져서 신종 '유아어'가 생겨난다. 공통의 안일감이 젊은 커플을 파도처럼 에워싸고, 갓난아기 때처럼 외계의 어수선한 소란은 거의 의미를 잃어버린다. 사실 사랑하는 여자의 꿈꾸는 듯한 표정은 기운찬 아이의 기민한 얼굴이 아니라, 만족한 갓난아기의 무심한 얼굴과 아주 흡사하다.

유아기로의 회귀는 그것을 경험하는 본인에게는 대단히 아름답지만, 다른 사람들은 왕왕 코웃음을 친다. 이러한 사정은 다음과 같은 경구로 구체화된다. 사랑의 최초의 한숨은 지혜의 최후의 한숨, 사랑은 고뇌로 가득한 병, 사랑은 맹목, 인간은 사랑하는 사람에게 간단히 속는다, 사랑이란 병에 듣는 약은 없다, 사랑하면서 현명해지기는 불가능하다, 사랑하는 사람은 어리석지만 자연이 그렇게 만든다 등등.

또한 과학적 논리에 근거한 문장에서도 '퇴행적 현상' 따위의 표현이 등장하는데, 이것은 현실적으로 발생하는 것에 대한 공평하고 객관적인 표현이 아니라 모욕적인 뉘앙스를 갖고 있다. 물론 성인 간의 관계에서 아이 같은 행동을 하는 것은 사물 대처방법으로는 효과가 없다. 그러나 인간적인 깊은 사랑의 고리를 맺으려는 젊은 연인 사이라면 사정은 정반대다. 이러한 고리를 발전시키기 위해서는 친밀한 보디 터치를 듬뿍 행하는 것만이 최고며, 철부지 같다든가 어린애 같다는 이유로 이것에 저항하는 사람은 실패자가 되고 만다.

구애가 전희 단계까지 나아갔을 때에도 어린애 같은 패턴은 사라지지 않는다. 아니 사라지기는커녕 두 사람은 더욱 더 어려져서, 시계의 초점은 어머니의 유방을 빨던 시점으로까지 되돌아간다. 입술을 연인의 입이나 뺨에 대던 단순한 키스는 움직임이 많은 격렬한 키스가 된다. 입술과 혀 근육의 움직임에 따라 파트너는 상대의 입에서 우유를 빨아들이려는 것처럼 서로 작용을 한다. 배고픈 갓난아기처럼 입술로 빨고 조이고 혀로 더듬고 핥는다. 그러나 이 적극적인 키스는 이젠 상대의 입만으로 한정되지는 않는다. 오랫동안 잊고 있던 어머니의 젖꼭지를 찾는 양 여러 부분을 더듬어간다. 그렇게 찾아헤매는 동안 도처에서, 즉 귓불이나 발가락, 클리토리스나 페니스, 그리고 연인의 유두 그 자체에서 유사 젖꼭지를 발견한다.

나는 앞에서 이들 행위의 대가는 그것이 가져다주는 성적 기쁨을 아는 데 있다고 썼지만, 이는 이야기의 일부에 지나지 않는다. 거기에는 유아가 젖을 먹을 때 느끼던 강한 만족감을 동반하는 구강접촉의 재체험이라는 직접적인 대가가 존재하는 것이다. 의사 유방이 의사 우유를 만들어낼 수 있다면 그 효과는 더 한층 높아지는데, 이는 연인의 타액의 증가나 여성 성기의 점액질 증가, 남성 페니스의 정액 방출 등으로 얻어진다.

예를 들어, 여성이 오랫동안 페니스를 입에 머금고서 사정을 하게 했다고 하자. 이 행위는 의사 유방에서 드디어 '우유를 방출'시키는 데 성공했다는 느낌을 주는 바, 두 행위의 유사성은 17세기에 이미 이 행위를 가리켜 일반적으로 "우유를 낸다."는 속어로 표현했을 정도로 깊이 각인되었던 것이다.

그런데, 전희 과정이 끝나고 결합 자체가 시작되었을 때에도 아이 같은 동작은 완전히 사라지지 않는다. 원숭이의 섹스에서는, 성기 접촉을 별개로 치면 수놈이 손과 발로 암놈의 허리를 기계적으로 붙잡는 동작이 유일한 보디 터치라고 할 수 있다. 수놈이 암놈의 몸을 붙잡는 것은 사랑의 표현이 아니라, 골반 왕복운동을 재빨리 행하는 동안 자신의 몸을 고정시키기 위해서다. 이런 동작을 인간에게서도 볼 수 있지만, 인간의 경우는 '신체를 접합'시키는 기능 없이도 다양한 터치가 성립한다. 손으로 상대를 껴안거나 비벼대거나 하는 것은 왕복운동을 쉽게 하려는 기계적인 이유에서가 아니라, 친밀감을 접촉 신호로 나타내는 것이다.

그리고 앞에서 말한 섹스광들에게로 돌아가, 남자와 여자가 실제로 성교하는 장면만을 살펴보면, 골반운동에 수반되는 성기 이외의 터치 빈도를 기록할 수 있다. 묘사한 자태에서 74퍼센트 이상이 '몸을 고정시키는' 이외의 방식으로, 손(또는 양손)으로 상대의 몸 어딘가를 붙잡거나 터치하고 있다. 나아가 다양한 포옹 동작, 손과 머리의 터치, 손과 손의 터치 등이 보여진다. 이들 동작은 모두 부분적 혹은 단편적인 포옹이긴 하지만, 기본적으로 포옹임에는 변함이 없다.

이것은 인간이라는 동물의 결합이, 성숙한 영장류의 교합행위에 유아기로 되돌아간 포옹행위가 더해져 이루어진다는 것을 의미한다. 그리고 후자는 처음 구애단계부터 마지막 순간에 이르는 성의 전 과정에 침투해 있다. 인간이라는 동물은 이성이 갖춘 일련의 생식기와 성교하는 것만이 목적이 아니다. 완성된 특수한 개인과 '사랑을 만드는(make love, 의미 깊은 표현이다)' 것이다. '사랑을 만든다'는 표현이야말로 결합을 포함한 전 단계가 부부간의 고리 형성을 강화하도록 작용하는 이유이며, 여성에게서 섹스 가능 기간이 배란기라는 한계를 훨씬 넘어서 확대되도록 진화해온 이유이기도 하다.

지금 우리가 성 행위를 하는 것은 난자를 수정시키기 위해서라기보다도, 오히려 두 사람의 관계를 풍요롭게 하기 위해서라고 할 수 있다. 그렇다고 생식 면에서 의구심을 품을 필요는 전혀 없다. 배란기와 일치하는 성 행위가 적은 비율밖에 점하지 않는다 해도, 오늘날 30억 이상의 인간이 살고 있는 사실에서도 증명되듯이, 적당한 숫자의 자손을 낳기에는 충분하기 때문이다.

사회적 친밀성

보디 터치의 양식화

인간의 성적 친밀성을 연구하는 과정에서, 우리는 유아기 때 누렸던 친밀성을 상실하는 대신에 성인 사이에 충분한 보디 터치가 다시 싹트는 것을 목격했다. 그 반대로 인간의 사회적 친밀성을 연구하는 과정에서는, 터치가 용의주도하게 금지되는 것을 관찰하게 될 것이다. 우리 머리 속에는 친밀함과 프라이버시, 독립과 의존이라는 모순된 욕구가 싸우고 있기 때문이다.

우리는 가끔 인간이 너무 많다고 느끼며, 내게로 향한 타인의 호기심 어린 눈초리를 부담스럽게 생각한다. 그래서 그 모든 것들로부터 몸을 빼내 은둔하고픈 유혹을 느끼기도 한다. 그러나 우리 중 대다수는 겨우 몇 시간 갇혀 있다가, 이런 은둔자 같은 삶이 계속 이어진다는 상상이라도 할라치면 몸을 오싹 떨곤 한다. 인간은 사회적 동물이므로, 건강한 보통 사람이라면 누구나 긴 고독을 엄한 벌이라고 생각한다. 사실 육체적인 고문이나 죽음을 제외하면, 구금상태는 죄수에게 과할 수 있는 고통 중에서도 최악의 고통이다. 그 결과, 죄수는 반쯤 미쳐 자기 목소리를 메아리로나마 듣기 위해 세면대를 향해 말을 걸고픈 충동에 사로잡히기도 한다. 이것이 그가 할 수 있는 대인적 반응에 가장 가깝기 때문이다.

남녀를 불문하고 대도시에 사는 내성적인 독신자들도 대략 이와 비슷한 상황에 자신이 놓여 있음을 깨달을 때가 있다. 만일 그들이 가족적인 친밀성에서 멀리 떨어져 작은 방이나 아파트에서 혼자 살고 있다면, 이내 참기 어려운 고독에 휩싸이게 될 것이다. 너무 소심해서 친구를 하나도 사귀지 못했다면, 인간적인 친밀 접촉이 없는 상태를 장기간 견디기보다도 결국 자살을 택할지도 모른다. 왜냐하면 친밀성은 이해를 싹트게 하는데, 고독한 수도사와는 달리, 우리는 대부분 적어도 몇 사람들로부터는 이해받기를 원하기 때문이다.

그러나 이성적 또는 지적으로 이해받는 것은 문제가 아니다. 중요한 것은 감정적으로 이해받는 것이다. 이런 의미에서 보면, 책에 쓰인 수많은 아름다운 말들보다도 단 한 마디 친밀한 보디 터치가 훨씬 더 유용하다. 육체적인 감정이 정서에 호소하는 힘은 실로 놀랍다. 아마도 그것이 육체적인 감정의 강점이자 약점일 것이다.

탄생에서 죽음에 이르는 일생 동안 인간에게 일어나는 일련의 친밀 행동을 더듬어온 우리는, 보디 터치가 충분하게 이루어지는 두 단계가 모두 강력한 대인적 고리를 맺는 단계이기도 하다는 것을 보았다. 최초에는 부모와 자식의 그것이며, 두 번째는 연인 사이의 그것이다. 그리고 모든 징후에서 보면, 인간은 몸과 몸의 터치를 충분하고 거리낌없이 행할 때에는 관심의 대상과 강한 고리로 연결되는 것을 거부할 수가 없다. 아마 이 점으로 미루어보아, 무엇이 우리로 하여금 육체적 친밀성이 주는 순수한 기쁨에 마냥 잠기지 않도록 엄금하는지 직관적으로 파악할 수 있을 것이다.

예를 들면, 직장 동료를 껴안거나 포옹하는 것은 관습에 반한다는 지적만으로는 충분치가 않다. 거기에는 왜 애초에 "사람에게 가까이 다가가지 말라."든가 "사람과 거리를 유지하라."는 관습이 생겨났는지 아무 설명이 없기 때문이다. 평범한 일상생활에서도, 친한 가족관계를 벗어나면 우리는 서로 접촉을 피하기 위해 어떤 일이든 할 수밖에 없는데, 그 이유를 알려면 속을 더욱 깊이 파고들어 검토하지 않으면 안 된다.

그 답 중 일부는 현대 도시생활에서 우리가 겪는 엄청난 과밀상태와 관계가 있다. 우리는 매일 거리나 건물 안에서 너무도 많은 사람들과 만난다. 따라서 그들에게 일일이 친밀한 태도를 취했다가는 사회적 조직은 온통 마비되고 말 것이다. 그런데 역설적이게도, 이러한 과밀상태가 우리를 완전히 모순된 두 양단으로 내몬다. 즉, 한편으로 스트레스와 긴장감·불안감을 조성하고, 다른 한편으로 이러한 스트레스와 긴장감을 해소하는 데 필요한 친밀성 교류를 가로막는다.

답의 또 한 측면은 섹스와 관계가 있다. 보디 터치를 광범히 행하고 대인관계를 무한히 확대해갈 만한 시간과 에너지가 우리에게 부족하다는 것만이 이유가 아니다. 성인들 사이에서는 육체적 친밀성이 섹스를 의미한다는 문제가 있다. 이것은 불행한 혼동이다. 그러나 이러한 혼동이 생기는 이유도 알아야 한다. 성 행위는 육체적 친밀성 없이는 불가능하며, 어떤 의미에서는 둘은 동의어가 되고 있다. 성 행위를 즐기기 위해서는 터치를 혐오하는 사람일지라도 터치하고 터치 받아야 한다. 터치를 원하지 않을 때에는 거의 완전하게 그럴 수 있는 사람일지라도 섹스 때만은 불가능하다. 빅토리아 시대에는 터치 면적을 최소한으로 하려고 앞에 작은 구멍이 난 잠옷을 입는 극단적인 사람들도 있었다지만, 그마저도 모국에 자손을 늘려주기 위해서는 불가피하게 페니스를 바기나에 삽입해야만 했다. 그러다가 1889년에는 '친밀해진다'는 말이 성교의 완곡한 표현이 되었다. 그리고 금세기에는 남녀를 불문하고 동성끼리든 이성끼리든 성적 인상을 주지 않고 친밀한 보디 터치를 즐기기가 더욱 어렵게 되었다.

그렇다고 이것이 새로운 경향이다,라고 한다면 이 역시 잘못이다. 물론 이 문제는 옛날부터 있었으며, 성인들 간의 친밀성은 성적 뉘앙스를 피하기 위해 어느 시대에나 어느 정도 생략되어왔다. 그러나 근년에 이르러 상황이 더욱 엄격해졌다는 인상을 지우기가 어렵다. 우리는 이제 머리에 손을 대거나 서로를 품에 안고 실컷 울거나 하는 일도 그다지 자유롭지 않다. 하지만 서로를 터치하고 싶다는 기본적인 충동은 여전하다.

따라서, 우리가 집 밖으로 나온 뒤 일상적으로 이 문제를 어떻게 처리하는가를 연구하는 것은 실로 흥미 있는 일이라 하겠다.

이에 대한 답은 우리가 터치를 양식화했다는 점에서 찾을 수 있다. 우리는 유아기 때 하던, 구애받지 않던 친밀성을 이어받아 그것들을 몇 가지 단편으로 분해한다. 그리고 각 단편은 정연한 범주에 맞게 엄밀히 양식화된다. 그래서 우리는 에티켓을 확립하고, 그것들을 지키도록 우리 문화의 구성원을 훈련시킨다.

그러나 포옹에 대해서라면 훈련은 전혀 필요치 않다. 왜냐하면 이미 보았듯이, 포옹은 우리가 다른 모든 영장류들과 함께 공유하는 타고난 생물학적 행위기 때문이다. 하지만 포옹에는 많은 요소가 포함되어 있어서, 어떤 대인적 장면에서 어느 단편을 사용해야 하는지, 또 엄밀히 양식화된 형태는 어떤 것인지 하는 점에 대해서는 유전은 아무 도움이 되지 않는다. 즉, 동물은 행동할지 말지 중 하나를 선택하지만, 우리 인간은 행동하는가 행동을 잘못하는가, 예의가 바른가 예의에 어긋나는가 중에서 어느 한쪽이며, 따라서 규칙은 아주 복잡해지기 마련이다. 그렇다고 포옹행위를 생물학적으로 연구할 수 없는 것은 아니다. 인간행동이 문화적으로 규정돼 있고 또 문화적인 편차가 크다고 해도, 포옹을 영장류의 행동의 일부로 파악하는 편이 이해하기 쉽다. 왜냐하면 거의 예외 없이, 포옹형태에서 생물학적 기원을 더듬어볼 수 있기 때문이다.

등 두드리기

전체를 개설하기 전에 내 의도를 명백히 하기 위해 한 예로써 자세히 설명해보고자 한다. 나는 등을 두드리는 동작을 들어보려고 하는데, 이것은 지금껏 별로 주목받지 못한 듯하다. 너무나 사소하고 단편적인 행동이라 큰 관심을 기울일 만한 가치가 없다고 여길지도 모르지만, 작은 행위를 간과하면 위험하다. 단 한 번 꼬집는 동작, 할퀴는 동작, 쓰다듬는 동작, 두드리는 동작이 사람의 일생, 나아가 한 나라의 장래를 바꿔놓을 가능성도 있기 때문이다. 따뜻한 포옹이 필히 요구되는 결정적인 순간에 그것을 행하지 않는 것은 궁극적으로 관계가 파국에 이르렀음을 의미한다. 마찬가지로, 두 위대한 통치자 간에 이쪽이 건넨 미소를 단 한 번 저쪽이 되돌려주지 않은 것이 빌미가 되어 전쟁과 파괴로 이어지는 수도 있는 것이다. 그러므로 등을 두드린다는 '단순한' 동작을 무시하는 것은 현명하지 않다. 이러한 사소한 동작이야말로 정서생활을 구성하는 요소이다.

만일 독자가 침팬지와 개인적으로 친한 관계를 맺은 적이 있다면, 등을 두드리는 동작이 인간의 전매특허가 아님을 잘 알 것이다. 원숭이가 당신을 만나 특별히 기분이 좋을 때에는 가까이 다가와서 당신을 껴안고 따뜻하고 축축한 입술을 당신의 목덜미에 부비며, 이어서 손으로 당신의 등을 리드미컬하게 두드릴 것이다. 기묘한 행동들이다. 왜냐하면 어떤 의미에서 그것은 지극히 인간적인 것이지만, 또 다른 의미에서는 미묘하게 다르기 때문이다. 이 키스는 인간의 키스와 똑같지는 않다. 원숭이 쪽이 좀더 "부드럽게 입을 벌리고 부벼댄다."고 말하는 것이 정확할 것이다. 등을 두드리는 동작도 인간보다는 가볍고 빠르며, 양손을 교대로 리드미컬하게 두드린다. 그럼에도 이들 두 종에게서 포옹하고 키스하고 등을 두드린다는 동작은 같으며, 그것들이 대인적 신호라는 것도 동일하다. 즉, 우리가 등을 두드리는 동작은 인간과 (科) 동물의 생물학적 특성이라는, 합리적인 추측을 출발점으로 삼을 수가 있는 것이다.

나는 이미 제1장에서 이 동작의 기원으로 생각되는 것을 설명한 바 있다. 즉, 이것은 껴안을 때 반복되는 의미동작으로서, "만일 필요하다면 난 너를 이렇게 꼭 껴안아줄게. 하지만 지금을 그럴 필요가 없으니 안심해. 만사가 잘되고 있어."라고 전하는 것이다.

유아기에는 포옹에 덧붙여 가볍게 토닥거렸지만, 나중에는 포옹을 수반하지 않고 독립적으로 실행된다. 두드리는 쪽 손이 동료를 향해 뻗고 터치하는 손만으로 이루어진다. 이러한 변화를 통해 양식화가 시작되는데, 포옹을 수반하지 않는 두드리는 동작만으로는 그 진짜 기원을 추측하기가 불가능하다. 그리고 이와 함께 또 다른 변화가 일어난다.

두드리는 신체 부위가 늘어나는 것이다. 갓난아기는 등 외에는 거의 두드리지 않지만, 좀더 나이가 든 아이들은 등뿐 아니라 어깨와 팔, 손, 뺨, 정수리, 뒤통수, 배, 엉덩이, 다리, 무릎, 발 등 거의 온몸을 두드린다. "모든 게 잘되고 있어." 하는 위로의 신호는 "모든 게 아주 잘되고 있어."라든가 "너 참 잘했어." 등의 축하 신호가 된다. 일이 잘되게 한 두뇌는 두개골 속에 있으므로, 머리를 쓰다듬는 것이 축하 메시지를 전달하는 행위로 전형화된 것도 자연스럽다. 하지만 성장한 후에는 성인들 사이에서 머리를 쓰다듬는 행동은 자신의 우월감을 의식하여 상대방을 배려한다는 뉘앙스를 풍기므로, 이 행동은 가급적 피할 수밖에 없다.

'어른이 아이를 두드리는' 관계에서 '어른이 어른을 두드리는' 관계로 바뀜에 따라 또 다른 변화가 일어난다. 머리와 아울러 그 밖의 특정한 부분이 금기 영역이 되는 것이다. 등이나 어깨나 팔을 두드리는 것은 아직 가능하지만, 손등이나 뺨·무릎·다리 등을 두드리는 것은 다소 성적인 냄새가 나고, 엉덩이를 두드리는 것은 성적인 냄새가 강하다. 그러나 이러한 법칙에는 많은 예외가 있다. 예컨대, 여성들끼리 손등을 두드리거나 다리를 두드리는 동작은 성적 느낌을 전혀 주지 않는다.

또 동작을 희화하고 과장함으로써 상대를 거스르지 않고 대략 어떤 부위를 두드릴 수 있다. 이런 경우 두드리는 쪽은 "자, 꼬마님!" 하는 따위 농담을 곁들이면서 희생물의 머리나 뺨을 두드린다. 이때 그가 행하는 터치는 성적인 것이 아니라 부모가 장난치는 터치와 유사하므로 심각하게 받아들여선 안 된다. 물론 여기에도 모욕적인 요소가 포함되어 있다. 하지만 특정한 부분을 특정한 방법으로 터치하는 것에 대한 성적 금기에는 저촉되지 않는다.

그런데 이 마지막 예외에는 보다 더 흥미진진한 예외가 있고, 이것이 사태를 한층 더 복잡하게 만든다. 어떤 성인, 예컨대 어떤 남자가 또 한 사람의 성인, 즉 어떤 여성에게 섹슈얼한 보디 터치를 하고 싶다고 마음속으로 갈망한다고 하자. 그러나 그는 직접적인 터치가 받아들여지지 않을 뿐 아니라, 오히려 그녀로부터 미움을 사리라는 것을 잘 알고 있다. 사실 그는, 그녀의 눈에 자신이 전체적으로 성적 매력이 모자라는 남자로 비친다는 것 역시 알고 있다.

그러나 그녀가 보내오는 달갑지 않은 신호를 무시해버릴 만큼 그녀에게 터치하고픈 충동이 강하다. 그래서 그는 장난치는 아버지처럼 행동하기로 작전을 세운다. 그는 농담처럼 꾸며서 그녀의 무릎을 두드리며 "우스운 꼬마 아가씨!" 하고 말한다. 그가 얻은 것은 실은 섹슈얼한 즐거움이지만, 그녀가 이 터치를 농담으로 받아들여주기를 내심 바란다. 하지만 불행하게도 그는 그 이외의 성적 신호 특히 표정을 숨기는 데는 서투르고, 그래서 여자는 대충 그의 계략을 간파하고는 당연히 부정적인 반응을 보인다…….

성적 요소가 그나마 적은 것은 등을 두드리는 동작이다. 어찌 된 셈인지, 이 동작은 원래 성격을 그대로 유지하고 있고, 잘 모르는 타인들 사이에서도 애도와 축하의 의미로 자주 사용된다. 이를 단적으로 보여주는 예가, 거리에서 발생한 사고와 스포츠맨이 이룬 승리의 순간이라는 두 가지 특수한 장면이다. 사고를 당한 희생자가 충격을 받은 상태로 길가에 털썩 주저앉아 있으면, 지나가는 사람이 곧 도우러 다가온다. 구조자는 보통, 희생자를 들여다보며 상대가 심상치 않음이 명백함에도 "괜찮습니까?" 하고 전혀 엉뚱한 질문을 한다. 동시에 구조자는 자신의 질문이 무의미하다는 것을 깨닫고, 가장 기본적이며 호소력 있는 커뮤니케이션 방법인 직접적인 보디 터치로 들어간다. 여기서 가장 실행하기 쉬운 터치는 희생자의 등을 위로하듯이 부드럽게 두드리는 동작이다. 그런데 스포츠맨이 경기에서 승리를 거둔 순간에도 똑같은 동작이 목격된다. 하지만 이쪽이 훨씬 호소력 있다. 운동장이나 투기장에서 스포츠맨이 씩씩하게 나오면, 팬들이 앞을 다투어 달려나와 지나가는 그의 등을 따뜻하게 두드린다.

어머니가 갓난아기를 부드럽게 두드리는 최초 상황에서 우리는 이미 꽤 멀리까지 왔다. 그러나 아직 갈 길이 남아 있다. 왜냐하면 성인들 사이에 이루어지는 두드리는 동작은 촉각적인 터치의 영역을 넘어서기 때문이다. 즉, 관중이 공연자를 환호할 때 치는 박수 동작과, 만나고 헤어질 때 손 흔드는 동작은 각각 소리 신호와 시각 신호로서 두드리는 동작이 파생시킨 것이다. 그럼 먼저 박수를 살펴보자.

박 수

공연자의 수고에 대한 위로로서 박수가 널리 사용되는 것을, 나는 이상하게 생각하고 있었다. 한쪽 손을 다른 손에 세게 부딪히는 동작은 거기서 생기는 귀에 거슬리는 소리와 더불어 공격적인 동작으로 보이기 때문이다. 그럼에도 불구하고 행복한 공연자에게, 박수는 공격적인 것과 정반대 효과를 주는 것이 분명하다.

수세기에 걸쳐 배우들은 파도와 같은 박수갈채를 갈망해왔고, 갖은 방법으로 '박수를 유도하는 계략(trap to catch a clap)'을 연구해왔다. 거기서 claptrap(인기를 끌기 위한 술책)이라는 영어가 생겨났을 정도다.

박수가 주는 숨겨진 가치를 이해하기 위해서는 유아기에서 그 기원을 찾을 필요가 있다. 생후 6개월에서 1년 된 유아를 자세히 관찰해보면, 아기가 자주 손을 마주 치는 것을 목격할 것이다. 이 동작은 어머니가 잠시 자리를 비웠다가 다시 모습을 보였을 때, 어머니를 반기는 표현의 일부로서 행해진다. 이 동작은 어머니를 향해 손을 내뻗기 직전에 이루어지는 경우도 있고, 손을 내뻗는 동작 대신 이루어지는 경우도 있다. 이 동작은 어머니에게 양손으로 매달리는 동작과 거의 동시에 나타나기 때문에, 마치 어머니가 다가오는 것을 본 아기가 어머니를 껴안기 위해 양손을 둥글게 뻗는 것처럼 보인다. 그러나 껴안을 몸이 아직 가까이에 실재하지 않아 포옹을 위해 활처럼 구부린 팔이 그대로 탁 하고 마주쳐버리고 마는 것이다. 이 단계에서 박수는 팔로 이루어지며, 성인의 박수처럼 손목으로 이루어지지 않는다.

상세한 관찰 결과, 이 동작은 어머니가 미리 박수로 응하는 것을 가르쳐준 일이 없는 경우에도 일어난다는 사실이 밝혀졌다. 아기가 치는 박수는 어머니를 향한 포옹이 무산되면서 내는 소리라고 해석하는 것이 가장 타당할 듯싶다. 이렇게 보면, 나중에 발달하는 리드미컬하게 반복되는 손목의 박수는 이 공허한 포옹에 두드리는 동작이 첨가되었음이 분명하다.

따라서 공연자에게 박수를 보낼 때, 우리는 실은 멀리서 그의 등을 두드리는 셈이 된다. 실제로 모두가 달려나가 공연자에게 보디 터치를 하는 것, 즉 우리가 칭찬하고 있음을 표현하기 위해 정말로 등을 두드리는 것은 불편할 뿐 아니라 사실 불가능하다. 그래서 대신 우리는 자리에 앉은 채 공중에서 그를 두드리는 동작을 반복하는 것이다.

시험 삼아서 실제로 박수를 치는 듯한 기분으로 양손을 마주 쳐보면, 양손에 같은 힘을 싣고 마주 치지 않는다는 것을 깨달을 것이다. 한쪽 손은 공연자의 등 역할을 하고, 다른 손은 그 등을 두드리는 동작을 행한다. 양손 다 움직이는 것은 사실이지만, 한쪽 손이 다른 손보다 훨씬 힘 있는 동작을 취한다. 사실 열 사람 중 아홉 사람은 오른쪽 손바닥을 왼쪽 손바닥 절반쯤 밑에 두는데, 여기서 오른쪽 손바닥은 두드리는 역할을 하고 왼쪽 손바닥은 등 역할을 한다.

한편, 성인 세계에서 본래의 포옹과 박수 동작 사이에 존재하는 거리가 예기치 않게 불쑥 드러나는 경우가 간혹 있다. 소련 최초의 우주비행사가 대성공을 거두고 모스크바로 귀환하여 정치지도자들과 나란히 붉은 광장에 섰을 때의 일이다. 환영 나온 군중들은 큰 행렬을 이루어 양손으로 박수를 보내고 있었다. 그런데 이 사건을 보도한 필름은 감격한 한 남자가 특이하게 박수 치는 모습을 보여주었다. 그는 양손을 내밀어 탁 하고 치며 자기 앞 공기를 부둥켜 안아 자기 쪽으로 끌어당기더니, 이어서 다시 손을 내밀어 박수 치고 포옹하는 동작을 반복하였다. 감정의 힘이 이처럼 각 행위 간에 존재하는 전통적인 갭을 깨뜨렸을 때, 우리는 거기서 어떤 행위의 기원을 웅변으로 말해 주는 증거를 확실하게 포착할 수 있다.

러시아인의 박수에서는 또 다른 흥미 깊은 변형을 볼 수 있다. 이 나라에서는 관중이 공연자에게 박수를 치면, 공연자도 관중에게 박수를 되돌려보낸다. 이것은 때때로 우스꽝스럽지만, 러시아인 공연자가 자기 도취에 빠져 자기 자신에게 박수갈채를 보내는 것이 아님은 물론이다. 그는 단지 관중이 보내는 양식화된 포옹에 화답할 뿐이다. 관중이 실제로 보디 터치를 한다고 보면 당연히 해야 할 일을 하는 것이다.

서구에는 이런 관습이 없지만, 공연이 끝난 뒤에 공연자가 양팔을 크게 벌려 박수를 요구하는 동작에서 그 변형을 볼 수가 있다. 특히 서커스 단원이나 광대들이 이러한 포즈를 취하는 경향이 있다. 어렵고 대담한 묘기를 펼친 후에 그들은 자랑스러운 자세로 서서 관중을 향해 양팔을 한껏 펼쳐 보인다. 관중은 그 순간에 우레와 같은 박수를 보낸다. 양팔을 이런 식으로 펼치는 것은 포옹의 의미동작의 한 예이다. 양팔은 관중을 포옹하는 자세를 취하지만, 공중에서 행위를 완성하는 데까지는 이르지 않는다.

예를 들어, 감정이 깃든 노래를 장기로 하는 카바레 가수들은 노래를 부르면서 대략 이와 비슷한 동작을 취하는데, 이 경우에도 애달픈 가사에 맞추어 포옹을 애타게 유도하는 동작을 덧붙임으로써 관중의 감정적인 상승을 부추긴다.

박수는 가끔 하인을 부르는 동작으로 이용되기도 한다. 하렘에서, 박수는 "무용수들을 데려오너라."는 신호라고 한다. 이 경우 박수는 리드미컬하고 빠르게 반복되는 동작이 아니라, 한쪽 손을 다른 손에 한두 번 탁 하고 마주

치는 것으로 끝난다. 이 박수는 어머니를 맞이할 때 아기가 하는 박수와 비슷하다. 어머니에게 "이리 오세요." 하고 호소하는 아기의 요구가, 하인에게 똑같은 것을 요구하는 어른의 요구로 바뀐 것이다.

손 흔들기

나는 앞에서 등을 두드리는 기본적인 터치 신호가 지금까지 검토해온 소리 신호와, 손을 흔드는 형태에서 보여지는 시각적 신호의 양방향으로 발전했다고 서술했다. 박수와 마찬가지로 손을 흔드는 동작도 일반적으로 당연시되어 그냥 지나쳐버리지만, 여기에도 의외의 요소가 숨어 있으므로 상세하게 분석해볼 가치가 있다.

만나고 헤어질 때 인사로 손을 흔드는 이유는, 그렇게 해야 멀리서도 눈에 띈다는 사실을 먼저 가정할 수 있다. 분명한 사실이지만, 완전한 답으로는 석연치 않다. 이를테면 택시를 잡을 때나, 군중 틈에 끼어서 아직 이쪽을 보지 못한 사람에게 시각적인 터치를 하려고 하는 경우를 보자.

성급하게 자신의 존재를 알리는 사람들을 관찰해보면, 그들은 보통 관습대로 손을 흔들지 않는다. 그들은 한쪽 손을 바짝 위로 치켜올리고 어깨서부터 옆으로 흔들기 시작한다. 더욱 다급한 경우에는 양손을 올려 동시에 흔들어댄다. 이것은 멀리서도 쉬이 눈에 띄는 행위다. 그러나 이미 시각적인 터치를 한 상태에서 서로 손을 흔드는 경우는 이렇게 하지 않는다. 누군가에게 안녕 하고 손을 흔들 때나, 이미 이쪽을 알아보았으나 손이 닿지 않는 곳에 있는 누군가에게 인사를 할 경우, 팔까지는 흔들지 않는다. 팔을 위로 올리지만 흔드는 것은 손뿐이다. 그리고 그 흔드는 방식은 다음 세 종류 중 하나다.

제1형태는 손을 위아래로 흔드는 방식으로, 손가락은 먼 곳을 향하고 있다. 손을 위쪽에 두면 손바닥은 바깥쪽을 향하고, 손을 아래쪽에 두면 손바닥은 밑을 향한다. 여기서도 또한 가는 곳마다 불쑥불쑥 두드리는 동작이 모습을 드러낸다. 인사를 하는 손은 포옹하여 등을 두드리는 동작을 취한다. 인사를 하는 손은 포옹하여 등을 두드리기 위해 내밀어지지만, 박수와 마찬가지로 거리가 있기 때문에 공중에서 동작을 완결 지을 수밖에 없다. 양자의 차이는, 박수의 경우 포옹과 두드리는 동작이 소리 신호로 만들어지는 것에 반해 손 인사는 시각적 신호라는 점이다. 실제 포옹의 경우는 팔을 앞으로 뻗지만, 이 동작에서 팔을 위로 들어올리는 것은 이것이 눈에 잘 띄기 때문이다. 그 밖의 점에서는 거의 차이가 없다.

제2형태는 보이는 정도를 더욱 강화한다. 여기서는 손을 위아래로 흔드는 대신에 옆으로 흔들며, 손바닥은 항상 바깥쪽을 향한다. 속도는 거의 같지만, 이 동작은 등을 두드리는 동작에서 한 단계 더 변형되었다. 이런 형태로 손을 흔드는 동작을 아이들보다 어른들이 즐겨 사용하는 것은 의미가 깊다. 아이들은 첫 단계인 위아래로 손을 흔드는 동작을 더 좋아한다.

제3형태는 대부분 독자들에게는 낯설다. 나 자신도 이 동작을 목격한 것은 이탈리아에서뿐이다. 하지만 이런 동작은 그 밖에도 스페인, 중국, 인도, 파키스탄, 미얀마(버마), 말레이시아, 동아프리카, 나이지리아, 그리고 집시들 사이에 이루어지고 있는 듯하다(비록 소수긴 해도 흥미로운 분포를 보이고 있다. 그러나 지금껏 나는 그에 대한 적절한 해석을 찾지 못했다). 이것은 언뜻 손으로 부르는 동작을 연상시키지만, 인사의 표시로 이루어지고 있음을 곧 알 수 있다.

제1형태와 마찬가지로 이것도 손을 위아래로 흔든다. 하지만 이 경우는 손바닥을 위로 하여(거지가 뭘 달라는 자세처럼) 손을 뻗고, 본인을 향해 반복해서 위아래로 움직인다. 이 동작도 역시 기본적으로는 등을 두드리는 동작이다. 진짜 등을 두드리는 동작에서도 손은 이것과 같은 위치에 있고, 포옹할 때 팔꿈치가 낮은 위치에 있을 때에는 손가락이 등 위쪽에 닿는 것을 흔히 볼 수 있다.

이 마지막 형태와 관련된 특수한 방식이 두 가지 있다. 교황과 영국 왕족이 손을 흔드는 방식이 그것이다. 양쪽 모두 어쩐 셈인지 재빨리 눈에 띄도록 팔을 어깨서부터 흔드는 것도 아니고, 보통 두드리는 것처럼 손목서부터 흔드는 것도 아닌, 팔꿈치서부터 흔드는 동작을 한다.

교황은 통상 양팔을 동시에 사용하여, 손과 팔뚝을 느린 리듬으로 반복해서 자신 쪽으로 끌어당긴다. 손바닥은 위를 향하는데, 이는 포옹의 의미동작이다. 그러나 교황의 팔은 직접 자신의 가슴 쪽으로 구부러지지는 않기 때문에, 단순히 포옹의 의미동작이라고는 할 수 없다. 교황은 군중을 자신의 가슴으로 껴안는 것이 아니다. 팔이 그리는 활 모양은 반은 안쪽을 향하고 반은 위쪽을 향한다. 이것은 마치 교황의 행위가 군중을, 반은 자신이 껴안고 반은 언젠가 자신들 모두 귀의하게 될 위쪽 천국을 안내하는 듯한 느낌을 준다.

영국 왕족이 손을 흔드는 방식도 전형적인 팔꿈치서부터 뻗는 동작인데, 보통은 한쪽 손을 쓰고 손가락은 위쪽을 향한다. 손바닥은 동작에 포함되는 포옹의 성격을 강조하여 왕족 몸쪽으로 향하고, 팔뚝은 느리게 회전되지만 안쪽으로 향하는 회전이 강조된다. 이처럼 고도로 양식화된 방법을 통해 여왕은 신하를 포옹하고, 상당히 형식적이지만 등을 두드리는 동작을 통해 그들을 안심시키는 것이다.

그런데 박수와 마찬가지로 손을 흔드는 양식도 감정적인 압력에 의해 노골적으로 깨지는 수가 가끔 있다. 특수한 인사의 경우가 이 점을 똑똑히 보여준다. 어떤 작은 공항에서 일어난 일이다.

이 공항에는 발코니가 있는데, 친구나 친지들은 이곳에서 비행기에서 내린 승객들이 포장도로를 지나 여객 입구로 들어서는 모습을 지켜볼 수 있다. 이 입구는 마침 발코니 바로 밑에 위치하기 때문에, 승객들은 자신들을 향해 위쪽에서 열광적으로 손을 흔들어대는 흥분한 친지들과 직접 터치할 수는 없어도, 공항 청사에 들어서기 전에 바로 옆까지 다가갈 수는 있다. 이런 무대장치에서 연출되는 동작은 보통 다음과 같다.

비행기 문이 열리고 승객들이 하나 둘 내리기 시작하면, 승객이나 마중 나온 사람들이나 멀리서 눈을 희번덕이며 서로를 찾는다. 상대보다 먼저 본 쪽은 일반적으로 세차게 손을 흔들기 시작하는데, 이때는 가장 눈에 띄기 쉽도록 팔을 어깨서부터 흔든다. 서로 눈으로 접촉한 뒤에는 양쪽 모두 팔을 올려 손을 흔드는 동작을 취한다. 그리고 이것이 잠시 지속되다가, 아직 공항 청사까지는 거리가 있으므로 곧 그 동작은 중단된다. 손을 흔들며 미소 짓는 행동은 일시적으로 위축된다(이것은 사진에 찍히는 사람이 찍는 사람을 향해 자연스러운 미소를 계속 띠기 어려운 것과 흡사하다).

그러나 무뚝뚝하게 보이고 싶지는 않아서, 양쪽 모두 갑자기 공항의 여러 가지 광경에 흥미를 보이기 시작한다. 승객은 비행장의 풍경을 둘러보거나, 괜히 손에 든 가방이 떨어지기라도 할 것처럼 손잡이를 고쳐 쥐기도 한다. 한편, 마중 나온 사람들도 도착자에 대해 쑥덕이기 시작한다. 이내 도착자가 더 가까이 다가와 얼굴 표정까지 또렷해지면, 양쪽 모두 다시 세차게 손을 흔들고 미소를 지으며, 이것은 도착자가 밑의 청사로 사라질 때까지 이어진다. 그리고 30분 정도 지나서 검열이 끝나면 서로 악수하고 포옹하며, 등을 두드리고 키스하는 등 최초의 보디 터치가 이루어진다.

이상이 기본적인 줄거리다. 물론 작은 변형이 군데군데 나타나기는 한다. 하지만 나는 이 과정이 한순간에 깨지는 장면을 이 두 눈으로 똑똑히 목격할 수 있었다.

한 남자가 장기간 외국에 나가 있다가 가족의 품으로 돌아온 때였다. 비행기에서 내린 순간 그도 그를 마중 나온 가족들도 열광적으로 팔과 손을 흔들기 시작했다. 이윽고 청사에 가까워지면서 위쪽에 있는 가족의 얼굴들이 분명해지자, 그는 아마도 관습적으로 손을 흔드는 것만으로는 자신의 벅찬 감정을 표현하기가 부족했던 모양이었다. 눈물을 흘리며 알아들을 수 없는 말을 중얼거리던 그 남자는, 가족과 재회한 기쁨을 어떻게든 더 정확히 표현하고 싶었을 것이다. 그 순간 나는 그의 손 동작이 바뀌는 것을 목격했다. 보통으로 손을 흔드는 동작을 그만두는 대신, 그는 열정적으로 등을 두드리는 동작을 완전하게 모방하기 시작했다. 이때 그가 팔을 위로 올리지 않고 가족들을 향해 앞으로 내밀었기 때문에, 내 쪽에서는 짧게 보이고 눈에 띄지도 않았다. 그리고 손을 둥글게 옆으로 구부려서 세차고 재빠르게 등 두드리는 동작을 공중에서 시작했다.

기본 동작인 포옹 동작과 등 두드리는 동작에서 파생된 손 흔드는 관습은, 멀리서도 눈에 띄도록 이 양식의 신호적 성격을 강화시켰다. 그러나 이 남자에게서는, 그가 격앙돼 있어서 순간적으로 2차적 관습이 방기되고 원래의 기본적인 동작이 다시 나타났던 것이다.

그리고 이 만남의 격렬함은 세관을 통과한 다음 촉각적으로 이루어지는 환영 행동에서 재차 확인되었다. 남자가 공항 로비에 나타나자 가족 열네 명이 한 사람도 남기지 않고 격렬하게 그를 포옹하고 매달리고 키스하고 등을 두드렸다. 그 바람에 남자는 종내 감정적으로 녹초가 되었는지, 얼굴을 눈물로 뒤덮고 몸을 비틀거렸다. 어느 순간 어머니인 듯한 부인이 세차게 얼굴을 어루만지며 포옹 효과를 강화시키고 있었다. 양손으로 남자의 뺨을 잡고, 마치 부엌에서 부드러운 밀가루 반죽을 주무르는 것처럼 비벼댔다. 그 동안 남자는 부인을 포옹하고서 손으로 열심히 등을 두드렸다.

그러나 그 열광적인 환영도 열 사람째가 되자, 그가 감정적인 피로를 이겨내지 못하는 듯, 이때부터 등을 두드리는 그의 동작이 의미 깊은 변화를 보이기 시작했다. 감정적인 압력 때문에 신호화된 관습이 다시 깨어지고 원래 동작으로 돌아간 것이다. 아까는 손을 흔드는 동작이 공중에서 등을 두드리는 동작으로 바뀌었지만, 이번에는 한 단계 더 거슬러올라가 원형에 더욱 가까워졌다. 두드리는 동작이 반복해서 짧게 매달리는 동작으로 바뀐 것이다. 즉, 손 동작이 두드리는 대신에 마치 매달리는 것처럼 반복해서 강하게 껴안았다 놓았다 하는 느낌을 자아내고 있었다.

여기서 매달리는 의미동작의 원형이 보여진다. 이것은 '선조 격'의 양식이며, 여기서 신호로서 특수화하는 과정을 거쳐 그 밖의 여러 동작이 파생했다. 바꿔 말할 수도 있다. 달라붙고 떨어지는 형태가 두드리는 동작으로 수정되어 촉각 신호가 되고, 박수 동작에서는 다른 한 손을 소리를 내는 물체로 이용함으로써 소리 신호가 되고, 손을 흔드는 동작에서는 팔을 올려 허공을 두드림으로써 시각 신호가 되었다고 말이다……. 인간의 친밀성 가운데 '아주 사소한' 행위에 대해 그 지류(支流)를 조사해보면 위와 같다.

이상에서 사소한 인간의 터치 행동을 들어 그 다양한 발전 형태를 더듬어봄으로써, 나는 친근한 행동을 새로운 시점에서 파악할 수 있다는 것을 보여주었다. 우리들 성인은 서로 터치를 하고 싶다는 근원적인 욕구를 강하게 품고 있지만, 이미 관찰했듯이 그것이 충분히 표현되는 경우는 드물다. 오히려 이러한 욕망은 일상생활에서 교환하는 많은 사인과 제스처, 혹은 신호로 세분화되고 수정되고 위장되어 표출된다.

따라서 동작의 진정한 의미가 우리 눈에는 자주 은폐되므로, 그것들을 완전히 이해하기 위해서는 그 원형으로 거슬러올라가지 않으면 안 된다. 나는 지금껏 본래의 터치 행동이 거리를 두고 이루어지는 원격 동작으로 바뀌는 예들을 서술했다. 그러나 실제로 보디 터치를 하는 방식도 많으므로, 이것들을 조사해서 어떤 형태를 취하는가를 보는 것도 흥미 있는 일이라 하겠다. 그리고 이를 위해서는 기본적인 포옹 그 자체를 잠시 돌아보는 것이 효과적이리라 생각한다. 오늘날 공공장소에서 성인들이 포옹하는 모습은 그리 일반적이지는 않더라도 가끔 눈에 띄므로, 어쨌든 그것이 일어나는 상황을 연구할 가치는 있을 듯하다.

완전한 포옹

완전한 포옹을 되도록 많이 그리고 주의를 기울여 관찰해보면, 성인들 사이에서 이루어지는 이 행위는 정확히 세 범주로 나뉜다는 것을 곧 알 수 있다. 최대 범주는 얼른 떠오르듯이 연인들 사이에서 행해지는 사랑의 터치다. 이것은 오늘날 공공장소에서 행해지는 전체 포옹의 약 삼분의 이를 헤아린다. 나머지 삼분의 일은 '근친자의 재회형'과 '스포츠맨의 승리형'이라 불리는 두 가지 타입으로 갈린다.

젊은 연인들은 만나고 헤어질 때뿐 아니라 두 사람이 함께 있는 동안에도 아주 빈번하게 완전한 포옹을 행한다 나이든 부부간에는 한쪽이 잠깐 동안 여행을 갈 때나 적어도 며칠간 떨어졌다가 돌아온 경우 이외에는 공공장소에서 완전 포옹을 하는 일이 드물다. 그 이외의 경우에는 비록 포옹한다 하더라도 그저 표시날 정도로 가볍게 터치하는 게 보통이다.

형제자매나 양친과 어른이 된 자식 등, 성인이 된 근친자 사이에서는 열렬한 포옹은 드물다. 그러나 격렬한 포옹이 이루어지는 순간도 분명 존재하는데, 그 경우는 근친자 중 한 명이 큰 재난을 맞았다가 거기서 무사히 빠져나왔을 때다. 만일 그 또는 그녀가 하이재킹(hijacking, 비행기나 배의 공중 해상 납치)을 당했거나, 아이들을 유괴당했거나, 포로가 되었거나, 어떤 재난을 당했다가 거기서 무사히 빠져나온 뒤 이루어지는 근친자와의 재회는 가장 뜨겁고 완전한 포옹의 형태를 취한다. 이러한 상황에서는 보통 때라면 악수나 뺨에 가벼운 키스밖에 나누지 않던 친한 친구 사이(동성, 이성을 불문하고)에도 이 행위가 더러 확대된다.

이때는 격앙된 상황 때문에 남자가 남자를, 여자가 여자를, 혹은 여(남)자가 남(여)자를 정열적으로 포옹하는 것도 성적 금기라는 의미에서 전혀 지장을 받지 않는다. 극적 순간에는 금기는 잊히기 마련이다. 우리 문화에서는 승리나 구출이나 절망이란 극적 순간에는 두 성인 남자끼리 하는 포옹과 키스도 인정된다. 하지만 그리 극적이지 않은 상황에서는, 손을 잡거나 뺨과 뺨을 부비는 단편적인 포옹도 곧 호모 섹슈얼한 인상으로 이어지기 십상이다.

이 차이는 중요하므로 설명을 요구한다. 왜냐하면 이것은, 기본적인 보디터치가 세분화되고 양식화되는 과정에 대해 뭔가를 말해주기 때문이다. 부모와 아기 사이에 이루어지는 완전한 포옹은 극히 자연스럽고, 따라서 부모와 다 큰 아이 간에 하는 포옹도 그리 자주 행해지지는 않지만 자연스럽다. 성인들의 완전한 포옹은 그들이 연인이나 부부라는 것을 상징한다. 따라서, 그 이외 관계에 있는 성인들이 여러 가지 이유에서 서로 포옹하고 싶은 충동을 느낄 경우, 자신들의 터치에 성적 뉘앙스가 배제되었음을 어떻게든 증명하지 않으면 안 된다. 이를 위해 그들은 양식화된 완전한 포옹의 단편을 사용하며, 이 단편은 비성적이며 전통적으로 인정되는 것이다. 예를 들어, 한 남자가 다른 남자의 어깨에 손을 걸치는 것은 터치 상대나 이 동작을 지켜보는 제삼자에게나 성적인 오해를 불러일으키지 않는다. 그러나 그가 다른 단편, 이를테면 상대 남자의 귀에 키스를 하는 동작을 하면 이 행위는 즉각 섹슈얼한 의미를 암시하게 된다.

그러나 위대한 승리나 재난이나 재회 같은 상황에서, 두 남자가 완전한 포옹을 행하며 꽉 껴안고서 키스한다면, 사정은 다르다. 여기에 성적인 해석이 끼어들 여지는 없다. 그 이유는, 이 동작은 양식화된 것이 아니라 근원적이기 때문이다. 방관자들은 이러한 상황을, 감정의 격렬함에 일반 관습이 압도당한 것으로 이해한다. 자신들이 목격한 것은 원초적인 유아기의 전(前) 성적 포옹으로의 회귀로서, 이후 가지 뻗은 성인들의 여러 형식이 제거되었음을 그들은 본능적으로 알고 있다. 따라서 그들은 이 터치를 자연스럽게 받아들인다. 실제로 만일 두 호모끼리, 다른 이성이나 사랑하는 사람들로부터 적대감과 호기심을 불러일으키지 않고 공공장소에서 보디 터치를 하려고 한다면, 부드러운 키스를 하기보다는 세차게 껴안는 편이 나을 것이다.

우리는 기본적인 포옹으로부터 다양하게 형식화된 단편들을 연구함으로써, 관습이라는 것이 이 단편들을 어떻게 분류하고, 각 단편들의 개별적인 내용을 어떤 신호로 표현하는가를 알아볼 것이다.

그러나 이 문제에 착수하기 전에 완전한 포옹의 제3의 범주에 대해 언급해야겠다. 즉, 스포츠맨의 승리형이 그것이다. 큰 재난 뒤에 남자들끼리 하는 포옹은 옛날부터 흔히 볼 수 있었다. 하지만 축구선수가 골인을 한 후에 정열적으로 껴안는 모습이 기록된 것은 비교적 최근의 일이다. 이러한 장면이 큰 감정적 체험의 영역으로 갑자기 부상한 것은 어떤 사정 때문일까? 그 답을 찾아내기 위해, 축구장보다 더 멀리 야외로 나가지 않으면 안 된다. 우리는 실은 수백 년을 거슬러올라가야 하는 것이다.

2천 년 전, 세계가 이만큼 많은 사람들로 넘치지 않고 공동체 성원들 간의 관계가 엄격히 규정되던 시대에는, 완전한 포옹은 인간들의 일상적인 인사 형태로 널리 행해지고 있었다. 포옹과 키스는 여자들끼리, 또 연인이 아닌 남녀간에도 그랬고, 남자끼리도 나누고 있었다.

예컨대, 고대 페르시아에서는 신분이 같은 남자들이 서로의 입에 키스하는 것은 보통이었다. 다소 신분이 낮은 자에게는 뺨에 키스를 했다. 페르시아 이외 지역에서는 대등한 사람들 사이에 뺨에 키스를 나누는 것이 일반적이었다. 이러한 상황은 수세기 동안 계속되었고, 중세 영국에서도 여전히 존재했다. 이 시대의 용감한 기사들은, 현대의 신사라면 고작해야 고개를 끄덕이거나 악수를 하고 말 상황에 서로에게 키스를 하고 포옹을 했던 것이다.

그런데 17세기 말 상황이 바뀌어 비성적인 인사 포옹은 급속히 모습을 감추기 시작했다. 이러한 경향은 풍속희극작가 콘그리브의 『세상의 풍습*The Way of the World*』에서 확인할 수 있듯이 먼저 도시에서 시작되어 서서히 지방으로 퍼져갔다.

"덩치가 큰 무례한 남자가 사람을 만났을 때 군침을 흘리며 키스하는 것을 보면 우선 시골뜨기라고 생각해도 좋습니다. 이 주변에 그런 풍습은 없어요. 전혀 없구말구요, 형제."

이렇듯 도시에서의 사회생활은 인구가 늘어난 만큼 인간관계도 복잡해지고 난잡스러워졌다. 그리고 19세기가 되면서 규제가 더욱 강화되기 시작한다. 18세기에는 이제껏 존속되어오던 정성 들인 예절이나 여성의 궁중식 예절마저 이 무렵에는 차츰 공적으로 한정되어 일상적인 역할을 잃고 만다. 이윽고 1830년경에는 최소한의 보디 터치인 악수가 등장하여, 그 이후 죽 애용되고 있다.

어느 지방이나 대략 비슷한 경향이지만 그 정도에는 차이가 있다. 라틴 국가들에서는 일반적으로 영국보다 보디 터치의 제한이 적어서, 20세기에 접어들어서도 성인 남자들끼리 나누는 우정의 포옹을 영국보다 훨씬 호의적으로 보고 있다. 그래서 우리는 '축구선수 간의 포옹' 문제로 되돌아가게 된다. 영국에서 시작된 축구는 세계 각국으로 급속히 확산되었다. 특히 라틴 국가들에서 인기가 높아서, 긴 국제 경기 전에는 감정적으로 고양되는 게 상례였다. 영국에 원정온 라틴팀 선수들이 골인을 한 후 선수들이 정열적으로 서로 껴안는 모습은 처음엔 경이와 조소의 대상이었다. 그러나 그들이 경기를 훌륭하게 치러내자 마음을 바꾸었다. 영국 선수는 동료가 득점했을 때, "잘했어, 형제." 하고 치하하고 마는데, 세월이 흐르면서 이 방식이 오히려 촌스럽다고 느끼기 시작한다. 그래서 등을 두드리는 동작이 가벼운 포옹으로 바뀌고, 나아가 세차게 껴안는 동작으로 상승되었다. 오늘날에는 골인을 한 득점자가 동료들과 뜨겁게 포옹하고 곧 그들 속에 파묻히는 장면은, 관객들의 눈에는 아주 익숙한 것이 되었다.

이 특수한 길을 통해 우리는 중세 기사시대에서 더 나아가 고대까지 거슬러올라가게 된다. 그러나 이러한 형태가 다른 영역으로 확산되었느냐 아니냐 하는 문제가 여전히 남아 있다. 그럴 가능성은 없진 않지만 분명히 해두지 않으면 안 될 한계가 있다. 그것은 다음과 같다.

축구 경기장에서 포옹하는 선수들은 엄밀히 비성적 상황에 있다. 그들의 역할은 명백히 한정돼 있고, 그들의 늠름한 육체는 거친 경기로 인해 노골적으로 드러난다. 그러나 사교장에서는 사정이 다르며, 따라서 복잡한 우리 사회의 상식적 제한이 여전히 적용된다.

그리고, 격한 감정표현이 생업의 일부인 배우들 세계 외에는, 큰 예외를 찾기가 어렵다. 만일 우리가 남녀 배우들이 하는 사교적 포옹을 왠지 모르게 지나치다고 느낀다면, 다음 세 가지 점을 생각할 필요가 있다. 즉, 그들은 쉽게 열정을 드러내도록 훈련받았고, 일의 성격상 늘 긴장할 수밖에 없으며, 특히 자신들의 직업을 스스로 불안정하다고 여긴다. 그래서 그들은 서로를 안심시키는 동작을 필요로 하는 것이다.

그럼 이쯤에서 완전한 포옹을 끝마치고, 보다 가볍게 표현되는 포옹을 보기로 하자. 지금까지 우리가 다룬 최대한 마주 본 포옹은, 두 사람이 찰싹 달라붙어 옆머리를 터치시키고 양손으로 상대 몸을 보듬고 있었다. 이 행위를 보다 가볍게 행할 경우, 일반적으로 세 가지 변형이 일어난다. 몸은 앞과 앞이 접촉하는 대신에 옆과 옆이 접촉한다. 양팔이 아니라 한쪽 팔로 파트너 몸을 두른다. 머리는 보통 붙이지 않고 띄운다. 그리고 내 관찰에 의하면, 공공장소에서 성인들이 포옹하는 경우 이런 부분 포옹이 완전 포옹보다 여섯 배 가량 많았다(이 수치 및 이와 비슷한 수량 발표는 내 관찰에 기초한 것이다. 그리고 이를 뒷받침하는, 최근 각종 잡지·신문 등에서 무작위로 사진 1만 장을 뽑아서 그것들을 상세하게 분석한 데이터가 있다).

어깨 포옹

부분 포옹의 가장 일반적인 형태는 어깨 포옹이다. 이 경우에는 한 사람이 파트너 몸에 한쪽 팔을 두르되, 그 손을 자기쪽에서 먼 어깨에 올려놓는 형태를 취한다. 이 형태는 다른 부분 포옹보다 두 배 가량 많다.

그러면 이 형태를 완전 포옹과 비교해보자. 우선 눈에 띄는 차이점은 이것이 압도적으로 남성의 동작이라는 점이다. 완전 포옹이 많건 적건 남성이나 여성이나 다 같이 행하는 동작임에 비해, 어깨 포옹은 여성보다 남성이 행하는 경우가 다섯 배 정도 많다. 이유는 단순하다. 남성이 여성보다 키가 크고, 다른 면에서는 어떨지 몰라도 육체적으로는 항상 여성이 올려다보아야 하기 때문이다. 해부학적 차이의 결과 어떤 보디 터치는 여성보다 남성이 행하기 쉬운데, 어깨 포옹도 그 하나다.

이 사실이 어깨 포옹에 특수한 성격을 부여하기도 한다. 이 동작이 남녀 사이에서 이루어질 때 거의 언제나 남성이 행하므로, 이 동작에는 여성적인 느낌이 전혀 없다. 따라서 남자끼리 하는 어깨 포옹이라도 그 터치에 성적 뉘앙스가 담기지 않는다는 것을 의미한다. 사실 어깨 포옹의 약 사분의 일은 남자들 사이에 행해진다. 이 어깨 포옹은 남자들끼리 보통 할 수 있는 신체 포옹 형태로는 유일하다. 이는 완전히 마주 본 포옹과는 큰 차이가 있다. 두 남자가 완전 포옹을 하고 있다면, 우선 그 상황은 아마도 극적인 순간이든가 감정적으로 격한 순간일 것이다. 하지만 이 어깨 포옹은 느슨한 상황에서 함께 일하는 동료나 불알친구나 단짝 등의 사이에서 극히 자연스럽게 이루어 진다.

이처럼 '남자다움을 보증받은' 접촉은, 예컨대 파트너 허리에 팔을 두르는 따위의, 어깨 이외의 부분 포옹에는 해당되지 않는다. 상대 허리에 팔을 두르는 것은 남성이나 여성이나 하기 쉬운 동작이지만, 손이 성기 가까이 닿기 때문에 남자들 사이에서는 가능하긴 해도 극히 드물다.

그런데 완전 포옹에서 더 멀리 나아가, 부분 포옹으로부터 이 동작의 단편에 시선을 돌려도 똑같은 차이를 발견하게 된다. 포옹의 단편 중에는 비성적인 성질을 갖고 있어서 남자들 사이에서도 거리낌 없이 가능한 것도 있지만, 색깔 있는 뉘앙스를 담고 있어서 거의 연인이나 부부 사이에서만 가능한 것도 있다.

어깨에 손 올려놓기

사실 포옹은 아니고, 한쪽 손을 파트너의 어깨에 올려놓는 동작이다. 이것은 어깨 포옹을 단순히 축소한 형태로서, 아까와 유사한 상황에서 적용된다. 친밀감은 다소 희박하지만 이쪽이 남성들 사이에서는 일반적인 듯하다. 남성들 사이에서 이루어지는 어깨 포옹은 전체의 사분의 일에 불과하지만, 이쪽은 삼분의 일이다.

팔짱 끼기

포옹을 더욱 분해하여 단순히 팔짱을 낀 동작을 관찰해보면, 상황은 더욱 놀랍다. 남자들이 이 동작을 점하는 수치는 십이분의 일로 격감한다. 친밀감이 보다 희박한 보디 터치인데도 왜 남자들끼리는 남녀간보다 팔짱을 끼는 일이 적은가? 그 답은 이 동작이 기본적으로 여성의 것이라는 점에 있는 듯하다. 남녀간에 팔짱을 끼는 경우, 여성이 남성의 팔을 끼는 쪽이 그 반대 경우보다 다섯 배나 많다. 어깨 포옹과는 정반대이며, 따라서 이 터치가 동성간에 이루어진다면 여성적인 성격을 띠게 된다. 그리고 만일 이것이 동성 간에 이루어진다면 남성들보다 여성들 사이에서 더 많이 이루어질 것으로 예측되는데, 실제로 관찰한 결과도 그렇다.

그런데 한 남자가 다른 남자와 팔짱을 끼고 있는 경우, 이는 다음 두 가지 범주 중 어느 하나에 해당된다. 즉, 그는 라틴계거나 고령자거나 어느 한쪽이다. 라틴 남자들은 문화적으로 보디 터치가 자유스러워서 그런지 흔히 팔짱을 낀다. 라틴계 이외 서구 국가들에서 이 동작이 관찰되는 것은, 성 능력 시기를 이미 넘긴 고령 남자가 부축을 요구하는 경우이다.

손 잡기

완전한 포옹에서 출발하여 해부학적으로 더 나아가면 어깨 포옹, 손과 어깨, 팔과 팔을 거쳐 마지막으로 손과 손의 터치에 이른다(악수와 혼동하지 말기 바란다. 악수는 뒤에서 따로 검토한다). 이것은 앞의 세 항목보다 접촉이 떨어지는 형태로서, 두 사람 몸은 서로 거리를 두는 게 보통이다. 그럼에도 이 동작은 앞의 세 동작에는 없는, 완전 포옹과 공통점을 갖고 있다. 서로가 동작을 행하는 것이다.

이를테면, 상대방이 가만히 있어도 나는 그의 어깨에 손을 올려놓을 수 있다. 하지만 내가 그의 손을 잡고 있다면, 그도 내 손을 터치할 수밖에 없다. 이 동작이 남녀간에 빈번히 이루어지고 또 행하는 당사자가 항상 양쪽이라는 점을 생각하면, 이 동작은 남성적 또는 여성적 성격을 갖기보다는 오히려 헤터로섹슈얼(heterosexual, 異性愛的)로 보아야 한다. 그렇기 때문에 이 동작은 완전 포옹의 축소판 같은 의미를 갖는다. 오늘날 공공장소에서 두 남자들 사이에서 이 동작을 좀처럼 보기 어려운 것도 바로 이 때문이다.

그러나 어느 시대에나 그랬던 것은 아니다. 완전 포옹이 남자들 사이에서 자유롭게 행해지던 시대에는 손 잡는 것도 비성적인 우정의 행위로서 흔히 이루어졌다. 예를 하나 들면, 중세에 두 군주가 회견했을 때, "서로 손을 잡고 프랑스 왕은 영국 왕을 자신의 막사로 데리고 갔다. 네 공작은 서로 손을 잡고 왕들의 뒤를 따랐다."는 기록이 있다. 그러나 이 관습이 사라지면서 '손을 잡고 데리고 가는' 것은 남녀간에만 행해지게 되었다. 그리고 지금 이 행위는 두 방향으로 나아가고 있다.

남성이 여성을 에스코트하여 연회장에 들어갈 때나 교회 복도를 지날 때 등 공식 장면에서 안전하게 팔을 잡는 동작으로 발전했다는 것이 그 하나고, 그리 공식적이지 않을 때에는 서로 손바닥을 잡는 전형적인 형태로 변화하기도 한다는 것이 다른 하나다. 그리고 친밀도를 더욱 강화하고 싶은 커플들은 양쪽 동작을 동시에 행하기도 한다.

남자들이 손을 잡는 특수한 상황 역시 얼마간 존재한다. 그룹 전원이 손을 맞잡고 단체가를 부르거나, 배우들이 커튼콜에 응하는 경우다. 이 경우 보통 남녀가 사이사이 위치하지만, 남녀 수가 같지 않거나 따로 떨어져서 바른 위치에 서기가 곤란하면 동성 간이라도 손을 쥘 수밖에 없다. 즉, 그룹 그 자체가 손을 쥐는 동작에 포함된 잠재적인 성적 뉘앙스를 없애는 것이다.

남자끼리 손을 쥘 수 있는, 양식화된 또 다른 형태는 심판이 승리자의 손을 잡고 공중으로 높이 들어올리는 동작이다. 이것은 복싱 세계에서 발생했는데, 오늘날에는 남성 정치가 콤비들이 더 많이 쓰고 있다. 이때 그들이 하는 행동은 의기양양한 동료의 손에 상상의 권투 장갑을 끼워주는 것과 같다. 이 경우에 손을 잡는 것이 인정되는 것은 팔을 올리는 동작에 본래 공격적인 성격이 있기 때문이다. 상대 주먹을 붙잡고 높이 들어올리는 동작은, 손을 잡는 것으로 윤색되기 이전 본래 형태에서는, 더 이상 싸울 힘이 없는 라이벌을 두고 아직도 힘이 남아도는 승리 투사가 하는 신호였다. 더 이상 위에서 강타를 날리지 않겠다는 의미동작으로, 현대의 정당구성원들이 하는 만세 동작과 동일하다. 어린 아이들의 싸움을 연구한 결과에 따르면, 이처럼 팔을 위아래로 내리치는 공격 형태는 우리 인류가 학습을 하지 않아도 본래 갖추고 있다고 한다. 위에서 내리치는 공격은 하지 않고 앞에서 치는, 양식화된 부자연스런 펀치밖에 쓸 수 없는 현대 복서들이 변함없이 이것을 승리의 의미동작으로 이용하는 것은 재미있는 현상이다. 또한 가두 폭동처럼 좀더 비공식적인 싸움에서 경관이나 폭도나 둘 다 반쯤 원시적으로 팔을 들어올려 공격하는데, 이를 관찰하는 것도 재미있다.

그런데 남자들이 대중 앞에서 손을 잡는 문제로 다시 돌아가면, 이것이 일어나는 특수한 상황이 또 하나 있다. 성직자, 특히 가톨릭 교회의 고위 성직자가 관여하는 경우다.

로마 교황은 남녀를 불문하고 수행자의 손을 잡는다. 이 예외에서, 공적 존재가 일반 관습의 담장 밖에 몸을 둘 수 있는 이유를 발견할 수 있다. 교황의 이미지는 성적인 뉘앙스를 배제하므로, 그는 타인에 대해 일반 시민은 감히 못 하는 모든 종류의 단편적인 친밀성을 취할 수가 있다. 그 이외 누가 비성적으로 아름다운 여성의 뺨을 만질 수 있단 말인가? '성스러운 아버지'라 불리는 교황은 정말 성스러운 아버지처럼 행동하며, 아버지가 자식에게 하듯이, 확신을 갖고 다른 성인에게 친밀한 보디 터치를 하는 것이다. 초인적 아버지 역할을 맡음으로써 교황은 일반인적인 보디 터치의 제한을 뛰어넘어, 유아와 부모의 관계에서 전형적으로 나타나는 자연스럽고 원초적인 친밀성을 누릴 수 있다.

그런데, 교황의 행동에서 아버지가 자식을 대할 때보다 억제되는 것을 느꼈다면, 그것은 일반인을 얽매는 성적 억압 때문이 아니라 5억이란 가족 면전에서 교황은 의젓하지 않으면 안 되기 때문이라고 이해해야 한다.

머리 터치

상대 머리에 손을 대거나 두 사람의 머리를 부비거나 하는 것은 젊은 연인들이 자주 하는 동작이다. 그 중에서도 특히 전자가 그렇다. 손과 머리 터치는 나이든 부부보다 젊은 연인들에서 네 배 가량 많고, 머리와 머리 터치는 젊은 연인들 사이에서 두 배 정도 많은데, 두 경우는 어깨 포옹이 나이든 부부들 사이에서 성행하는 것과는 대조적이다.

남자들끼리 머리 터치를 행하는 일은 좀처럼 없다. 남자들끼리 머리를 기대고 있을 때에도 진짜 육체적 친밀성을 갖기보다는 친밀한 대화를 나누는 동작에 지나지 않는다. 따라서, 남자의 손이 다른 남자의 머리에 닿는 것은 통상 다음 세 가지 특수한 이유 때문이다. 즉, 원조의 손길을 내밀 때, 축복을 줄 때, 공격을 가할 때이다.

남자(또는 여자)가 사고 희생자를 만났을 때, 상처 입은 사람의 무력한 모습은 유아적 신호를 보내는 것이므로 그것을 못 본 체하기는 어렵다. 예컨대, 암살된 희생자 사진에는 거의 예외 없이 누군가가 희생자의 머리를 손으로 받치고 있는 모습이 찍혀 있다. 이것은 의학적으로는 의심스러운 조처지만, 그때에는 물론 의학적 논리를 따질 여유가 없다. 그것은 조련된 원조 동작이 아니라 무기력한 아이를 돌보는 부모의 기본적인 반응이기 때문이다. 훈련을 받지 않은 사람 입장에서, 손을 내밀기 전에 먼저 희생자가 받은 육체적인 상처의 정도를 논리적으로 가늠하기란 쉽지 않다. 그는 우선 위로하려고 손을 내밀어 만지거나 들어올릴 뿐, 자신의 행위가 상처를 크게 할 수도 있다는 생각은 못한다. 옆에 서서 자기가 취할 수 있는 최량의 방법을 냉정하게 계산하는 것은 무척 괴로운 일이다. 이는 보디 터치로써 위로하고 싶다는 강한 충동에 내몰리기 때문인데, 경우에 따라서는 원조 동작이 치명적이라는 사실을 우리는 알아야 한다.

사실 나는 소년 시절에, 사건의 경위는 모르지만 이 행동으로 인해 한 남자가 죽는 것을 본 적이 있다. 사고 뒤에 부상자는 구원자의 팔에서 마구 흔들리는 상태로 차로 운반되었는데, 이 도중 부러진 늑골이 폐를 찔러 남자의 생명을 앗아갔던 것이다. 들것이 올 때까지 '냉담하게' 놔두었다면, 남자는 어쩌면 살아났을지도 모른다. 비극적인 상황이 일어났을 때, 보디 터치를 하고픈 충동이 얼마나 강한지는 이상의 사실이 잘 말해줄 것이다. 이것은 남자나 여자나 똑같이 해당된다. 재앙은 성별에 관계없이 일어나기 때문이다.

성직자가 축복을 주는 동작, 가령 성직수임식이나 견신례 때 사교가 양손을 두는 동작에도 마찬가지로 성적 뉘앙스가 없다. 여기서도 역시 기본적인 친자관계의 모방이 엿보인다.

한 남자가 다른 남자의 머리를 손으로 공격하는 동작 그 자체는 논할 필요도 없지만, 이 속에는 남자들 세계에 존재하는 친밀성의 출발점이 있다. 어떤 남자가 다른 남자의 머리를 만지고 싶은 강한 우정의 충동을 느꼈다고 하자. 머리를 부드럽게 쓰다듬는 것은 꺼리는 일이므로, 공격적인 시늉을 가한다. 상대방 머리를 애무하는 것은 성적 냄새가 너무 강하다. 그래서 머리카락을 헝클어뜨리거나 목을 조르는 흉내를 낸, 장난 섞인 공격을 한다. 친밀성을 보다 길게 유지하기 위해 성장해가는 자식과 부모가 레슬링을 하는 것처럼, 남자친구들 사이에서도 이런 공격의 단편을 많이 목격할 수 있다. 이런 행동을 통해 그들은 남자다움을 유지하면서 동시에 친밀감을 충족하는 것이다.

키 스

기본적인 포옹에서 파생된 터치 중에서 마지막으로 중요한 것, 즉 키스를 보기로 하자. 키스는 흥미롭고 복잡한 역사를 가졌다. 만일 우리가 키스를 아주 당연한 행위라고 생각한다면, 우리가 아무렇지 않게 하는 키스들을 상기하기 바란다. 우리는 연인의 입술에, 옛 이성친구들의 뺨에, 자식의 머리 위에 키스를 한다. 만일 아이가 손가락에 상처를 입으면, 우리는 상처를 낫게 하려고 아이의 손가락에 키스를 한다. 우리가 지금부터 위험한 일을 하지 않으면 안 될 때 행운의 주문으로서 마스코트에 키스를 한다. 도박사는 주사위를 던지기 전에 주사위에 키스를 한다. 결혼식에서 신랑은 신부에게 키스를 한다. 신앙심이 깊은 사람이라면 경의의 표시로 사교(司敎)의 반지에 키스를 하고, 맹세를 할 때에는 성서에 키스를 한다. 누군가와 작별 인사를 나누고 상대가 이제 손 닿지 않는 곳에 있을 때, 우리는 자신의 손에 키스하고 상대에게 그 손을 던져 보일 것이다. 실제로 키스는 단순한 행위가 아니다. 이것을 이해하기 위해 우리는 다시 시계침을 되돌리지 않으면 안 된다.

인간의 몸 가운데 피부가 가장 민감한 부분은 손가락 끝, 클리토리스, 귀두, 혀, 그리고 입술이다. 따라서 친밀한 터치에 입술이 자주 사용되는 것은 전혀 이상할 것이 없다. 입술이 하는 역할은 어머니의 젖꼭지를 빠는 것에서 시작되는데, 이 행위는 젖과 아울러 촉각적 보수를 준다. 촉각적 보수는, 식도폐색(食道閉塞)이라는 기형을 걸머지고 태어났기 때문에 인공적인 수단으로 영양을 보급받지 않으면 안 되는 불행한 아기에게서도 확인되었다. 고무 젖꼭지를 물려주자 이 아기가 조용히 울음을 그치는 것이 관찰되었다. 입으로 먹는 것이 아니므로, 젖꼭지를 문다는 행위가 주는 보수는 그 결과 얻는 젖 먹는 쾌락과는 전혀 관계가 없다. 따라서 이 경우는 바로 터치를 위한 터치이며, 입술이 부드러운 뭔가에 닿는 것 자체가 기본적 친밀 행동임을 말해준다.

아이는 어머니와 함께 머리와 머리를 터치하고, 어머니의 입술이 자신의 피부에, 자신의 입술이 어머니의 피부에 닿는 것을 느끼며 성장해간다. 따라서, 초기 입술 터치가 친구들 간의 인사 행위로 발전하는 과정을 추측해보기란 어렵지 않다. 아이 때의 포옹에서 양친이 입술을 대는 부분은 통상 뺨이나 머리다. 내가 이미 서술했듯이, 예전에 남녀를 불문하고 성인들 사이에 완전한 포옹이 더욱 자유롭게 이루어지던 시대에는, 뺨에 하는 키스는 동성 사이에 하는 입술 접촉의 일반적인 행태였다. 이는 어떤 의미에서는 어린 시절 하던 키스가 거의 수정 과정 없이 기본적인 인사로 이어진 것을 말해주는데, 수세기를 지나 지금까지 계속되고 있다. 우리 문화에서는 친구 사이나 근친자 간에 만나거나 헤어질 때 역시 이런 식으로 키스를 하며, 이 행위에 성적 뉘앙스는 전혀 없다. 성인 여성들 사이에서도 마찬가지다. 그러나 성인 남자들 사이에서는 나라에 따라 사정이 달라지기도 한다. 예를 들어, 프랑스는 영국보다 옛 양식에 더 가깝다.

그런데, 입과 입의 직접적인 키스는 또 다른 길을 걸어왔다. 다양한 시대에 여러 지방에서, 입과 입의 키스도 친한 친구들 사이에 어느 정도 비성적인 인사로 나누고 있었다. 그러나 두 신체의 개구부(開口部)를 마주 대는 것은 친구 사이라도 친밀도 강한 행위로 여겨져, 차츰 연인이나 부부 사이의 터치로 제한되기에 이르렀다.

여성의 유방은 수유기관임과 동시에 성적 신호이기도 하다. 때문에 성인 남성이 여성의 유방에 키스하는 것은 아이가 젖을 빠는 기본적인 행위와 아주 유사함에도 불구하고 완전히 성적인 것으로 인식한다. 말할 필요도 없이 성기에 하는 키스도 완전히 성적인 것이며, 기타 신체의 여러 부분 특히 몸통과 다리와 귀에 하는 키스도 마찬가지다. 그러나 신체의 특정 부분에 하는 키스는 비성적, 즉 종속 혹은 경의를 표하는 특수한 키스이기 때문에, 우정의 키스나 성적 키스와는 다른 범주에 속한다. 따라서 우리가 이것을 이해하기 위해서는, 종속된 인간이 지배자 앞에서 어떻게 행동하는지를 검토해보아야 할 듯싶다.

동물 세계에서는 지배자가 분노했을 때 복종자는 자신의 모습을 작게 만들어 상황을 완화시킨다. 지배자가 위협을 덜 느끼면 상대의 행동을 자신의 우월성에 대한 도전으로는 보지 않으며, 따라서 상대에게 공격을 가할 가능성은 적어진다. 지배자는 상대방을 비유적으로나 실제적으로나 자신보다 하위 존재로 두고 무시하는데, 이것은 상대가 지배자보다 약한 경우에는 의도한 바(적어도 그 순간만큼은)대로 되었다고 할 수 있다. 다종다양한 동물 세계에서 몸을 움츠리고, 무릎을 꿇고, 엎드리고, 등을 구부리고, 눈을 내리깔고, 고개를 숙이는 자세가 생겨난 것도 바로 이 때문이다.

인간도 마찬가지다. 딱히 형식이 없는 경우 동물이 하는 것처럼 지면에 낮게 무릎을 꿇는다. 열등한 자의 동작은 고도로 양식화되었고, 이들 양식은 시대와 장소에 따라 변화를 보인다. 그렇다고 이들 양식이 생물학적 분석의 대상에서 벗어나는 것은 아니다. 예외 없이, 인간이 아닌 다른 동물의 종속적 행동과 관련된 기본적인 특징을 지니기 때문이다.

인간의 경우, 복종을 나타내는 극단적인 형태는 완전 평복(平伏), 즉 얼굴을 숙이고 땅바닥에 몸 전체를 대는 것이다. 땅속에 파묻히는 것 말고 이보다 더 몸을 낮출 수는 없을 것이다. 한편, 지배자는 높은 단상이나 왕좌에서 상대를 내려다봄으로써 그 차이를 더 강조할 수 있다. 완전한 굴종의 행위는 고대 왕국에서 자주 보이는데, 죄수가 형리에게, 노예가 주인에게, 신하가 통치자에게 취하던 자세였다. 평복의 형태와 똑바로 선 행위 사이에는 또 다른 일련의 행위가 존재하는데, 낮은 데서 높은 데로 더듬어 올라감으로써 대강 검토할 수가 있다.

완전 평복 다음에는 동양에서 볼 수 있는 머리를 조아리는 예(禮)다. 이것은 엎드리는 대신에 무릎을 꿇고 상체를 구부려 이마를 땅바닥에 대는 형태다. 이보다 한 단계 위는 무릎을 완전히 꿇는 방식인데, 여기서는 양 무릎이 지면에 닿긴 하지만 상체를 앞으로 구부리지는 않는다. 이 형태도 고대 국가에서 신하가 대군주를 배알할 때 자주 취했던 방식이다. 그러나 이 형태는 중세에 접어들면 한쪽 무릎만 땅에 대고 반쯤 무릎을 구부리는 형태로 승격된다. 이 시대가 되면 지상의 지배자보다 신은 더욱 경의를 받는 대상이 되므로, 사람들은 완전히 무릎을 꿇는 형태를 신에게 유보해둔 것이다. 그리고 현대에는 왕족이 참석하는 특수한 국가적 행사를 빼고는, 어떤 경우에도 어떤 인물에 대해서도 무릎 꿇는 일은 없어졌다. 그러나 예배에서만큼은 옛날부터 이어져온 완전히 무릎을 꿇는 관습을 오늘날까지도 지속하고 있다. 신은 현대의 지배자보다 더 위에 있고, 우월자로서 지금껏 그 지위를 유지하고 있는 것이다.

한 단계 더 올라간 것이 궁중식 인사인데, 이것은 절반쯤 무릎을 꿇은 형태의 의미동작에 불과하다. 한쪽 무릎을 땅에 댈 것처럼 하고 한 발을 조금 뒤로 뻗어 양 무릎을 구부리지만, 땅까지는 닿지 않고 또한 상체를 앞으로 구부리지도 않는다. 세익스피어 시대까지는 남자나 여자나 이러한 궁중식 인사를 행했다. 적어도 여기서만큼은 남녀평등이었으며, 남성들이 하는 허리를 구부리는 인사는 아직 나타나지 않았다. 궁중식 인사 출현과 더불어 굴종 행위는 더욱 후퇴하고, 절반쯤 무릎을 끓는 형태도 왕족에게 취하는 경우를 제외하면 잘 보이지 않게 되었다.

17세기가 되어 성 차이가 두드러지면서, 남성은 허리를 구부리지만 여성은 궁중식 인사를 계속 유지한다. 양쪽 모두 지배자 앞에서는 여전히 몸을 낮추지만 그 방식은 많이 변모한다. 그리고 이때의 인사 형태는 오늘날까지 이어지나, 동작의 크기는 작아진다. 왕정복고 시대 때 화려하던 남성의 인사는 빅토리아 시대로 와서는 간소하고 딱딱한 인사로 바뀌고, 여성의 궁중식 인사도 동작의 크기가 작아져서 위아래로 꾸벅하는 것으로 바뀌었다. 오늘날에는 강력한 지배자나 왕족이 배석할 때 외에는 여성의 궁중식 인사는 좀처럼 보기 어렵다. 또한 남성의 인사도 단지 머리를 숙였다 올리는 형태로 정착되었다.

그러나 이러한 경향의 유일한 예외가 무대 공연의 마지막 장면에서 나타난다. 어찌 된 셈인지 배우들은 수세기를 되돌아가 깊숙이, 정중하게 인사를 한다. 그리고 때때로 여성이 남성처럼 깊숙이 고개를 숙이기도 한다. 이는 예전에 배우들이 모두 남자였고 남자들이 여자 역할을 하던 사정과 관련이 있으며, 따라서 현대 여배우들의 인사는 전통적으로 옛날 여자 역할을 하던 남자배우를 흉내내는 것에 불과할지도 모른다. 그러나 뿌리 깊은 옛 전통을 인정한다 해도 이 해석은 옳은 것 같지가 않다. 여배우들은 단지 남성과 동료 의식을 갖고 행동할 뿐이라고 보는 것이 더 타당할 듯하다.

과거에 일상적으로 행하던 인사와 오른발을 뒤로 끌어당기던 예는 오늘날 똑바로 서서 하는 악수로 대체되었다. 이 동작이 일반화되자 마침내 몸을 숙이는 동작은 사라졌다. 우리는 선 채로 인사를 하는데, 이로써 납작 엎드리는 평복에서 모든 단계를 건너뛰어 마침내 최상 단계까지 이르게 되었다. 지금은 모든 사람은 평등하게 태어날 뿐 아니라, 완전히 성인이 되었을 때에도 최소한 인사에서만큼은 평등이 유지된다.

이상, 나는 인사의 형식에 많은 지면을 할애했다. 그러나 악수에 이르기 전까지는, 이것들은 보디 터치의 친밀성을 포함하지 않는다는 것을 주의하기 바란다. 이렇게 에움길을 걸어온 것은 이것들이 존경을 표하는 키스와 관련성이 있기 때문이다.

나는 앞에서 고대에서는 대등한 두 사람이 서로의 뺨에 즉, 몸의 같은 높이에 키스를 했다고 서술했다. 그러나 지위가 낮은 사람이 높은 사람에게 이러한 키스를 하는 것은 용납되지 않았다. 만일 미천한 자가 입술 터치를 통해 친밀한 정을 표하려고 한다면, 그 터치는 자신의 신분에 맞게 낮은 위치에서 이루어져야 했다. 그에게 이것은 곧 지배자의 발에 하는 키스를 의미했다. 그러나 무도막심한 죄수에게는 이 키스마저도 과분해, 그는 지배자의 발이 놓인 땅바닥에 키스를 해야 했다. 물론 지금은 보기 힘든 광경이다. 하지만 아직도 에티오피아의 통치자들은 공공장소에서 신하 한 사람에게 이런 명예를 하사하고 있다. 그리고 흙에 키스한다, 먼지를 씹는다(굴욕을 참는다는 뜻), 구두를 핥는 남자(아부한다는 뜻) 등등의 속어는 여전히 존재하고, 이는 우리에게 과거시대의 굴욕을 떠올리게 한다.

한편, 좀더 지위가 높은 자에게는 지배자의 옷깃이나 무릎에 하는 키스가 허락되었다. 예컨대, 사교에게는 교황의 무릎에 키스하는 것이 허락되었지만, 그보다 지위가 낮은 자는 교황의 오른발 구두에 수놓인 십자가에 키스하는 것으로 만족해야 했다.

몸을 더듬어 올라가면 다음에 부딪히는 것은 손에 하는 키스다. 이것도 남성 지배자들 사이에 행해졌다. 그러나 오늘날에는 고위 성직자를 제외하고는 숙녀에 대한 존경의 표시로 하거나, 아니면 특정한 나라와 특정한 상황으로 한정되어 있다.

이상에서 보았듯이, 인간의 몸 가운데 비성적인 부분은 네 군데다. 즉, 대등한 우정을 나타내는 뺨, 깊은 존경을 표시하는 손, 겸양이나 종속을 나타내는 무릎, 굴종을 표시하는 발이 그것이다. 어느 경우나 입술을 댄다는 점에서는 동일하지만, 닿는 부분의 높낮이에 따라 상대방에 대한 행위자의 신분의 고하가 표현된다. 겉에 드러나는 화려함과 엄격함에도 불구하고, 동물 세계에서 관찰할 수 있는 전형적인 유화(宥和) 행위와 비슷하다. 사소한 문화적 차이를 제거하고 전체적으로 보면, 인간 행동 중에서 가장 우아하다는 형태마저도 주변에서 볼 수 있는 동물의 행동과 놀랄 만큼 가깝다는 것은 인정해야 할 것이다.

나는 앞에서 현대의 키스 형태를 몇 가지 늘어놓았는데, 개중에는 설명이 부족한 부분이 있는 듯하다. 예를 들면 주사위를 던지기 전에 키스를 한다든가, 행운의 마스코트에 키스를 한다든가, 상처난 손가락에 키스를 한다든가 하는 것은 어떤 의미일까? 이 키스는 모두 기본적으로 행운을 부르는 것을 목적으로 한다. 그리고 이들 모두는 내가 앞에서 서술한 존경의 키스와 관련 있다. 만물의 지배자인 신에게 키스하는 것은 불가능하므로, 기도를 하는 사람은 십자가나 성서, 또는 그와 비슷한 물건들을 신의 상징으로 삼는다. 여기에 하는 키스는 곧 신에게 하는 키스를 상징하므로, 이 행위로써 행운을 기대하는 것은 그것이 신을 달래주기 때문이다.

따라서, 행운의 마스코트가 무엇이건 그것은 성스러운 기념물로 취급된다. 라스베가스 도박사가 주사위에 숨을 불어넣는 것을 신에게 키스를 하는 것으로 생각하기는 좀 어쭙잖지만, 사실은 바로 그대로다. 행운을 주문할 때에도, 그는 신의 분노로부터 몸을 지키기 위해 경건함을 나타내는 십자가 사인을 보내는 것이다.

또 친구들과 헤어질 때 자신의 손에 키스를 하여 상대에게 던지는 동작도 있는데, 이것도 또 다른 옛 시대의 행위와 같다. 왜냐하면, 옛날에는 지배자의 손에 하는 키스보다도 자신의 손에 하는 것이 더 겸손한 행위였기 때문이다. 오늘날 공항에서 볼 수 있는 손 키스는 그것을 행하는 이유가 굴종이 아니라 두 사람의 거리 때문이지만, 옛 관습의 잔존임에는 틀림이 없다.

악수

앞에서 말한 키스에 대한 검토를 끝으로 우리는 복잡한 단편적 영역의 포옹을 끝내고, 성인의 보디 터치 중에서 자세하게 다룰 가치가 있는 최후의 것, 즉 악수로 옮겨간다. 나는 앞에서 악수가 150년 전까지는 그리 널리 보급되지 않았다고 서술했다. 하지만 악수의 선구자라고도 할 수 있는 손을 마주 쥐는 동작은 그보다 훨씬 이전부터 행해지고 있었다. 고대 로마에서 이 동작은 명예를 걸고 맹세한다는 의미로 사용되었는데, 그 기본적인 성격은 거의 2천 년이 지난 지금도 그대로 남아 있다. 중세에는 무릎을 꿇고 눈 앞에 선 사람의 손을 쥐는 동작이 충성의 맹세로 행해졌고, 17세기에는 쥔 손을 흔드는 동작이 추가되었다. 셰익스피어의 「뜻대로 하세요*As you like it*」에는 "그들은 쥔 손을 흔들어 형제의 맹세를 했다."는 구절이 있는데, 이것만 봐도 악수는 협정을 맺는 것이었던가 보다.

19세기 초에 한 가지 변화가 일어났다. 악수는 역시 맹세와 계약을 한 후에 그것을 굳히는 행위로 이용되었는데, 이즈음 처음으로 일상적인 인사로도 쓰이게 된 것이다. 변화 원인은 산업혁명과, 귀족과 농민 사이를 비집고 급속히 세력을 확대해가던 중산계급의 발전에 있다. 상업과 무역을 들고 등장한 중산계급은 끊임없이 '거래'와 '계약'을 하고, 그것들을 악수를 통해 굳건히 했다. 그래서 거래와 무역은 새로운 생활양식이 되고, 사회관계도 그들을 중심으로 차츰 변화해갔다. 이렇게 계약의 악수가 사교적인 상황 속을 침투해가자, 악수의 의미도 "나는 당신에게 우호적인 인사를 나눌 것을 제안합니다."라는 물물교환적인 것이 되었다. 악수는 다른 인사의 형식을 차츰 몰아내고, 오늘날에는 대등한 인간이 만났을 때뿐만 아니라 지배자와 종속자가 만났을 때에도 제일 먼저 하는 행위로서 널리 이용되고 있다. 옛날에는 대인관계에 따라 다양한 형태의 인사가 행해졌지만, 오늘날에는 오로지 악수가 있을 뿐이다. 지금은 대통령이 농민에게 하는 인사와, 농민이 대통령에게 하는 인사가 같다. 어느 경우에나 그들은 미소를 지으면서 손을 내밀어 마주 쥐고는 흔든다. 더구나 어떤 대통령이 다른 대통령을 만났을 때에도, 또 농민이 다른 농민을 만났을 때에도 그들은 똑같이 행동한다. 육체적인 친밀성에 관한 한 시대는 확실히 바뀐 것이다.

그러나 일반화된 악수는 어떤 면에서는 문제를 간략화했지만, 또 다른 면에서는 그것을 복잡하게 만들었다. 예컨대, 다음과 같은 문제가 그렇다. 악수를 해야 하는 것은 아는데, 엄밀히 말해서 언제 해야 좋은지, 누가 누구에게 손을 내밀어야 하는지, 하는 문제에 봉착한다.

현대의 에티켓 교본에는 모순된 충고가 가득 실려 있는데, 이것만 봐도 얼마나 혼란스러운지 알 수 있다. 어떤 책에서는 남성이 여성에게 악수를 청해서는 안 된다고 가르치고, 또 다른 책에서는 대부분 나라에서 주도권을 쥐는 것은 남성이라고 전한다. 어떤 책에서는 연소자가 나이든 사람에게 손을 내밀어서는 안 된다고 가르치고, 다른 책은 어리둥절할 때에는 상대의 감정을 해칠 우려를 범하기보다는 손을 내미는 게 낫다고 충고한다.

여성은 악수를 할 때 일어서야 한다고 주장하는 권위자가 있는가 하면, 앉은 채로 악수해도 괜찮다고 말하는 사람도 있다. 또, 우리가 주인이냐 손님이냐 하는 것도 문제가 된다. 남자 주인은 여자 손님에게 손을 내밀지만, 남자 손님은 여자 주인이 손을 내밀 때까지 기다려야 한다. 더욱이 비즈니스의 장이냐, 사교의 장이냐에 따라서도 규칙이 달라진다. 개중에는 "언제 악수를 해야 한다는 규칙은 전혀 없다."고까지 말하는 책도 있는데, 이것은 명백히 숟가락을 내던지는 표현이며, 실제로 너무나 많은 규칙이 적용되는 것이 진상이다.

표면적으로는 단순하게 보이는 이 악수라는 행위에서 발생하는 혼란을 이해하고자 한다면, 숨겨진 문제를 먼저 파악해야 한다. 그러기 위해서는 이 행위의 원점에서 시작해볼 필요가 있다. 우리와 비슷한 동물로까지 거슬러올라 가보면, 하위 침팬지가 두목 침팬지를 향해 마치 구걸하는 것처럼 자주 미약하게 손을 내미는 광경이 목격된다. 두목이 이 동작에 반응하면 두 마리 침팬지는 가볍게 손을 마주 대는데, 이 터치는 간단한 악수와 놀랄 만큼 유사하다. 앞 신호는 "저는 감히 당신을 공격할 능력이 없는 얌전한 놈입니다." 라는 뜻이며, 그 답은 "나도 너를 공격하지 않아." 하는 것이다. 대등한 놈끼리 하는 우애의 제스처로 발전하면, 그 메시지는 "난 너를 상처 입히지 않는 친구야."라는 의미가 된다.

바꿔 말하면, 침팬지가 손을 내미는 동작은 종속자가 지배자에 대해 종속적 행위로 하는 경우도 있지만, 지배자가 종속자를 안심시키는 행위로 하는 경우도 있으며, 대등한 놈들이 우정의 표시로 하는 경우도 있다. 그러나 이것은 본질적으로 유화의 제스처다. 에티켓 교본의 표현을 빌려 말하면, 밑에 있는 놈이 위에 있는 놈에게 먼저 손을 내밀어야 한다.

고대인이 손을 쥐던 동작으로 눈을 돌려보면, 이것도 똑같은 관점에서 파악할 수 있다. 특히 맨손을 내미는 것은 손에 아무 무기를 지니지 않았다는 것을 확실히 하기 위한 것인데, 이 점은 왜 우리가 언제나 오른손, 즉 무기를 가진 손을 사용하는지 설명해준다. 이렇게 손을 보이는 것은 침팬지의 경우처럼 약자가 강자에게 종속의 표시로 하기도 하지만, 강자가 약자를 안심시키기 위해 행하기도 한다. 그리고 서로 손을 힘있게 쥐는 동작으로 발전하면, 그것은 두 남자가 적어도 일시적이나마 대등한 인간으로서 상대를 받아들인다는 계약 성립의 표시가 된다. 그리고 본질적으로 이러한 악수는, 신분의 고하에 관계없이 일시적으로 상대를 해칠 뜻이 없다는 것을 나타내는 행위임에는 변함이 없다.

이쯤이 아마도 현대 악수의 기원이 아닐까 생각되지만, 실은 사태를 혼란시키는 또 다른 형태가 있다. 남성이 여성에게 하는 대표적인 인사 중 한 가지는 손에 하는 키스였다. 남성은 여성이 내민 손을 자기 손에 쥔 다음에 입술을 댄다. 이 동작이 차츰 양식화되면 입은 여성의 손등에 가까이 다가가다가 터치 직전에 멈춘다. 즉, 공중에서 키스의 형태를 취할 뿐이다. 그것마저도 시대에 뒤처지게 되자, 여성의 손을 잡고 들어올리며 자신의 머리를 손 쪽으로 가볍게 숙이는 동작으로 전이된다. 수정은 되었으나, 힘찬 상하운동 없이도 그것은 가벼운 악수와 거의 다를 바가 없다. 어떤 작가는 이것을 현대 악수의 유일한 기원이라 보고, 다음과 같이 쓰고 있다. "터치를 동반하는 인사로서 악수는 '얼굴에 하는 키스'의 후기 파생물이며, 양자를 연결 짓는 것이 '손에 하는 키스'라고 생각된다." 이 견해를 취하면, 손을 내미는 동작은 본질적으로 종속자에 대해 우월을 주장하는 행위이며, 남자들끼리 하는 계약의 악수가 말하는 것과는 근본적으로 다르다는 결론이 나온다.

요컨대, 손을 마주 잡는 것을 기원으로 보는 설도, 손의 키스를 기원으로 보는 설도, 양쪽 다 맞다고 해야 할 것이다. 그리고 이 두 가지 기원이야말로 현대 에티켓 교본이 주는 혼란의 주범일 것이다. 문제의 핵심은 오늘날 우리가 악수를 하는 것은 단 한 가지 이유 때문이 아니라는 데 있다.

인사할 때, 작별할 때, 계약과 거래 시, 축하할 때, 도전을 받아들이거나 감사하거나 동정하거나 싸운 뒤에 화해하거나 서로 행운을 빌어주거나 할 때

하는 악수 등, 악수를 하는 이유는 여러 가지다. 그러나 악수에는 두 가지 의미가 있다. 어떤 경우 악수는 우정의 관계를 상징하지만, 한편으로는 단지 악수한 순간에만 우호적인 경우도 있다. 처음 소개받은 남자와 악수할 때, 그 악수는 예의에 불과하다. 그 악수는 과거나 미래의 관계에 대해서는 아무런 약속도 하지 못한다. 그러므로 다른 각도에서 보면, 현대의 악수는 단일 행동을 위장한 이중 행동이라고도 할 수 있다. 계약의 악수와 인사의 악수는 각각 다른 기원과 다른 의미를 갖고 있다. 그러나 양자 모두 같은 형태를 취하기 때문에 우리는 그것들을 단순히 우정의 악수로 생각하는 것이다. 그리고 여기서부터 모든 혼란이 시작된다.

빅토리아 시대 초기에는 아무런 문제가 없었다. 당시 남자들 사이에는 "사이좋게 지내자."를 뜻하는 계약의 악수가 있었고, 남성이 여성에게 하는 "당신을 만나 뵙게 되어 영광입니다."를 의미하는 손에 하는 키스가 있었다. 그러나 빅토리아 시대 사람들이 사회생활에다 차츰 사업을 끌어들이기 시작하면서 그 두 가지는 뒤죽박죽 섞여버리고 만다. 힘 있는 계약의 악수는 부드럽고 가벼워지고, 한편 이미 간략화한 손에 하는 키스는 숙녀의 손을 가볍게 쥐던 동작에서 힘 있는 동작으로 바뀐다.

그러나 19세기 프랑스에서는 다소 저항이 있었다. 당시 프랑스 사람들은 인사할 때 나누는 악수를 미국식 악수라 하여, 외국인 남자들과 미혼의 프랑스 여자가 악수를 하는 행위에 대해 눈살을 찌푸렸다. 그 이유는, 악수에 보디 터치가 포함됐다는 것보다도, 오히려 그들이 악수를 옛날 식으로 여전히 남자끼리 하는 행위라고 생각한 때문이었다. 그래서 젊은 처녀가 방금 만난 남자와 악수를 하는 것은, 괘씸한 짓이 아닐 수 없었다. 물론 외국인 방문자들은 그저 인사를 하려고 손을 내밀었을 뿐이지만 말이다.

이 점 역시 에티켓 교본에서 오해와 혼란으로 연결되고 있다. 최대 문제는 누가 누구에게 손을 내미느냐는 것이다. 먼저 손을 내밀지 않아서 비우호적으로 비치는 것이 실례인가, 아니면 먼저 손을 내밀어 손에 키스를 요구하는 것이 실례인가? 사교적인 장면을 주의깊게 관찰해보면, 사람들은 작은 실마리로써 문제를 해결하려는 경향이 있음을 알 수 있다. 그들은 상대가 팔을 올리는 동작에서 아주 작은 동기를 찾아내, 터치가 동시에 이루어지도록 노력한다. 그들에게 당혹스러운 것은, 악수를 제외한 대부분의 인사에서는 종속자가 먼저 존경을 나타내는 행동을 취한다는 점이다. 장교가 사병에게 경례를 하기에 앞서 사병이 장교에게 먼저 경례한다. 예전에는 아랫사람이 윗사람에게 먼저 인사하는 것이 예의였다.

그러나 손에 하는 키스와 관련해서는 사정이 다르다. 여기서는 숙녀가 먼저 손을 내밀어야 하며, 예의 바른 남자라면 여자가 사인을 보내기 전에 손을 먼저 쥐는 짓은 하지 않는다. 손에 대한 키스가 인사 악수의 기원에 포함되기 때문에, 이 규칙은 오늘날에도 여전히 통용된다. 남성은, 지금껏 여성이 키스를 받기 위해 손을 내밀었던 것처럼 그녀가 악수를 위해 손을 내밀기를 기다린다. 그러나 이 행위에서 키스가 사라져버린 지금은, 여성보다 먼저 손을 내밀지 않는 것은 마치 남성 자신이 장교고 그녀가 사병이며, 그래서 사병인 그녀가 먼저 인사 사인을 보내야 한다는 뜻이 되어버린다. 여기에 에티켓 전문가들이 갖가지 경고와 모호한 해석을 흩뿌리는 원인이 있다.

계약을 성립시키는 악수의 또 한 가지 기원도 혼란을 가중시키기는 마찬가지다. 여기서는 약자가 강자에게 자신의 열의를 보이기 위해 먼저 손을 내미는 것이 보통이다. 운동경기에서 일반적으로 패자가 승자에게 축하하는 행위로서 손을 내밀어, 자신의 패배에 상관없이 우정의 관계가 다시 확립되었음을 보여준다. 따라서, 연상의 동료를 향해 손을 내미는 젊은 비즈니스맨은 건방지게 보일(당신은 내게 키스해도 괜찮아요) 가능성도 있고, 겸허하게 보일(당신은 승리자입니다) 가능성도 있다. 사교적인 상황과 마찬가지로 여기서도 상대의 행동에서 그 동기를 찾아 동시적인 행위를 꾀함으로써 문제를 해결하는 듯하다.

이처럼 악수는 복잡한 과거와 혼란스러운 현재를 갖고 있다. 형식을 덜 중요시하는 오늘날의 세계에서는 악수도 차츰 쇠퇴하리라고 보는 사람들이 있는데, 어떤 의미에서는 옳은 말이기도 하다. 사교적인 인사는 차츰 구두로 행하게 되었다. 금세기 중반 무렵 이미 에티켓 전문가들은 "영국에서는 오늘날 처음 소개받는 남자들끼리 하는 악수는 점점 드물어지고 있다."고 예고했다. 그럼에도 남자들끼리 하는 악수는 여전히 남자와 여자 간에 또는 여자들끼리 하는 악수보다 훨씬 보편적이다. 내가 관찰한 바로는, 모든 악수의 삼분의 이는 남자들 사이에서 이루어진다. 나머지 삼분의 일 중에서도 남자와 여자 간의 악수는 여자들끼리 하는 악수보다 세 배가 많다. 이들 수치야말로 악수의 역사와 어울릴 성싶다. 즉, 남자들은 계약의 표시로서 악수를 해왔고 거기에 인사의 의미를 덧붙였다. 그래서 남자들의 약속에는 이중의 가치가 부여되었다. 남자와 여자 간의 악수는 손에 대한 키스에서 이어졌지만, 여성은 비즈니스의 장에서 대등하게 역할하지 못했기 때문에 계약을 의미하는 악수가 적다. 또한 여자들끼리는 결코 손에 키스를 하지 않으므로, 이쪽이 악수에서 최저 수치를 보이는 것은 당연하다.

보디 터치의 특수한 형태인 악수의 마지막 문제점은 연인들은 악수를 하지 않는다는 것이다. 당연하다 생각될지도 모르지만, 이 역시 깊은 의미가 있다. 연인뿐 아니라 대개 나라에서는 결혼한 부부도 악수를 하지 않는다. 가령 결혼한 지 12년 정도 되는 영국 남자에게 마지막으로 부인과 악수한 것이 언제냐고 물어보라. 아마도 그들은 12일 전이라고 하기보다는 12년 전이라고 대답할 것이다. 모든 보디 터치를 통틀어 악수는 가장 색정이 적다.

완전한 포옹에서 키스에 이르기까지 이 장에서 서술한 악수 이외의 모든 형태에는 항상 강한 성적 요소가 포함돼 있었다. 그것들은 모두 발생 기원이 같으며, 일반 성인들 사이보다도 연인과 부부 사이에서 이루어지는 경우가 많았다. 남자들 간에 허용되는 것이 있다 하더라도, 특수한 상황하에서였다. 반대로, 남자끼리 계약 성립을 표현하는 데서 발생한 악수가 친밀성 때문에 겪는 곤란은 없었다. 나중에 악수의 역사에 손에 대한 키스가 끼어들었을 때에도, 그 이전에 이미 손에 하는 키스가 섹스를 떠나 존경의 키스로서 양식화되었기 때문에 전혀 문제가 발생하지 않았다.

따라서, 강한 남자들끼리는 성적 뉘앙스 따위는 개의치 않고 손바닥이 파래질 때까지 손을 마주 잡을 수 있었다. 이 행위의 특징인 마주 쥔 손을 공중에서 상하로 흔드는 동작 자체는 무뚝뚝한 인상을 주었고, 멀리서 봐도 연인들이 손을 잡는 동작과는 확실히 다르다는 것을 알 수 있기 때문이다.

이상, 이 장에서 우리는 성인들이 어떻게 행동하는가를 검토하면서 유아기를 감싸고 있던 무한한 친밀성이 얼마만큼 제한되고, 분류·정리되고, 딱지가 붙게 되었는지 살펴보았다. 혹자는 그 이유로, 성인은 아이들보다도 대폭적인 독립과 기동력을 필요로 하고, 광범위한 보디 터치는 이 점에서 그들을 제약하기 때문이라는 견해를 보이고 있다. 이 논리는, 현실적으로 터치에 소비되는 시간의 감소를 설명할 순 있어도 친밀도의 감소를 설명하지는 못한다. 따라서, 성인이 그만큼 많은 보디 터치를 필요로 하지 않기 때문이라는 뜻으로도 풀이된다.

만일 이것이 사실이라면, 왜 그들은 책이나 영화나 연극이나 텔레비전 등을 보는 데 많은 시간을 소비하고, 왜 대용품에다 친밀성을 요구하는가? 왜 유행가는 하루 종일 친밀한 메시지를 계속해서 전달하는가? 이 점과 관련해, 우리의 터치 불가능성은 지위와 관계가 있으며, 우리는 자신보다 낮은 지위에 있는 사람으로부터는 접촉을 당하고 싶지 않고 또한 자신보다 지위가 높은 사람에게는 감히 접촉하려고 하지 않는다는 이론을 생각해볼 필요가 있다. 그렇다면, 왜 대등한 사람들끼리도 친밀해지지 못하는가? 그 이유를, 친밀 행동을 연인들의 그것과 혼동시키고 싶지 않아서라고 생각하는 사람도 있다. 그러나 이 논리는 연인들이 공공장소에서는 친밀성을 억제한다는 사실을 설명하지 못한다.

이들 논의는 모두 부분적인 답을 주기는 하지만, 한 가지 간과하는 점이 있다. 이 숨겨진 이유야말로 친밀한 보디 터치와 그것을 행하는 사람을 강하게 결합시키는 역할을 한다. 즉, 우리는 감정적으로 친밀해지지 않는 한 육체적으로 친밀해질 수가 없다.

우리의 인간관계는 너무나 폭이 넓고 애매하고 복잡하고, 흔히 거짓으로 가득 차 있다. 때문에 육체적인 친밀성이라는 근원적인 결합에다 주사위를 던질 수 없는 것이다. 비정한 비즈니스 세계에서는 우리는 막 악수를 나눈 여자를 해고하기도 하고, 막 어깨에 손을 올려놓았던 동료를 배신하기도 한다. 그러나 보디 터치가 더 컸다면 어땠을까? 성적인 의미는 없다 해도 그들과 더 깊은 친밀 행동을 나누었다면 어땠을까? 잔혹한 결단을 내렸을지라도, 아마 결정을 유보하며 경쟁심을 가라앉혔을 게 분명하다. 만일 우리가 이러한 위험에 감히 몸을 내던지지 않는다면, 즉 논리가 통용되지 않는 관계를 피해간다면, 우리는 어떻게 될까? 아마 다른 사람들이 공공장소에서 친밀성을 과시하는 장면을 목격하는 것뿐만 아니라, 그런 생각 자체마저도 언짢게 여길 게 틀림없다. 그래서 젊은 연인들로 하여금 사람들의 눈을 피해 은밀한 장소에서 친밀성을 갖게 하고, 그들이 우리 요구를 무시하는 경우에는 아예 법률로써 규제해버렸을 것이다. 그리고 마침내 우리는 공공장소에서 친밀한 행동을 나누는 것을 범죄로 규정해버렸다.

그래서 오늘날까지 세련된 문명을 자랑하는 몇몇 나라에서는 공공장소에서 키스하는 것이 여전히 범죄가 되고 있다. 감미로운 터치 행위는 부도덕한 불법 행위다. 은밀한 친밀성은 법률적으로 절도와 똑같다. 그러니 얼른 숨겨라! 그렇지 않으면 제삼자가 모든 걸 보고 만다.

만일 입을 일자로 굳게 다문 공중도덕 옹호자들이, 사람들이 모두 서로서로 포옹하고 얼굴을 애무하고 뺨에 키스를 해대는 장면을 목격하고는 서둘러 발길을 돌려 가버린다면, 사람들은 절망적인 멸시의 눈길을 받지 않고 우정과 사랑을 맘껏 표현할는지도 모른다. 그러나 공중도덕 옹호자들을 야유하는 것은 과녁을 빗나갔다. 사회는 스스로 자신의 죄수복을 짜기 때문이다.

우리가 사는 혼잡한 인간 동물원은 공공연한 친밀성을 나누는 데 어울리는 무대가 아니다. 동물원은 사람들의 타락으로 고뇌한다. 우리는, 손을 내밀어 터치할 순간에 부닥치면 변명한다. 포옹하고 웃어야 할 때에 강하게 충돌하고는 욕지거리를 퍼붓는다. 가는 곳마다 타인이 있으므로 우리는 몸을 빼내버린다. 어쩔 도리가 없다고 생각한다. 그래서 우리는 유일한 위안을 사적인 친밀성에서 찾지만, 이마저도 자주 실패하고 만다. 집에 있을 때조차도 공중도덕이 우리 행동을 얽어맨다.

그래서 사람들은 흔하디흔한 친밀성에 몰두함으로써 이 문제를 해결하려고 한다. 즉, 저녁 몇 시간 동안, 텔레비전이나 영화를 통해 배우들이 펼치는 충분한 터치와 포옹을 열심히 들여다보거나, 유행가가 속삭이는 끝없는 사랑의 밀어에 귀기울이거나, 소설이나 잡지에서 사랑의 표현을 찾아 읽고 또 읽고 한다. 더 교묘하게 위장된 대용품에서 해결책을 찾는 사람들도 있는데, 이 문제는 다음 장에서 검토하기로 하자.

특수한 친밀성

질병과 보디 터치

유아와 연인들의 행동을 관찰·분석한 결과, 육체적인 친밀성의 강약은 그들이 어느 만큼 서로를 신뢰하느냐에 따라 결정된다는 것이 밝혀졌다.

특히 우리 현대인은 너무도 많은 사람들이 북적대는 대도시에서, 서로 신뢰하지 않는 타인들과 접촉하지 않기 위해 엄청나게 노력을 한다. 늘 타인과 부딪치기 마련인 거리에서, 가급적 접촉을 피하기 위해 신경써야 했던 경험은 누구나 있다. 도시생활에서 오는 특유한 혼란은 현대인의 머리에 스트레스를 누적시키고, 그 누적된 스트레스는 더욱 더 불안감을 가중시킨다.

인간관계의 친밀성은 이러한 현대인의 긴장감을 풀어준다. 역설적으로 들릴지 모르지만, 현대인의 인간관계가 소원하면 소원할수록 우리는 육체적인 결합을 한층 더 필요로 한다. 예컨대 두 사람이 충분히 사랑하는 경우, 그들은 서로 육체적으로 결합하는 것만으로도 정신적인 충만감에 싸여 세상에서 '단 둘만의 세계'에 빠져 지낼 수 있다.

그러나 사람들이 사랑하지 않는다면 어떨까? 타인과 접촉의 고리를 맺지 못한 채 성장하여 혈육도 남기지 못한 상태라면, 대체 우리는 어떻게 해야 할까? 혹은, 일단 타인과 고리를 맺는 데 성공했지만 그 고리에 금이 가면서 관계가 데면데면해지고, 예전에 열렬한 애정으로 포옹하거나 키스를 나누던 '사랑의 행위'가 흔하디흔한 '의례적인 악수' 같은 접촉으로 전락해버렸다면 어떨까?

인생 상담을 하듯이 한다면 이런 식이 될 것이다. "설혹 불만이 있더라도 참으세요, 인생이란 다 그런 거니까요." 그렇다면 정말로 해결법은 없을까? 그렇지 않다. 직업적인 터처(toucher, 만지는 사람)에게 보살펴달라고 하는 방법이 있다. 이 방법으로 육체적인 애무에 익숙지 않은 사람이나 연애 경험이 적은 사람은 하지 못하는, 애무 부족을 어느 정도 메울 수가 있다.

전문적인 터처란 대체 어떤 사람들인가? 그들은 어떠한 비즈니스적인 요구에 따라 직업적으로 애무를 해주는 사람, 즉 애무를 받는 사람과 개인적인 결합을 전제로 하지 않는 사람, 비록 결합을 했다 해도 그리 특별한 관계가 아닌 사람이다. 문제는 애무 행동이 허용되는 구실이 있는가 없는가,이다. 마음이 불안할 때에는 타인과 육체적으로 접촉함으로써 안정을 취할 수 있다는 단순한 진리를 사람들은 쉽게 인정하지 않는다. 타인의 애무로 위안을 받는다니 인간으로서 참으로 어설프고 미숙하다, 타인의 보살핌 없이는 자신의 마음 하나 다스리지 못해서야 어찌 어른이라 하겠는가, 하는 선입관 때문이다. 따라서, 안심하고 타인의 애무요법을 취하려면 겉바른 구실로 위장할 필요가 있다.

전문적인 터처와의 가장 일반적인 접촉은 병에 걸린 경우이다. 그렇다고 특별히 중병을 예로 들 필요는 없다. 가벼운 병에 걸린 경우를 상상하면 된다. 누군가가 몸 상태가 좀 안 좋다고 호소했다고 하자. 그러면 듣는 이의 마음속에 즉각 어떤 친밀성의 감정이 발로하고, 그는 구체적으로 병자를 위로하는 행위를 취하기 마련이다.

대다수 사람은 병에 걸린 것을 질 나쁜 바이러스에 감염되었거나, 하찮은 박테리아에 중독되었거나, 뜻밖의 재난을 당한 것처럼 단순하게 여기는 경향이 있다. 예컨대, 유행성 독감에 걸린 사람을 보자. 그는 이렇게 생각할 것이다. "나 말고도 아파트 내 매장에서 쇼핑을 했거나, 만원 전차에서 수다를 떨었거나, 사람들이 몰려든 회의장에 참석했거나 한 사람들 중에 몇몇은 아마 기침을 하거나 코를 훌쩍거릴 거야. 당연히 그 병원균이 혼탁한 공기 속에 떠돌아다녔을 테니까……. 그러니 나와 똑같은 이유로 감기에 시달리는 사람이 상당할 게 틀림없어.”

그러나 사실은 이 생각과 꼭 일치하지는 않는다. 왜냐하면 유행성 독감이 한창 맹위를 떨치는 중에도, 바이러스의 공세에 끄떡없는 사람들이 있기 때문이다. 그들 역시 바이러스의 위협이라는 똑같은 조건하에 있었을 텐데도 말이다. 그렇다면 이 ‘바이러스 불감증 사람들’은 어째서 자리에 눕지 않을까? 특히, 유행성 독감 환자와 하루 종일 보내는 사람들이 병원균의 영향을 전혀 받지 않고 팔팔한 비결은?

위 사실에서 알 수 있듯이, 병이 난 원인이 불의의 재난 같은 이유가 아님은 분명하다. 우리가 먹고 자는 어디에나 세균은 득실거리고, 우리는 항상 감염의 위험에 처해 있다. 따라서 우리가 이 세균군을 몰아낼 생각이라면, 이것들의 침입을 피할 게 아니라 우리 체내에 강력한 면역체계를 만들고 그렇게 해서 날마다 무수하게 들어오는 세균을 그때그때 퇴치하도록 해야 한다. 병에 걸렸다는 것은 무슨 재난 같은 것이 아니라, 어떤 이유로 우리 신체에 대한 방역 대책이 미비했다는 사실을 말해준다. 이런 원인의 하나로, 현대인이 다양한 경로를 통해 받는 스트레스와 여기서 파생되는 과도한 긴장으로 인해 미처 대비하지 못한 점을 지적할 수 있다. 이는, 우리가 흔히 긴장된 생활에서 해방되는 주말에 세균의 희생양이 된다는 사실에서도 쉽게 납득할 수 있다.

그러나 병에 걸린 현대인은 뜻밖의 행운과 만나게 된다. 즉, 병에 걸리면 어쩔 수 없이 자리에 드러눕게 되는데, 여기서 건강할 때에는 누리지 못했던 큰 위안을 얻는다. 이 상태를 나는 당분간 ‘일시적(instant) 유아성 증후군’이라 부르고자 한다.

체력의 '약화'를 느끼기 시작한 성인 남자는 겉모습도 약해지고 무력해져서, 의사(擬似) 유아적 심성에서 나오는 신호를 노골적으로 자기 아내에게 보내기 시작한다. 아내도 이 요청에 무의식중에 반응하여 '일시적 모성'을 발휘한다. 남편을 침대(유아용 흔들침대에 해당하는)에 눕히고, 입에 수프나 미음이나 약(이상 이유식)을 숟가락으로 떠먹여준다. 그녀의 음성은 저절로 부드러운 톤(달래는 목소리)이 되고, 남편의 이마에 손을 대거나 그 밖에 여러 가지 친밀성을 보이는 행위를 빈번하게 행한다. 본래 친밀한 정에서 나오는 이 행위들은 남편이 건강할 때에도 무의식중에 요구되었을 테지만, 아무튼 이 친밀한 거동은 기적적인 치유효과를 발휘하여, 남편은 다시 활력을 되찾고 세상의 거친 파도에 재도전하게 된다.

이 처방전에 꾀병에 대한 치료법이 포함되지 않은 것은 물론이다. 의사 모성(부성)적 심성에 기초한 간호가 시도되기 위해서는 병자가 어디까지나 정말로, 더욱이 겉보기에도 병자다워야 한다. 이는 정신적, 감정적 원인에서 생기는 가벼운 병의 경우에도 마찬가지다. 겉으로 보기에 통증이 그리 심한 것 같지 않아도, 역시 병자 특유의 무기력 상태가 자주 보여야 한다. 여하튼 병자일 뿐 아니라 병자답게 보이는 것도 중요하다.

이 의견에 냉소를 보이는 사람도 있겠지만, 그것은 내 참뜻을 이해하지 못해서라고 생각한다. 현대인이 스트레스를 풀기 위해서는 가장 가까운 사람으로부터 그보다 더 큰 위안과 친밀한 보디 터치를 받을 필요가 있다. 우리는 유년시절 그랬던 것처럼 포근한 침상에서 따스한 애무를 베푸는 팔에 몸을 맡겨야 한다. 사회적으로 의미가 깊은 이 심리적 메커니즘은 일소에 부칠 성질의 것이 결코 아니다.

근대 약학(藥學)상의 눈부신 기술혁신과 이른바 '과학에 의한 환경의 제패'에도 불구하고, 현대인의 와병률은 놀랄 만큼 높다. 더구나 대부분이, 병원 안 환자들보다는 '약국 단골손님'이나 자택에서 자기식 치료에 여념이 없는 사람들, 즉 병원 밖 환자들이다.

이 병원 밖 환자들이 걸리기 쉬운 병은 기침감기, 목감기, 유행성 감기, 두통, 알레르기, 요통, 편도선염, 후두염, 복통, 궤양, 치질, 습진 등등 매우 다양하다. 그 양태는 시대와 함께 변화하여, 예전에는 호흡질환의 감염률이 가장 높았으나 지금은 바이러스 감염이 압도적이다. 그리고 와병률 높은 주요 리스트에는 현대병이 빠짐없이 들어간다.

예컨대 영국의 경우, 매년 5억 명이 병 치료를 위해 약제를 구입한다. 이는, 영국의 전 인구가 1인당 연간 10회씩 병에 걸린다는 계산이 된다. 금액으로 5억 파운드가 매년 이들 약품류에 쓰이는데, 병 중에 약 삼분의 이 이상은 의사의 진료를 받을 필요가 없는 가벼운 것이다.

사태가 이렇게 된 이유는 간단하다. 인구가 끊임없이 팽창한 결과, 인구 밀도가 높아지면서 사회적 긴장이 조성돼 병자가 급증한 것이다. 그리고 병자가 늘어난 만큼 의학적 연구 규모도 커져 치료법이 눈부시게 진보했다. 그러나, 인구 급팽창에 동반하는 감염도 증대에는 어떠한 의학적인 연구도 따라가지 못하고, 그에 병행하여 폐해가 전혀 없는 상상만의 미래 세상을 추구하기 시작했다.

그러면 잠시 나의 비관적인 상상력이 끌어내는 논리를 따라와주기 바란다. 그것은 다음과 같다. 어느 날 갑자기 의학상의 기적이 일어나 모든 병원균이 박멸되었다고 하자. 그러면 과연, 육체적 또는 정신적으로 상처 입어 병에 걸린 현대인이 어쩌다 병상에 드러누워 걱정 없이 간병인의 위로에 몸을 내맡기는, 그런 기회는 두 번 다시 돌아오지 않을까? 이러한 기적이 멀지 않은 날에 실현될지도 모르지만, 그렇다고 해도 인간이 가끔 일시적 유아 상태가 될 가능성이 전혀 없지는 않을 것이다. 병원균성 병이 아니더라도 그러한 상태가 되는 실례를 우리는 자주 보게 될 것이다.

예를 들면, 바이러스나 박테리아에는 강한 저항력을 가진 사람이 소위 신경쇠약으로 고통받는 경우도 있다. 가벼운 정신병이 인간의 정신에 어떤 종류의 결과를 낳는다는 점에서는 세균성 병과 별반 다르지 않다. 살인범의 살인 동기가 일시적인 착란으로 변호되고, 그 미필적 고의성이 인정되어 중벌을 면하는 사례가 흔히 있는데, 이것을 보아도 정신병의 결과가 얼마나 무서운지 잘 알 것이다. 그 경우, 법정에서는 범죄자를 한 명의 일시적 유아로 간주한다.

가벼운 신경증에 걸렸다고 해서, 큰 증상을 보이며 타인에게 우려의 씨앗을 뿌려대는 일은 별로 없다. 정서적으로 균형이 심하게 깨지지 않는 한 소란을 피우지도 착란 상태에 빠지지도 않는다. 병세가 가벼운 경우에는 정서적인 고통을 심하게 느끼기 전에 주변 사람들에게 버럭 소리를 지르는 정도로 대충 스트레스를 발산해버린다. 이 정도라면 가장 가까운 사람의 진심 어린 애무로 피폐한 심신을 달랠 수 있다.

더 심한 병자라면 자신이 무슨 우리 속에 갇힌 듯한 느낌을 받을지도 모른다. 그렇다고 희망이 전혀 없는 것은 아니다. 아주 절망적인 노력이긴 하지만, 타인과 친밀한 육체적 접촉을 나누고 강화함으로써 회복의 길을 걸을 가능성도 있다. 하지만 자기 제어능력을 완전 상실해버린 경우라면, 자기만의 굳은 껍질 속에 틀어앉고, 마침내는 줄무늬 있는 정신병자용 구속복을 입을 수밖에 없다.

병원균으로 인한 병이 아닌데도 인간이 위안을 필요로 하는 제2의 상태는, 본래 인간의 체내에 살고 있는 내인성 세균이 작용하는 경우다. 인간 체내에는 끊임없이 세균이 활동하고 있으며, 사실 현미경으로 자세히 관찰해보면 피부 위에 무수한 균이 꿈틀거리고 있다.

대부분 사람들은 세균을 모든 병의 원인인 더러운 존재로 생각하지만, 이것은 잘못된 생각이다. 현대사회의 위생에 관한 신화가 이런 오류를 낳았는데, 이 신화의 구전자들은 주변에 몰려든 신봉자들을 모든 병원균으로부터 안전하게 만들려고 한다. 신은 청정무구하며, 그들의 말을 경청하면 모든 세균을 박멸할 수 있다는 것이다. 그러나 세균학자가 증언하듯이, 이 설은 어디까지나 신화의 영역을 벗어나지 못한다. 육체를 무자비하게 갉아먹으며 그 숙주를 죽음으로 이끄는 악의에 찬 병원균이 수없이 존재하는 것은 분명하고, 부정하려야 할 수 없는 사실이다. 그러나 한편으로, 인간 생체에는 이러한 악성 병원균을 도태시키는 세균 역시 활동하고 있다. 이것들이 왜 무시되어야 하는가? 세균은 세균이라는 이유만으로 무조건 모조리 살균되어야 하는가?

인간은 유익하고 무수한 세균 군대에 의해 보호받으며, 이들 세균의 활발한 작용으로 건강을 유지한다. 건강인의 청결한 피부 표면에는 1세제곱센티미터당 평균 5백만 개의 보호 세균이 있다고 한다. 보통 사람의 침에는 1세제곱센티미터당 1천만 개에서 5억 개의 세균이 있다. 배변할 때마다 1천억 개의 세균이 배출되고, 그 즉시 또 같은 수만큼 세균이 증식된다. 건강한 성인 체내에서는 항상 이러한 작용이 이루어지고 있다.

인간이 만일 세균과 떨어져 일생을 보내게 된다면 그 사람은 큰 핸디캡을 갖게 된다. 왜냐하면, 무균 인간은 몸 밖 어디서건 안으로 침입해오기 마련인 악성 병원균에 대한 저항력이 없기 때문이다. 이 사실은 무균상태에서 보호되는 동물을 실험한 결과 증명되었다. 이처럼 생체에 서식하는 세균류는 중요한 역할을 하고 있다.

따라서, 세균 작용이 저해되면 그 보호를 받는 생체는 당연히 영향을 받을 수밖에 없다. 즉, 지나치게 스트레스를 받으면 보호 세균이 작용력을 상실하고, 그 결과 인간은 맥없이 병에 걸리고 마는 것이다. 이 경우는 타인으로부터 병원균을 옮겨 받아 발병한 게 아니라, 오히려 건강하던 보호 세균이 갑자기 이상 증식하여 혼란을 일으켰기 때문에 발병했다고 할 수 있다. 이때는 병원균이 감염되는 경로를 차단할 목적으로 행하는 공중위생적인 예방법은 거의 무의미하다. 이 조처는 병의 정체를 올바로 파악했다고 할 수 없다. 왜냐하면, 병의 원인이 된 이상 세균군이 피부 위에서 여전히 우글거리기 때문이다.

정신적인 스트레스가 원인이 되어 소화기관에 이상이 생긴 사람들을 보면, 이 사정을 더 잘 납득할 수 있다. 일반적으로 복통이라고 하면 곧 과식으로 연상하기 쉽다. 그러나 건강인이 배불리 먹고 그것을 잘 소화시키지 못한다는 것은 우스운 이야기다. 가벼운 위장병은 긴장과 스트레스로 인해 무너진 몸의 균형이 회복되지 않아 일어나는 경우가 많다.

독자들은 여기서, 미국의 황량한 들판에서 독수리 떼가 이미 썩은 냄새를 풍기는 동물의 주검을 날카로운 주둥이로 뜯어먹고 있는 실사 필름을 생각하기 바란다. 그 처참한 광경이야말로, 스트레스를 일으키는 가혹한 현대사회(독수리)와 그 희생이 된 우리 현대인(희생된 동물)의 관계가 아닌가 싶다. 독수리가 날카로운 주둥이로 뜯어먹는 것은 동물의 썩은 고기라기보다는 현대인의 병든 내장기관일지도 모른다.

개체로서의 인간이 병다운 병이 아닌데도 어떤 위안을 필요로 하는 제3의 상황이 있다. 이것은 앞의 예보다 좀더 명확하다. 인간은 특별히 정신병을 앓거나 내인성 질환에 시달리지 않더라도, 자칫 흥분하면 마음의 평정을 잃기 쉽고 사소한 사고를 당하거나 상처를 입기도 한다. 그러면 마치 그것이 극적인 상황이기나 한 것처럼 확대 해석하는 정신상태가 된다. 예를 들면, 여행

중에 발목을 삔 남자가 "큰일났다, 이래서야 갓난애 같잖은가!" 하고 낭패하며 당황한 끝에, 곧 타인의 도움과 원조를 구하는 경우가 그렇다.

과연 사고라는 것은 100퍼센트 우연에서 일어나는 것일까? 확실한 사고라면 사고의 요인이 있을 게 틀림없지만, 그럼에도 사고로 부상당한 인간은 자신의 부상에 대해 실로 민감한 그리고 어이없는 반응을 다양하게 내보이고 있다.

최근에 이루어진 환자의 기본적인 감정상태에 관한 임상 조사에서, 컨트롤 그룹(대조군)으로 몇몇 부상 환자를 뽑았다. 정확한 의미에서 그들은 우연한 사고로 인해 병원 신세를 진다는 이유로 뽑혔다. 그러나 결과는 어떠했는가? 사고 환자들은 조사 대상으로서 부적당하다고 판명되었다. 왜냐하면, 이 환자들은 다른 일반 질병 환자에 비해 눈에 띄게 정서적으로 불안정하다고 진단되었기 때문이다.

지금까지 보았듯이, 스트레스로부터 벗어나기 위해 위안받을 기회를 찾고 있는 현대의 도시생활자에게 무력감이 상당히 지배적일 때, 그는 자신에게 관심을 기울이는 가까운 사람들의 정 깃든 행위에 안심하고 몸을 내맡긴다. 이런 의미에서, 현대인이 때때로 가벼운 병에 걸리는 것은 상상 이상으로 그 병자를 위해서는 바람직한 현상이다.

그러나 성인들이 친밀성을 갖는 방법에는 결점이 있다. 그것은 어떤 경우에나 병든 자가 건강한 자에 대하여 종속적인 입장에 설 수밖에 없다는 점이다. 병에 걸리면 가까운 누군가의 관심을 끌기 위해, 사람은 무리하게 자신을 육체적으로나 정신적으로나 열등한 위치에 두려고 한다. 젊은 연인들은 50 대 50의 관계에 서서 다정함을 유지하는데, 이 경우에는 둘의 평등 관계에 조금도 틈이 생기지 않는다. 병자는 게걸스럽게 친밀성을 탐하다가도 본인이 건강과 활력을 회복하면 곧 이 충동은 소멸해버리고, 보살펴주던 사람의 친밀하고 뜨겁던 감정도 금방 시들어버린다. 따라서, 병자와 간병인 간의 친밀성은 거의 일시적인 현상에 지나지 않는다. 그게 싫다면 정말로 만성적인 병자가 되어 '병을 즐기지' 않으면 안 된다. 물론 그렇게 되면 종속적인 입장도 계속될 수밖에 없고, 동시에 병의 악화도 각오하지 않으면 안 된다. 그리고 일단 서로 간에 생겨난 위안을 향한 뜨거운 감정은 수그러들기는커녕 더욱 거세게 타올라 마침내는 집(육체)을 전소시켜버릴지도 모른다. 일시적인 고육지책이 길게 보면 생명에 관계되는 악영향을 육체에 미치는 일도 드물지 않다. 하지만 긴장된 생활에 시달리는 인간에게는 이것이 위험하긴 할망정 시도할 가치는 있다. 일시적인 안락에 불과하더라도 전혀 안락이 없는 것보다는 낫다. 잘만 되면 그 동안에 정신적인 안정을 되찾을 수도 있고, 위기에서 벗어날 수도 있다. 진정한 생물학적 견지에서 보면, 이것이야말로 현대와 같은 혼돈된 사회에서 인간이 생존해가는 데 요구되는 가치 있는 조건이 아닐까.

정서가 불안정한 환자는 환자 자신과 직접적인 관계를 가진 사람과 접촉함으로써 위안받는 부분이 크다. 하지만 위안을 바라는 욕망은 병이 길어질수록 상승하고 격렬해진다. 그리고 그들이 만성적인 환자가 되면, 즉 진짜 병자가 되어버리면 타인으로부터 위안을 바라는 욕구가 더 강해진다. 여기서 말하는 타인이란 물론 의료관계자를 가리킨다.

한편, 이 의사들은 일반 성인들끼리의 교제에서는 금지되는 '허물없는 육체의 친밀함'을 직업적으로 행사한다. 말하자면 그들은 '육체적 접촉'의 면허를 갖고 있는 셈이다. 더구나 의사들은 이 특권이 치료에 얼마나 효과적인가를 잘 알기 때문에, 대놓고 '침대 옆 테크닉'을 구사한다. 환자의 몸 상태를 물으면서 취하는 부드럽고 안정감을 주는 독특한 말투, 맥을 짚거나 가슴에 청진기를 대거나 눈과 입 안을 살펴보거나 할 때 놀리는 확신에 찬 손가락

동작 등, 이렇게 의사가 직접 환자의 몸을 만지면서 행하는 진찰은 경우에 따라서는 수백 알의 약보다 더 효과가 있다.

의사는 때때로 환자의 감정적인 상태만을 판단하여 입원을 권하는 경우가 있다. 그러나 환자의 병이 외부생활에서 오는 스트레스가 원인이라면 입원할 필요는 없다. 그런 환자는 가만히 집에서 쉬면서 외계로부터 오는 자극과 긴장을 차단하면 그만이다.

그러나 병의 원인이 환자의 가정환경에 있다면, 집에 있어도 외계로부터 격리되지 않는다. 가정 내 무엇인가가 환자를 억압하기 때문에 자택 침실은 조금도 위안의 장소가 되지 못한다. 이런 환자에게 필요한 것은 가정이 아니라 자기 혼자만 있는, 누구에게도 시달리지 않고 절대적인 위안을 얻을 수 있는 장소, 즉 병원 침대다.

마사지와 보디 터치

친밀성을 바라는 성인에게 의학적인 치료는 결코 순수한 행복이 아니다. 그러나 잘 생각해보면 그것 말고도 다른 방법이 있다. 예컨대, 신앙심이 돈독한 사람이라면 종교에 몸을 맡김으로써 더 순수한 행복감을 맛볼 수도 있다. 물론 종교 이외에도 여러 사람들과 접촉해 마음을 다스리는 방법도 있다.

이를테면 최근에 유행하는 체조교실이라든가 미용실이 그렇다. 거기에는 손님의 육체를 만지는 일을 직업으로 하는 전문 터처들이 대기하고 있어, 손님이 바라는 대로 문지르거나 가볍게 두드리거나 어루만지거나 주무르거나 하면서 자극을 준다. 이들 장사는 '건강법'이란 이름을 빌린 일종의 병 치료법이라고도 할 수 있다. 체력단련이나 미용을 위해서라는 언뜻 그럴듯해 보이는 대의명분을 자세히 검토해보면, 이곳을 출입하는 사람들은 명백히 병적인 징후를 인식하는 듯하다. 아니면 그러한 징후를 느끼는지도 모른다.

어쨌든 이러한 곳을 좋아하는 사람들은 무의식중에 육체 접촉을 목적으로 하는 접촉이라는 요소를 대부분 인식하는 듯하다. 머리 꼭대기부터 발끝까지, 젊은 여성으로부터 마사지를 받는 남자들은 성적인 흥분을 느낄 수도 있다. 마사지란 육체의 각 부분을 리드미컬하게 누르거나 문지르거나 하기 때문에 성적인 흥분을 느끼는 것도 무리는 아니다. 이 중에서 가장 문제가 되는 것은 문지르는 것이다.

또 그 미묘한 접촉은 직접적인 섹스를 목적으로 한 것이 아니더라도, 남성

간에 이루어지는 경우 비정상적이라는 느낌을 자아낼 수도 있다. 더 정확히 말해, 서구사회에서는 남자들끼리 하는 친밀한 접촉을 정상적으로 보지 않는다. 사적인 장소에서 이루어지는 마사지는 당연히 쾌감을 동반한다. 그러나, 서구적인 개념에서 말하면 공공의 마사지 시설에서 행하는 마사지에 한해서는 쾌락의 냄새가 나지 않는다. 실제로 마사지가 에로틱한 자극을 주지 않도록 고객이 남성이면 남성 마사지사를 배당하고, 여성 고객에게는 여성을 배당하는 시스템을 채용하는 곳도 많다.

현대사회의 병폐로서, 동성 간에 직접 피부가 닿을 경우 거기서 동성애의 위험을 완전히 제거하기는 어렵다. 이성과의 접촉 기회를 너무 염려하다 보면 도리어 동성들 간의 음란한 거래를 나누는 결과를 낳기 십상이다.

동성들끼리 일상적으로 벌거벗고서도 이런 위험한 오욕을 뒤집어쓰지 않아도 되는 것은 대단히 금욕적인 남성 운동선수뿐인지도 모른다. 복싱이나 레슬링 선수가 호모 관계가 된 예는 들어본 적이 없다. 숙적을 타도하겠다는 염원을 성취한 축구선구들이 승리에 달떠 관객 앞에서 격렬하게 껴안는 것처럼, 복싱선수들은 전혀 망설임 없이 링이라는 마사지대 위에서 공공연히 껴안는다.

이치대로라면 일반 남성들도 운동선수들처럼 육체 접촉에서 쾌락의 냄새를 쉽게 제거할 수 있을 것 같지만, 현실은 그렇지 못하다.

그러면 다음에는 마사지하는 습관이 없는 대다수 사람들에게로 눈을 돌려, 그들이 어떤 식으로 육체적으로 친밀한 접촉을 시도하는지 살펴보기로 하자.

성인들이 성적 관계에 빠질 위험 없이 육체를 접촉할 기회는 과연 없을까? 이 과제에 대한 해답을 얻기 위해 첫째 수의 확대, 즉 많은 사람들이 동시에 육체적으로 접촉하는 경우를 상정하고, 또 다른 경우로는 사람들이 직접 접촉하지 않는 정경을 생각해보자.

첫 번째는, 체조 센터와 건강교실이 곧 머리에 떠오를 것이다. 그곳에서는 많은 사람들이 모여 운동을 하면서 자연스럽게 이리저리 몸을 부딪치게 된다. 그러나 이 경우의 접촉에서는 사적으로 두 사람이 육체를 가까이할 때 묻어나는 쾌락 같은 비밀스러운 냄새는 느껴지지 않는다.

두 번째는, 마사지를 받는 남성이나 여성이 성적인 요소가 끼어들 여지가 전혀 없는 기계를 사용하는 상황을 생각할 수 있다. 애정 어린 팔 대신에 꺼칠꺼칠한 벨트가 기계적으로 진동을 일으킨다.

똑같은 과제에 대한 좀더 손쉬운 예는, 사람들 간의 접촉이 육체 중에서 눈에 잘 띄는 부분에 한정되는 경우다. 미용사라든가 분장사처럼 타인의 몸을 만지는 공인된 직업을 가진 사람들이 거기에 해당된다. 그리고 '팔과 다리 마사지 전문'과 같은 마사지사들이 하는 행위도 이 한정된 접촉의 범주에 들어간다.

머리 손질과 보디 터치

서구사회에서는 신체의 머리 부분을 대중 앞에서 숨기지 않는 관습이 있으므로, 미용사들이 일하는 도중에 손님의 머리를 이리저리 노출시키거나 만지거나 해도 실례가 되지 않는다. 미장원이나 이발소에서 우리가 미용사들의 손 동작을 바라보아도 누구도 책망하지 않는다. 그러나 앞에서 보았듯이, 타인의 머리를 만지는 것은 보통 경우에는 가장 가까운 사람들 사이에 허용되는 친밀한 행위이며, 특히 젊은 연인들이 사랑을 표현할 때 하는 행위라는 것도 주목할 만하다. 일반 성인이 멋대로 타인의 머리에 손을 대는 것은 거의 사회적인 금기 대상이다.

그래서 이상과 같은 사회적 관습을 배경으로 하여, 미용사들은 미용의 목적이라는 꾸며진 구실을 통해, 타인과 육체적으로 접촉할 기회가 드물어 일종의 육체 접촉의 기근 상태에 빠진 현대인의 갈망을 메우는 역할을 한다. 그렇다고 미용사 고유의 일, 즉 머리를 장식하는 일에 가치가 없다는 것은 아니다. 다만 여기서는 단순한 머리 모양의 문제 이상으로, 머리를 만진다는 행위 자체에 깊은 의미가 있다는 것을 말하고자 하는 것이다.

미용과 인간관계의 친밀화라는, 이중의 의미와 역할을 가진 머리 손질은 역사가 시작될 때부터 그 내력을 가지고 있다. 여기에 원시인들의 존재를 계산에 넣는다면, 이 행위는 수억 년이란 긴 세월 동안 계속되어왔다고 할 수 있다. 부드러운 손길로 구석구석 빠짐없이 머리를 만지작거리는 행위를 보고 싶거든, 가까운 동물원의 원숭이 집에 발을 들여놓으면 된다. 원숭이나 침팬지가 동료나 새끼들의 머리를 사랑스럽게 만지작거리는 광경을 보면, 동료들끼리의 교감이 머리 접촉에서 작용하고 있음을 알 수 있다. 머리 청소라는 것만으로는 설명되지 않는, 황홀감에 젖은 표정이 머리 손질을 하는 영장류의 얼굴에 떠오르지 않는가…….

우리 인간도 사정은 다르지 않다. 본래 온몸이 털로 덮인 원숭이나 침팬지와는 달리, 인간은 그들을 흉내내어 멋대로 타인의 몸을 만질 수는 없다. 그래서 어쩔 수 없이 인간은 새로 맞춘 양복을 가봉할 때 재단사의 교묘하고 섬세한 손가락 놀림에서, 오랜 역사 동안 금지되어온 육체적 접촉의 친밀한 쾌감이 미미하게, 그리고 거의 무의식중에 오슬오슬 솟구치는 것을 느끼고 그나마 위안을 받는다.

원숭이의 머리 손질은 일종의 사회적인 연분 행위다. 그런 의미에서 보면, 인간도 태초에는 미용을 전문으로 하는 사람이 따로 없었다. 그 무렵에는 머리 손질을 모르는 타인에게 맡기는 풍습은 없었고, 모두 근친자들의 손에 의해 이루어졌다. 인간이 소수 부족단위로 생활하던 시대에는 같은 부족 사람들은 모두 알고 지냈을 것이므로 문제가 없었다. 그러나 도시화가 진행되면서 주변이 모르는 사람들로 꽉 차게 되자, 머리 손질이나 그에 부수되는 일은 가까운 사람들에게 부탁해야 한다는 불문율이 생겨났다.

시대가 흘러 중세 이후에, 특히 상류사회에서 복잡하게 묶은 머리가 유행하기 시작하자 이윽고 미용을 전문으로 하는 전문가들이 나타났다. 결발사(結髮士)들은 초기에는 거의 숙녀를 상대로 장사를 했기 때문에, 머리를 다루는 일은 부인의 사실(私室)에 한정되었다. 그러다가 살롱이 열리고 그곳 출입이 잦아지자, 서로 머리 모양을 비교한 부인들이 차츰 마음에 드는 전문가의 가게에 발을 들여놓게 되었다.

그러나 이것이 일반화된 것은 기껏해야 지금으로부터 100년 전쯤에 불과하다. 그 이후 미용실은 크게 유행하였는데, 1851년에는 런던 시내에 2,338명의 미용사가 개업하고 있었으나 약 50년 후인 1901년에는 7,771명으로 급증했다. 미용사 수가 엄청나게 는 것은 무엇보다 도시인구의 비약적인 증대에 힘입은 바가 크고, 화폐경제의 확대도 한 요인으로 작용했다. 그리고 또 하나, 빅토리아 시대의 여성은 다른 이성과 육체의 접촉―머리를 묶는 것을 제외한 다른 여러 가지 접촉들―을 엄격히 금지당하고 있었다는 사실을 빠뜨릴 수 없다. 그 시대의 엄격한 도덕률 때문에 미용사의 손길은 도리어 은근한 테크닉을 구사하게 되었고, 그 결과 그들의 가게는 점점 많은 멋쟁이 여성들로 북적거리게 되었다. 그리고 20세기가 되자 이 풍습의 유행은 마침내 대도시에서 벽촌 구석구석까지 퍼졌으며, 오늘날 부인들은 누구나 미용사의 손님이 되어 있다.

현대의 전문 터처는 손님의 심리 밑바닥에 단순한 미용 외에도 인간적 접촉을 바라는 욕망이 있음을 알고, 일찍이 일의 성질을 개혁하고 확대하였다. 그들은 인체에서 남의 눈에 띄는 모든 부분에 주목했다. 점토를 피부에 발라 주름살을 제거하는 머드팩을 고안했고, 최근에는 '톤드업(toned-up)'이라는 메이크업을 이용해 피부를 부드럽게 하는 방법까지 직접 전문 미용사들이 창안했다.

1923년에 발행된 『보그』지는 "여성의 아름다움은 생활의 모든 것에서 생겨납니다."라고 선언했는데, 확실히 여성 미용의 최대 목적은 아름답게 보이고 싶은 바람일 것이다. 그리고, 미용 효과를 거두기 위해 전문가들이 행하는 복잡한 테크닉 속에서 느끼는 육체적인 쾌감도 매우 중요한 의미를 갖는다. 이런 의미에서 보면, 미용사의 서비스에서 육체적 접촉이라는 요소를 뺀다면 미용원에 갈 흥미가 반감해버리지 않을까 싶다.

한편 여성과 대조적으로, 현대 남성들은 미용상의 목적으로 타인과 친밀하게 접촉할 기회를 누리지는 못한다. 그럼에도 매니큐어나 머리 마사지를 하는 남성도 있고, 미용사의 손으로 이루어지는 면도를 즐기는 멋쟁이들도 적지 않다. 그러나 대부분은 이따금 이발소에 가더라도 자란 머리카락을 찰칵찰칵 자르게 할 뿐 곧 집에 돌아와 감는 것이 고작이다.

이때 이발사는 손님에게 친밀한 분위기를 느끼게 하려고, 찰칵찰칵 소리를 내며 숙련된 솜씨로 가위를 놀린다. 만일 독자가 남성이라면, 다음에 이발소에 갔을 때 이발사가 내는 찰칵찰칵 하는 가위 소리를 유심히 들어보기 바란다. 이발사는 실제로 머리카락을 자르기 전에 몇 차례 공기를 베듯이 가위를 찰칵찰칵 움직인다. 공중에서 하는 이 행위는 특별히 기계적인 작동을 위해서 하는 것은 아니다. 머리 근처에서 활발히 손이 움직이고 있다는 인상을 통해, 손님은 정중한 서비스를 받고 있다는 기분을 느끼는 것이다.

아무튼 남성이 미용 측면에서 타인과 친밀한 접촉을 가질 기회는 매우 한정돼 있다. 현대 남성은 그런 면에서 믿기지 않을 만큼 제약받고 있다. 최근에 남성 장발이 재유행할 조짐이 보이기 때문에 사정이 다소 호전되리라고 기대되지만, 아직도 구태의연하게, 강하게 저항을 느끼는 사람이 있다. 장발이 유행하면서 가위로 찰칵찰칵 자르는 간편한 조발(調髮)은 그림자를 감추었지만, 머리를 깎고 난 후 머리를 집에서 감는 습관은 옛날과 조금도 달라지지 않았다.

대도시 중심가에 사는 주민들 가운데는 미용원에서 조발하는, 뉴 헤어 스타일의 남성들이 조금씩 늘어가고 있다. 이것이 모든 남성들의 습관으로 굳어질지 어떨지는 앞으로에 달려 있다. 이런 남성 멋쟁이들이 상당히 관심을 끌지만, 예전 빅토리아 시대처럼 넓은 계층으로 확대되기까지는 아직 시간이 걸릴 듯하다. 게다가 나이든 사람들의 머리에는 남성 멋쟁이를 계집애 같은 나약한 치들로 경원시하는, 정당한 근거 없는 고정관념이 아직 뿌리박혀 있다. 그들이 좋아하는 바싹 치켜 깎은 머리나 군인 머리를 젊은이들은 철 지난 취미로밖에 여지지 않는데도, "남자의 헤어 스타일은 전부 짧아야 한다!"고 주장하는 등, 구세대는 불합리하기 짝이 없는 고집을 피우는 형편이다. 나이든 사람들이 고루한 태도를 바꾸지 않는 한, 젊은이들이 자신들의 기호에 이론적인 근거를 부여하고 이발을 통해 인간관계의 친밀한 접촉을 풍요롭고 깊게 하려는 노력을, 적극적으로 행하지 못할 것은 분명하다.

현대 남성이 미용상의 접촉을 여성보다 다소나마 많이 갖는 경우는 구두닦이에게 발을 내미는 정도가 아닌가 싶다. 이것도 장사로 보면, 요즘엔 점점 그 의의가 희박해져가고 있다. 대도시 구두닦이는 이젠 신기한 대상으로밖에 존재하지 않으며, 번화가에서도 드물게 볼 수 있을 따름이다.

그러나 앞에서 검토한 구강−성기 접촉 이외에 남성이 다른 사람 앞에서 무릎을 꿇고 육체 일부를 접촉하는 광경은 확실히 구두닦이 말고는 별로 없다. 더욱이 공공장소에서 그러한 상황을 연출해내는 것은 구두닦이 이외에는 거의 생각하기 어렵다(지금은 구둣집 점원도 다른 사람 앞에서 무릎을 꿇거나 웅크리려 하지 않는 시대다).

그러나 예전에는 이런 비굴함이나 비참함을, 사람들은 아무렇지 않게 생각했다. 신분이 낮은 자가 보이는 겸양의 '친밀한 접촉 행위'에는 그 나름대로 충분한 보상이 따랐다. 하지만 만민평등 사상이 존중되는 시대가 되면서, 공공장소에서 노골적으로 예속적인 자세를 취하면 사람들은 거의 당혹하고 만다. 외경과 열애의 감정을 몸 동작으로 표현한답시고 타인의 발에 키스를 하는 것도 지금은 예의에 어긋나는 장난으로밖에 보지 않는다. 따라서, 구두닦이라는 직업이 사라질 날도 시간 문제일 것이다. 그렇다고 현대인이 겸손한 봉사에 대해 마땅히 취해야 할 도리조차 잃고 말았다는 뜻은 아니다. 현대인은 그러한 서비스를 상상하는 것만으로도 황송할 것이다. 그러나, 다른 사람의 시중을 받고 그것에 감사를 표하는, 상하 종속적인 관계에 있는 자신을 드러내고 싶지는 않을 것이다.

출산과 보디 터치

타인과의 육체적 접촉을 직업으로 하는 사람들의 직능을 검토하기 위해 지금까지 의사, 간호사, 마사지사, 체조교실과 건강 센터 지도원, 미용사, 재단사, 이발사, 화장 전문가, 구두닦이, 구둣집 점원 등을 살펴보았다. 이 밖에도 유사한 직업으로 가발사, 모자 판매원, 발 전문의, 치과의사, 외과의사, 산부인과의사, 그 외 다양한 분야의 의료·진료 관계 전문가와 준전문가를 들 수 있다.

그러나 특별히 언급할 필요가 있는 직업은 거의 없다. 치과의사에게 갔을 때, 환자는 이에 온 신경을 집중하기 때문에 어쩌다 의사의 몸이 닿아도 거기서 쾌감을 느끼지는 못한다. 외과의사가 육체 접촉을 하는 정도로만 보면 가장 사랑하는 사람들도 비하지 못할 깊은 부위에 도달하지만, 이런 접촉으로는 환자에게 정서적인 쾌감을 일으킬 만한 자극은 주지 못한다.

또한 산부인과의사가 환자를 검진하기 위해 행하는 여러 가지 접촉도 마찬가지다. 의사는 애인관계에 있는 사람도 무색할 정도로 집요하게 양손으로 환자의 성기를 만진다. 그러나 역설적으로 말해서, 그 행위가 너무도 노골적인 까닭에 거기서 진정한 쾌감은 발생하지 않는다. 요컨대, 직업에 대한 관념이 확고한 지금은 의사와 환자 모두가 직업적인 접촉 행위를 섹스 교섭으로 오해하지 않는 심리적 방어를 엄밀히 지키고 있다. 따라서 묘한 혼란과 착각이 생길 염려는 어지간해서는 없다.

예를 들면, 남성 산부인과의사가 맥을 짚기 위해 여성 환자의 손을 잡았다고 하자. 그 경우에도 보디 터치에서 예상되는 효과는 2차적인 것에 지나지 않는다. 왜냐하면 산부인과의사의 진료에는 성기 검진이 반드시 수반되기 때문에, 거기서 비롯되는 긴장감이 터치의 효과를 전혀 못 느끼도록 압박하기 때문이다.

예전에는 산부인과의사가 직업상 어쩔 수 없이 성기 검사를 해야 할 경우, 무척 까다로운 절차를 밟지 않으면 안 되었다. 즉, 환자인 여성과의 사이에 특별한 친밀성이 생기기 않도록 이것저것 비상 수단을 강구했던 것이다. 이를테면, 지금으로부터 3세기 전까지는 산부인과의사가 네 발로 기어서 임산부의 방에 출입하는 일도 드물지 않았다. 물론 임산부의 가장 '비밀스러운 기관'에 대한 프라이버시를 지켜, 비록 검사를 위해서일지라도 양손으로 마구 주물러대는 의사의 얼굴이 임산부의 눈에 띄지 않도록 하는 조처였다.

좀더 시대가 흐르면서, 의사는 조명 없는 방에서 진찰하거나 침대 너머에서 아기를 받기도 한다. 17세기에 제작된 한 에칭 판화에는 의사가 진료대 끝에서 시트를 마치 냅킨처럼 옷깃에 달고서 출산에 임하는 광경이 스케치되어 있다. 이 역시도, 의사가 비록 임산부의 비밀스런 부분을 손으로 만지긴 하나 적어도 눈으로는 접촉하지 않는다는 것을 보이기 위해서인데, 아무리 친밀성을 염려해서라 해도 이래서야 탯줄을 자르는 수술이 얼마나 힘들고 시간이 걸렸겠는가.

이렇듯 남성 조산사는 우스꽝스러울 정도로 세심한 배려를 했음에도 불구하고, 항상 세상으로부터 비난을 받았다. 심지어 2세기 전까지만 해도 조산의 이론과 실천을 다룬 전문서마저 '이 세상에서 가장 비천하고 불결하고 수치스러운 출판물'이라는 낙인이 찍힐 정도였다. 비난의 목소리를 높이는 쪽은 항상 남성이었고, 그 때문에 피해를 입는 쪽은 늘 여성이었다.

　요컨대, 수세기 동안 조산 현장에서 생기는 성적 친밀성의 이미지가 조산에 올바른 의학적 방법을 적용할 기회를 박탈해버렸던 것이다. 정말로 조산에 종사해야 할 의학에 정통한 남성은 오직 남자라는 이유만으로 임산부가 누운 자리에서 내쫓기고, 대신에 아무 기술도 없는 산파— 그녀들은 대개 미신에 사로잡혀 있는 경우가 많다—가 출산을 돕는 관습이 생겨났다(산파라는 말은 단지 '아내 옆에 있다'는 뜻으로, 조산사의 성별과는 특별한 관계가 없는데도 미드와이프라는 단어 자체에서 여자가 연상된다. 그 점에서도 남성이 출산 장소에서 출입 금지를 당했던 기나긴 날들이 연상된다). 그 결과 많은 임산부들이 출산 시에 목숨을 잃고, 수백 수천만 명의 신생아가 태어나자마자 혹은 태어난 지 얼마 안되어 황천길에 올랐다. 임산부와 조산사의 친밀성을 우려하는 관습 때문에 전문 의사를 출산 현장에서 내몬 죄는 사실상 너무나 크다고 하지 않을 수 없다.

　이상, 육체 접촉을 금하는 성적 금기의 한 예를 보았다. 이러한 금기는 이루 헤아릴 수 없을 만큼 사회적 재해를 낳았고, 인류 역사에 어두운 그림자를 드리웠다. 과학적 사고를 통해 고대로부터 내려온 잘못된 미신을 타파하지 못하고, 해를 거듭할 때마다 인간은 한 가지 또 한 가지 새로운 비참한 일을 끊임없이 반복하면서, 인류의 예지에 편견의 덮개를 씌워왔다. 물론 직업인들은, 인간행동을 규제하는 사회적 규칙에서 가능한 한 벗어나지 않도록 조심하면서 예부터 내려온 무지를 조금씩 극복해왔다. 그러나 지금까지도 여전히 낡은 금기가 꼬리를 드리우고 있다. 최신 기계와 온갖 의학적 성과를 다 동원한 산부인과 수술이라도 역시나 성기 접촉은 환자의 쾌감을 유발하지 못한다. 이것이 사실이다.

폭력과 보디 터치

성적인 보디 터치를 수반하는 사회적인 행동이 온갖 금기에도 불구하고 방해받지 않는 경우가 있다. 바로 무대관계 종사자들의 연기가 그렇다. 여우나 남우에서부터 발레 무용수, 오페라 가수, 사진 모델에 이르기까지 모든 연기자는 연기하는 순간만큼은 섹스를 암시하는 보디 터치를 공인받고 있다. 그들은 연기를 통해 키스하고 포옹하고 애무하고 몸을 포갠다. 대본에 명시된 이상 그것이 거침없는 연기일지라도 공공질서에 반하지는 않는다.

따라서, 여우나 남우는 공식적인 업무시간에 온갖 보디 터치의 쾌감에 잠길 수 있다. 인기의 상승과 하락이 격심한 배우로서는 어쩔 수 없는 일이긴 하지만, 간혹 보디 터치가 심히 다양한 연기를 요구받다 보면 그만 일정한 선을 넘어버리기 쉽다. 아무리 상대가 똑같은 연기자라 할지라도 늘 100퍼센트 연기하는 마음으로 '사랑하는' 체하기는 어렵다. 연극 속 '사랑 행위'가 두 남녀배우의 연애감정을 자극하여 서로 싫지 않은 관계로 발전하면서, 종국에는 무대 밖 현실의 부부관계나 연인관계가 깨지는 일도 드물지 않다. 성적 쾌감으로 이어질 수 있는 친밀성을 모방으로나마 상당히 깊게 표현한다면, 이 보디 터치에 자극된 생물학적 반응을 완전히 억압하기는 쉽지 않다고 보아야 할 것이다.

그런데, 매혹적인 스타들은 보디 터치와 관련된 또 다른 귀찮은 일에 시달리지 않으면 안 된다. 즉, 스타 주변에 있는 기회만 있으면 스타의 몸에 접촉하려고 하는 열광적인 팬들이 그렇다. 스타라면 누구나 거리에서, 자신들과 손가락 하나나마 터치하고자 하는 팬들에게 십중 이십중으로 둘러싸인 경험이 있을 것이다. 이 심리가 보통 단계에 머무는 한 팬들은 스타의 몸에 닿은 것만으로도 만족한다. 그러나 때로 스타에 대한 동경이 지나쳐 스타의 육체에 멍이나 벤 자국을 내는 이상한 팬들이 있다. 특히 요즘은, 인기 높은 가수나 음악가—그리고 인망이 두터운 정치가들도—가 칼부림 사태에 희생이 되었다는 뉴스도 심심찮게 들리고 있다. 유명한 대중가수에게 혹한 틴 에이저 중심의 '친위대' 팬들도 있다. 이들은 문자 그대로 '물불 가리지 않는' 극성팬들이다.

여기서 다시 직업상 타인과의 보디 터치를 피할 수 없는 상황에 있는 사람들에게 돌아가기로 하자. 마사지사나 미용사들이 자신의 일을 하기 위해서는 싫건 좋건 손님의 몸에 접촉하지 않을 수 없다. 하지만 가수의 경우는 타인의 육체와 접촉하고 혹은 접촉당하는 것은 그 일의 본질과는 아무 관계가 없다. 가수라는 독특한 사회적 입장이 접촉에 대한 욕망을 사람들에게서 불러일으켰을 뿐, 이것은 본 주제로 보아 제2차적인 문제에 불과하다. 다른 방면에서 이와 유사한 상황을 겪는 사람을 말하자면 그들은 다름 아닌 경찰관이다.

경찰관은 타인과 보디 터치하는 것이 임무는 아니지만, 일반인에겐 없는 보디 터치의 특권을 가지고 있다. 사람들이 오가는 길 한복판에서 아기의 손을 잡아도, 그가 경관이라면 아무도 수상히 여기지 않는다. 또 혼잡한 곳에서 통행인의 어깨를 잡아끌어도 당연한 직권행위로 인정하지 아무도 책망하지 않는다. 혹은, 몹시 취해서 난폭한 행동을 하는 사람을 거칠게 다루어도 상대가 경관인 이상 함부로 이의 달지 않는다.

그런데, 격렬한 폭력사태를 수습하던 경찰관이 그만 자제심을 잃은 나머지 마치 제복 입은 종교암살단처럼 도발적인 행위를 하는 경우도 있다. 이렇게 되면 민중은 경관의 특별 직권을 정지, 박탈하고 싶어진다. 경찰권의 폭력 행사에 비례하여 민중의 분노도 멈출 줄 모르고 격화하여, 마침내는 대소동으로 발전하기도 한다.

대도시에서 빈발하는 각종 폭동 장면이 이러한 사실을 증명하고 있다. 경찰은 민중을 지키기 위해 보디 터치의 일정 직권을 허용받은 것에 불과하므로, 그것을 무제한적으로 악ㆍ남용하는 것은 결코 용납될 수가 없다. 이는 마치 성가대 지휘자가 합창대원인 소년ㆍ소녀를 후려갈기고, 학교 선생이 학생들에게 난폭한 체벌을 가하는 것과 같다. 경찰이 자제심을 잃고 강권을 폭력적으로 남용한 결과, 민중은 경찰에 대해 증오의 이미지를 갖게 되어 폭동이 일 때마다 꼭 경관들을 습격하게 되었다.

영국을 비롯한 몇몇 나라에서, 경찰대는 신중한 배려 끝에 완전 비무장 상태로 거리에 출동한다. 그래서 요즘 유행하고 있는 도시 폭동의 한가운데서도 민중과 경찰 모두가 특별한 조치를 취할 필요가 없어졌다. 각목에 머리를 맞거나 경찰봉 세례를 받거나 총격전으로 이어져 유혈 참사를 초래하던 과거와는 달리, 맨손과 맨손으로 뒤엉키는 싸움은 아무래도 상대 몸과 접촉하기 때문에 쌍방의 적개심에 제동이 걸릴 수밖에 없다. 그러나 무기가 없는 싸움이라고 해서 본래 투쟁에 배어 있기 마련인 악의가 전혀 없지는 않다. 맨손 싸움이라도 눈을 찔리거나 불알을 차이기도 하지만, 잔학 행위는 드물다. 머리가 깨지고 몸에서 피가 분수처럼 솟구치는 유혈 폭동에 비하면, 런던이나 그 밖의 다른 영국 도시에서 벌어지는 싸움 소동은 확실히 '문명적'이라고 할 수가 있다. 더구나 이 문명적인 싸움 방법이 무기가 아직 발명되지 않았던 '전 문명시대'의 투법, 즉 보디 터치에 의한 싸움이라는 것은 역사적인 아이러니라 하지 않을 수 없다.

여기서 독자 여러분은 영화에 자주 등장하는 장면을 생각하기 바란다. 완력이 강해 보이는 멋진 두 남자가 마주 서 있다. 그들은 지금 화를 참고 있는 듯 두 주먹을 불끈 쥐고 있다. 이 장면을 척 보고 현명한 영화 팬들은 줄거리가 어떻게 전개될지 미리 짐작할 것이다. 드디어 분노가 치민 두 사람은 격투를 시작, 한쪽이 뻗을 때까지 주먹질을 한다. 영화 팬들은 그 다음이 어떻게 될지 이미 알고 있다. 그러니까 두 남자 사이에는 새삼 두터운 우정이 싹트는 것이다. 몸에 중상을 입은 승자는 비틀비틀 기듯이 다가가 피로 얼룩진 입술을 부끄러운 듯이 벌리고 비등하게 싸운 상대를 향해 빙긋 웃어 보인다. 그리고 스크린 주인공들은 서로 어깨를 껴안고서 바 카운터로 가서(이런 싸움 다음에는 왠지 바 카운터가 등장한다) 서로의 건투를 칭찬하면서 건배를 한다. 이렇게 한 사건이 마무리된 뒤에는 둘 사이를 가르는 사건은 일어나지 않는다. 두 사람은 이제 떼려야 뗄 수 없는 명콤비로서 사람들을 괴롭히는 악당을 쳐부순다.

그리고 라스트 신은 한쪽이 다른 사람의 생명을 구하기 위해 기꺼이 탄환의 표적으로 나선 결과 숨을 고통스럽게 헐떡이면서 죽어간다. 물론 우정이 깊은 친구의 팔에 안겨, 한때 코뼈가 주저앉을 정도로 두들겨맞은 친구를 향해 미소를 지으면서 말이다.

이런 파란만장한 영화가 "먼 친척보다 가까운 이웃이 낫다."는 속담의 한 예를 암시함은 물론이지만, 보디 터치가 발생시키는 친밀성의 면에서도 어떤 통찰을 담고 있지 않을까? 사람들 간의 친밀한 접촉은, 비록 그것이 폭력이 깃든 접촉일지라도 개인과 개인의 보디 터치가 충분히 이루어지는 성질의 것이라면, 두 적대자 사이에도 단단한 고리가 형성된다는 통찰을 말이다.

그러나 이 생각을 섣불리 일반화하는 것은 위험하며, 더구나 폭력을 인정하는 구실이 되어서는 안 된다. 하지만 굳건한 고리가 형성될 가능성을 보고도 눈을 감는 것 또한 현명한 처사라고는 할 수 없다.

그런데 최근 현대인의 간담을 서늘케 하는 비인간적인 폭력사건의 연발은 또 다른 새로운 문제를 낳고 있다. 즉, 성이 해방되어온 것과는 반대로 그 내용과 종류를 불문하고 모든 폭력을 사회 도덕의 힘으로 금하자는 움직임이 일고 있는 것이다. 여기에 발맞추어 목소리를 높이는 슬로건 중 하나가 "전쟁을 그만두고 섹스를!"이라는 것이다. 말만을 놓고 본다면 이에 공격을 가할 여지는 없다. 하지만 앞에서 본, 도식화된 영웅 영화가 암시하는 메시지를 생각하면, 폭력 완전부정 운동에 약간 예외가 있음을 인정해야 한다고 주장하고 싶다.

사족이지만 나는 그 '남자다운 치고받기'를 부활시키자는 헛소리를 할 생각이 없다. 다만 나는, 모든 폭력을 부정해버리면 인간은 공격성을 억압해야 한다는 사회적 규칙 때문에 아무리 심한 도발을 당해도 상대의 몸에 '손가락 하나'도 댈 수 없지 않을까, 하는 의구심을 떨쳐버릴 수 없을 뿐이다. 아무리 심한 굴욕과 매도를 당해도 비폭력적 입장에 서야 한다는 태도는 반친밀성의 태도를 낳을 수밖에 없다. 그 예를 다음에서 보자.

어떤 이유 때문에 냉랭한 관계에 있는 두 사람이 이상한 자기 억압이라는 위선의 올가미에 묶여 몸을 옴짝달싹못한다면, 두 사람의 장래는 파멸밖에 없다. 한쪽이 가슴속 분노를 억누르고 입가에 딱딱한 미소를 떠올린다. 그리고 이 엷은 웃음은 나이프처럼 상대를 날카롭게 찌른다. 이런 위태위태한 관계에 있는 한 사람이 상대를 힐책하고픈 마음을 숨긴 채 겉으로는 아무렇지도 않게 말과 행동을 하다가 얼마 후 폭발하여 싸움으로 번졌을 경우, 이는 오랫동안 힘을 축적해온 태풍이 사납게 휘몰아지는 것처럼 파국을 초래하기 십상이다. 수개월 동안 옥신각신 말다툼하던 부부가 어느 날 문득 껴안으려고 한다. 마음으로는 분명 두 사람은 서로 사랑을 담아 포옹하려는 것인데,

어쩐 일인지 두 사람의 현실적인 행동은 상대의 어깨를 난폭하게 끌어당기는 꼴이 되고 만다.

이 정도로 사태가 심각해지면 극히 평범한 보디 터치 동작이라도 악의에 찬 터치로 느껴지기 마련이라 사태는 점점 절망적으로 변한다. 그렇다고 보디 터치의 효과가 전혀 없는 것은 아니다. 때로는 이로써 꼬인 관계를 회복하기도 한다. 따라서 효과가 있는 경우는 예외적이라는 이유만으로 무시한다면, 인간 감정의 또 다른 한 면—보디 터치가 인간의 친밀성을 형성하는 고리가 된다는—을 경시하는 결과를 낳게 된다.

아이들의 닭싸움, 그리고 사이좋은 어른들이 하는 씨름 등의 놀이를 보면 보디 터치에서 생기는 효과의 공과 실을 잘 알 수 있다. 거듭 말하면, 보디 터치는 인간의 감정에 어떤 자극을 주는 것이다. 말로 표현하면, "내가 네게 공격적인 자세를 취하지만, 조금도 너를 공격할 마음이 없다는 것을 알아줘."라는 신호를 보내는 것과 같다.

그러나 이 신호의 발신력은 아주 미묘하기 때문에 이러한 놀이는 나이의 많고 적음에 상관없이 관계에 예민하게 반응한다. 친구의 등을 장난으로 두드리는 경우 두드리는 자는 간단하게 신호의 의미를 싹 바꿀 수가 있다. "나는 지금 공격을 가장하고서 네 등을 두드리는데, 내 동작의 정도를 보고 실제 너를 공격할 의도가 있다고 받아들여도 어쩔 수가 없어."라는 메시지를 담는다면, 행하는 자는 강하게 두드릴 것이다. 그러면 맞은 자는 보통 두드리는 동작이 보내오는 신호와 달리 이 동작에서는 반대 메시지를 느낄 게 틀림없다.

보디 터치가 이렇게 복잡한 자극을 주는 것은 앞에서 언급한 티격난 부부의 경우에도 마찬가지다. 부부가 일촉즉발의 상태에 있다면, 뺨을 가볍게 두드리거나 상대의 어깨를 잡는 별스럽지 않은 동작도 "네가 그렇게 악랄하게 군다면 나도 이렇게 해주마." 하는, 편치 못한 메시지를 전할 게 분명하다. 물론 부부 사이가 그렇게까지 악화되지 않았다면, 그 정도 동작은 상대를 조금 머쓱하게 만드는 데 그치겠지만 말이다.

'장난 싸움'이 얼마나 미묘하게 균형이 깨지기 쉬운가는 길거리에서 레슬링을 하는 두 사내아이를 보면 알 수 있다. 느릿느릿한 동작으로 맞붙기 시작한 두 아이는 잠시 동안은 장난 범주에서 벗어나지 않도록 공격을 가한다. 새우꺾기도 다리차기도 적당히 힘— 진짜 레슬링에서 볼 수 있는 정도로—이 들어가 있다. 이윽고 서로 주고받는 장난이 점점 진지해지면 뜻하지 않은 실수로 한쪽이 가볍게 부상을 당하고, 그래서 장난은 더 이상 장난이 아니게 된다. 상처를 입은 아이가 힘껏 발길질을 한다. 이렇게 진행되다 보면 진짜 싸움이 되는 것은 불을 보듯 뻔하다.

그렇다면 장난은 어느 시점에서 진짜 싸움이 될까? 그들의 동작이 발하는 신호의 변화는 쉽고 분명하다. 왜냐하면 장난할 생각으로 맞붙는 것에도 그 나름대로 진지함이 깃들어 있기 때문이다. 그렇지만 아이들 표정이 마음의 변화를 가장 잘 전해주는 것은 사실이다. 처음에는 짐짓 태연한 척하던 얼굴이 어느 때부턴가 긴장되고 신중한 기색을 띠고, 때로는 그 때문에 얼굴이 빨개지거나 새파래지거나 한다.

프로 레슬링 선수가 링에 오를 때에도 연기가 어느 시점에서 변하는 장면을 볼 수 있다. 악역은 일부러 영웅에게 반칙과 더러운 짓을 한다. 이윽고 화가 머리끝까지 치민 영웅은 우선 주심에게 항의하고, 다음에는 관객의 동정을 구한다. 밥상이 다 차려지면 영웅 씨는 적에게 날아가, 지금까지 규칙을 지키던 방식을 팽개치고 온갖 반칙과 기묘한 수를 써서 미친 듯이 폭력을 휘두르기 시작한다. 물론 관객은 "잘한다, 더해라." 하는 소리로 호응한다.

그러나, 프로 레슬러들의 진짜 싸움도 실은 본 줄거리에 들어 있다. 나를 잊고 시합에 몰입하는 관객들도 그것을 익히 알고 있을 터이다. 따라서, 시합 도중에 한쪽 레슬러가 진짜 부상을 당하면 즉시 시합이 중단된다. 비록 시합이 재개되더라도 '엉망진창의 복수전'은 등장하지 않고, 링 위에서는 묘하게 힘을 빼고 기술만으로 겨루는, 뒷맛이 석연치 않은 싸움이 계속될 따름이다.

댄스와 보디 터치

그러면 피비린내 나는 화제는 이 정도로 하고, 댄스홀로 눈을 옮겨 더 안전하고 우아한 친밀성을 더듬어보자. 비즈니스상 타인에게 보디 터치하는 것을 공인받은 직업 중 하나로 프로 댄서를 들 수 있다. 물론 그것은 누구나 할 수 있는 일은 아니다. 하지만 보디 터치를 할 기회를 가장 쉽게 얻는 직업이라고 한다면, 단연 댄스 교사를 꼽을 수 있다. 지방도시에는 '한 번에 얼마'라는 가격으로 파트너를 해주는 남성 댄서들이 우글거리는 댄스홀도 적지 않다.

그러나 사교댄스 분야에 한하면, 오늘날엔 아마추어가 대활약하고 있어 프로 댄서가 끼어들 여지가 거의 없는 듯하다. 파티장, 디스코텍, 댄스홀, 나이트클럽 등에서 모르는 남녀가 육체의 표면과 표면을 찰싹 붙이고서 어두운 홀 속을 꿈틀거리는 광경을 도처에서 볼 수 있다. 이미 친구 사이가 된 커플은 이 기회에 단숨에 보디 터치의 친밀단계로 상승할 수가 있다.

사실 사교댄스가 갖는 사회적 의의는 바로 그 점에 있다. 다른 경우에는 허용되지 않는 당돌하고 극적인 보디 터치가 사회의 질서에 위배되지 않는 행동으로 인정되기 때문이다. 만일 댄스홀 바깥에서 몸과 몸을 찰싹 붙이고서 껴안고 있는 남녀—그것도 남남이, 또는 얼굴도 모르는 사람들이—가 있다면 요란한 스캔들을 일으킬 게 뻔하다. 그런 의미에서 댄스는, 인간이 포옹 행위에 대해 쓸데없는 가치 부여를 하지 않고 또 흉잡힐 염려도 없이 일정한 선까지 포옹의 쾌감에 잠길 수 있는 문호를 마련해준다. 더구나 공공장소에서 일정한 포옹 행위가 허용되는 이상, 인간관계에 강한 마법 효과를 가져다줄 게 뻔하다. 굳이 마법이 작용하지 않더라도 보디 터치를 불명예로 느끼지 않아도 되는 것이 댄스장의 공덕이다.

다른 보디 터치에 의한 친밀성과 마찬가지로, 댄스도 인간이 동물이던 원초적 시대로까지 거슬러올라가는 내력이 있다. 행동형태와 관련해서 보면, 댄스의 원형은 의미동작의 반복에 있다. 새들이 하는, 댄스와 비슷한 행동 표현을 관찰하면 거기에는 어떤 리드미컬한 운동 패턴이 있음을 알 것이다. 어떤 새는 한 방향으로 걷다가 멈추어 서고, 이어서 반대 방향으로 걷다가 또 멈추어 서는 행동을 반복한다. 전후좌우로 걷고, 몸을 앞뒤로 틀고, 머리를 위아래로 움직이는 등, 새는 동료 앞에서 활발하게 움직인다. 이것은 그 새의 내부에서 갈등이 일고 있는 상태다. 어떤 요소가 새를 한 행동으로 내몰고, 또 다른 요소가 다른 행동으로 내모는 식이다. 그러다가 진화 과정에서, 이 의미동작의 리듬이 고정화되어 마침내 의례적으로 그 리듬을 표현하게 된 것이다. 더욱이 의식의 스타일은 종류에 따라 그 차이가 현저하다. 어느 스타일이나 그에 맞는 섹스의 예비행동으로서 특징을 갖기에 이른다.

인간의 댄스도 비슷한 기원을 갖고 있으나, 인간의 경우는 어느 동작이든 고정된 스타일로 진화한 것은 없다. 그것은 문화에 따라 서서히 발전했고, 거기서 다양한 변형이 생겨났다. 댄스 동작은 대부분 어딘가로 걸어가는 행동과 다를 바 없다. 똑바로 발을 옮기는 대신에 스텝을 밟아 어떤 형식을 좇아서 걸어가는 것에 불과하다.

몇 세기 전까지 인간의 댄스는 소규모 퍼레이드와 같은 것이었다. 팔을 보기 좋고 우아하게 낀 커플들이 걷다가는 멈추고 걷다가는 멈추는 동작을 반복하면서 음악에 맞추어 광장을 빙글빙글 돈다. 그 형식은 여행에 나서는 이미지를 기본으로 했다. 그 밖에 파트너를 향해 인사하는 모습도 자주 행해졌다. 두 무용수가 마치 초면인 것처럼 머리를 숙여 인사를 나누는 식으로.

포크댄스나 실내 댄스도 무용수들이 다른 무용수들과 커플들 사이를 누비듯이, 혹은 들어가듯이 춤추는 양식도 있다. 당연히 거기서 보디 터치의 기회가 생겨나지만, 그 접촉도는 극히 제한되었기 때문에 성적으로 문제가 되지 않는다. 기껏해야 사회적인 관계를 깊이 하는 정도다. 춤을 출 때 스텝을 리드하는 것은 남성의 역할이라는 인식이 지배적이었기 때문에, 남성이 어떤 목적으로 어떻게 상대 여자를 리드하려고 하는가, 하는 우문을 던질 여지는 아직까지 없었다.

그런데 19세기 초에 댄스 유형에 중대한 변혁이 일어난다. 이상한 댄스 열풍이 전 유럽을 휘감았다. 왈츠가 등장한 것이다. 여기서, 인류사상 최초로 남녀가 댄스에 흥겨워 포옹의 형태를 취하게 된다. 갑작스럽게 출현한 공공 장소에서의 노골적인 친밀성은 화려한 스캔들을 일으켰고, 사람들의 흥미를 끌었다.

어쨌건 이러한 변혁이 실현되기 위해서는 대의명분이 필요하다. 이 점에 대해 우리는 이미 그 한 예를 검토한 적이 있다. 첫 장에서, 인간이 타인과 손과 손을 터치할 때 '돕는 것처럼 보이는 친밀성'이라는 트릭(구실)을 채용한다는 것을 지적한 바 있다. 사람에게 내미는 손은 쓰러지려는 타인의 몸을 받쳐준다든가, 타인의 몸이 비틀거리는 것을 막아준다든가, 혹은 위태롭게 걷고 있는 타인의 손을 잡아 안내한다는 등의 구체적인 목적을 가지고 있다. 이런 식으로, 인간들의 전신적인 보디 터치에 이르는, 넓은 영역을 향한 출입문이 열렸던 것이다.

왈츠도 마찬가지다. 왈츠는 초기에는 지금으로선 믿어지지 않을 만큼 거친 템포가 요구되었다. 그래서 춤추는 파트너들은 회전력 때문에 넘어지지 않도록 상대의 몸을 서로 힘껏 끌어당기지 않으면 안 되었다. 바로 이것이 '서로의 몸을 받쳐주기 위해 필요한 행위'의 논리적인 트릭이었다. 그후, 일단 왈츠가 댄스홀로 들어가는 입장권을 획득하게 되자 스텝의 템포는 느려지고, 단지 몸을 받쳐주는 데 한하던 행위가 전신을 껴안는 지금과 같은 우아한 친밀성으로 바뀌었다.

하지만, 그러한 공공연한 즐거움과 거리가 먼 앞선 세대 사람들은 이것을 보고 울화통을 터뜨렸다. 현대인의 눈으로 보면 한참 시대에 뒤떨어진 왈츠도 막 등장했을 때에는 타락한, 유서 깊은 18, 19세기의 전통 정신에 위배되는 가장 저열한 댄스로 낙인이 찍혔다. 빅토리아 시대 초기의 여류평론가는 그 저서 「숙녀 에티켓 사전」에서 거의 10쪽을 할애하여, 사회에서 급속히 유행하기 시작한, 침을 뱉어야 마땅할 남녀의 공적인 친밀성을 온갖 말로 매도하고 있다. 말인즉슨, "어머니의 의견은 어디에? 사랑하는 딸이 왈츠광 남자들의 팔에 안겨 난잡한 행위를 하는 것을 어찌 못 본단 말인가? 연인의 감정은 어디에? 사랑하는 여성이 다른 남자와 찰싹 달라붙어 춤추는 장면을 보면서, 몸과 마음을 그녀에게 바친 연인의 혼이 어찌 견딘단 말인가? 남편의 마음은 어디에? 발정난 불량청년들이 몸을 돌릴 때마다 그 아내를 가슴에 휙 끌어당기는 무례를 보고도 어찌 태연히 받아들인단 말인가?"

이와 똑같은 중상과 비방은 끊임없이 계속되었다. 지금으로부터 100년쯤 전에 미국 필라델피아에 살던 어떤 댄스 교사가 왈츠가 도덕에 반한다고 재단했다는 이야기도 남아 있다. 부인이 처음 본 남자에게 안기는 동작이 비도덕적이라는 것이 그 이유였다. 그러나 이러한 공격은 차츰 그림자를 감추고, 예전에 타락한 춤으로 낙인이 찍힌 왈츠가 웬 영문인지 신성한 춤으로 간주되기 시작했다. 사람들은 그 즐거움에 눈을 떴고, 급기야는 남녀 파트너끼리 가슴과 허리를 맞대는 춤까지 등장했다. 그후 자극적이고 새로운 댄스가 등장할 때마다 또다시 중상과 분개의 목소리가 올라갔던 것은 왈츠 때와 전혀 달라진 바가 없었다.

예컨대, 1912년에 남미에서 탱고가 수입되었을 때에도 격렬한 비판의 목소리가 끊이지 않았다. 히프를 서로 맞대고 좌우로 이동하는 탱고 동작은 가마우지의 눈과 매의 눈을 가진 양식파에게는 '어떤 행위를 암시하는' 것처럼 보였기 때문에, 타락한 춤이라는 딱지가 붙게 되었다.

탱고 소동이 가라앉자, 이번에는 재즈 시대가 도래했다. 1920년대 혈기왕성하던 댄스 교사들은 즉시 긴급소집을 열고 자신들의 '훌륭한 업무'를 위태롭게 하는 강적 출현에 대해 협의한 결과, 이 열광적인 리듬의 춤에 대해 조합으로서 항의를 표명했다. 이유인즉슨, 재즈댄스는 흑인 사창가에서 발생한 더러운 춤이라는 것이었다.

이런 종류의 '재즈 고발'을 특히나 살벌한 어투로써 보도한 신문기사를 인용해보자. "이 침을 뱉어야 할 리듬과 부패한 비트를 가진 댄스 및 음악은 미국 내 공산주의자 음모단이 중앙 아프리카에서 가져온 것이다. 그 목적은 세계 기독교 문명에 스트라이크를 일으키고 그것을 타락시키는 것이다."

똑같은 논리는 오늘날에도 도처에서 전개되고 있다. 학생혁명운동이나 히피운동, 마약 유행 등 모든 것들이 빨갱이의 음모라고 하는 논리가 그것이다. 그리고, 재즈가 탄생한 이후 수십 년 동안 재즈의 부산물이라고나 할 '난잡한 댄스'가 몇 가지 등장했다. 어떤 스텝에서는 새로운 스타일의 보디 터치가 들어갔기 때문에, 그때마다 사람들은 경멸의 눈초리를 보냈다. 40년대 지르박, 50년대 로큰롤 등등…… 그러나 그후 기묘한 현상이 나타났다. 댄스 파트너들이 서로 떨어져 춤추기 시작한 것이다. 하지만 이러한 현상을 설명하기에는 아직은 너무 이르다는 생각이 든다.

어쨌든 60년대에 접어들면서 포옹을 하던 댄스 스타일은 쇠퇴 일로를 걷게 된다. 지금은, 옛날처럼 껴안은 채로 몸을 돌려가며 춤을 추는 사람들은 나이가 지긋한 사람들뿐이다. 젊은 사람들은 모두가 떨어져서 마주 보고, 그것도 플로어를 이리저리 돌지 않고 제자리에 서서 몸을 흔드는 스타일을 즐기고 있다. 이 스타일은 트위스트에서 시작하여 히치하이커, 스네이크, 몽키 댄스, 프랙 등으로 이어지는 다양한 춤들을 유행시켜왔다. 그리고 특수한 댄스가 속속 등장했기 때문에, 60년대 말이 되자 더 이상 무슨무슨 댄스라고 이름 붙이기 어려울 만큼 혼란스러워졌다. 말하자면, 팝 리듬에 맞추어 몸을 흔드는 '마구잡이 댄스'라고나 해야 할 춤이 등장한 것이다. 그러나 엉망진창으로 보이는 이 춤에도 반드시 한 가지 공통되는 점이 있었다. 즉, 보디 터치가 전혀 없다는 것이다.

이건 상상의 영역을 벗어나지 않는 해석이긴 하지만, 이러한 보디 터치의 갑작스러운 쇠퇴현상은 성적 허용도가 높아진 것과 무관하지 않을 것이다. 빅토리아 시대의 청년들은 이성끼리 몸을 접촉하는 친밀성을 엄격히 금지당했기 때문에, 껴안고서 춤추는 왈츠는 뜻밖의 접촉 기회를 제공했다. 그러나 성이 해방된 오늘날, 단지 껴안고 춤추는 '공인된 동작'은 젊은이들에게 그리 의미를 갖지 못한다. "당장 그 일을 할 수 있는데 사람들 앞에서 껴안고 춤추다니, 바보 같은 일이죠." 아마 젊은이들은 이렇게 말하지 않을까 싶다.

그러면 이쯤에서 이 장의 검토를 마치기로 하자. 성인이라면 누구나 나름대로의 방법으로 타인과 보디 터치를 하고 거기서 오는 친밀성에서 쾌감을 찾으려고 한다. 이 점에서 보면 앞에서 검토한 의사에서부터 댄스를 즐기는 사람들까지, 각 인간은 보디 터치의 표면적 이유 외에 또 다른 이유 하나를 숨기고 있다. 즉, 사람들은 접촉이 주는 어떤 효과를 기대하고 있는 것이다. 그리고, 어느 경우에나 누구에게나 타인에게 터치하고 터치당하는 대의명분이 있기 마련이다. 말하자면 '보디 터치의 허가증'이 주어진 셈이다. 그리고 사람들은 빈번히, 이러한 친밀성이 일반 사회활동보다 훨씬 중요하다,는 인상을 강하게 풍긴다.

현대생활이 초래하는 억압과 스트레스가 더 배가되는 날이 오면, 더 이상 대의명분도 필요 없는 보디 터처라는 전문 직업인이 출현할 것이다. 보디 터처는 마치 보석을 파는 식으로 '포옹'을 세일즈할 것이다. 그렇게 되면 터처의 돈벌이는 사람들의 어떤 큰 생활적 좌절 덕분에 보상받는 셈이 된다. 터처의 보살핌을 받는다는 것은, 가족 중 누군가가 친밀성에 대해 강한 욕구불만을 품고 있기 때문이다.

사태가 어떻게 되든, 인간은 '보디 터치가 주는 친밀성' 부족을 메울 수 있는 믿을 만한 방법을 가지고 있다. 글로 표현하면, 그것은 언어 접촉을 통한 친밀성이다. 포옹이 이루어지지 않을 때 인간은 말로 위로하면 된다. 기운이 없는 사람에게 빙긋 웃으며 "날씨가 좋군요." 하고 말하는 것이다. 감정적인 교류라는 면에서 보면 말은 확실히 무력하지만, 절대적인 고독을 두고보면 아무 말 없는 것보다는 낫다.

그러나 직접적인 접촉이 필요하다면, 달리 이용할 수 있는 방법이 없는 것은 아니다. 정말로 접촉하고 싶은 인간 육체의 대역으로서, 애완동물을 키우거나 동물 이외의 물체를 애호할 수 있을 것이다. 그래도 괴로움이 해결되지 않는다면 자기 자신의 육체를 터치해도 좋을 것이다. 그래서 다음 장부터는 인간끼리 나누는 친밀성 대신에 동물, 물체, 그리고 자기 자신의 육체를 터치 대상으로 고른 경우를 생각해보기로 한다.

친밀성의 대체물

애완동물을 위한 변명

스트레스로 가득 차고 모르는 사람들로 둘러싸인 사회에서 살고 있는 인간은 위안을 찾아 사랑하는 사람들에게 다가간다. 그런데 상대는 무관심하거나 바쁜 생활 때문에 이 욕구에 응하지 못하는 경우가 많다. 그래서 현대인은 보디 터치에서 마음의 안정을 얻지 못한 채 기아감을 느끼게 된다. 소수 편협한 인간의 도덕관에 휘둘려 접촉을 통한 친밀성을 제약받고, 또한 교육으로 인해 스스로 보디 터치의 쾌감에 몸 담그는 것을 죄스럽고 더러운 행위로 치부해버리기도 한다. 그리하여 우리 현대인은 가장 사랑하는 사람들과 함께 살면서도 접촉에 굶주리고, 따스한 체온을 갈구한다. 그러나 인간에게는 하늘로부터 부여받은 지혜라는 것이 있다. 어떤 이유 때문에 꼭 필요한 것을 얻을 수 없을 때, 인간은 다양한 물질 속에서 적당한 대체물을 찾아내는 지혜를 발휘한다.

예를 들어 가정 안에서 사랑을 찾지 못할 때, 인간은 곧 가정 밖에서 그것을 찾기 시작한다. 남편의 보살핌을 받지 못하는 아내는 정인을 만들고, 아내와 잘 지내지 못하는 남편은 애인을 둔다. 그렇게 해서 다시 보디 터치에 의한 친밀성이 꽃을 피운다. 그러나 유감스럽게도 이 안성맞춤의 대체관계도 가정생활 유지에는 도움되지 않는다. 내연관계는 가정의 평화와 융화하지 못할 뿐 아니라, 오히려 가정을 엉망진창으로 만들고 사회를 어지럽힌다.

그러나, 더 온건하게 이용할 수 있는 대체물이 있다. 앞 장에서 검토한 관계, 타인에게 보디 터치하는 '허가증'을 공적으로 부여받은 '프로페셔널 터처'와 접촉하는 것이 그것이다. 이런 접촉이라면 가족을 구성하는 어떤 성원들과의 관계에도 찬물을 끼얹을 염려는 없다. 마사지사가 아무리 격렬하게 손님 몸을 주무른다 해도 그것이 어디까지나 엄격한 프로 근성에서 나오는 행위라면 만에 하나라도 이혼의 사유로 이어지지는 않을 것이다.

그러나, 전문 터처가 터치를 위한 아무리 그럴듯한 대사회적 대의명분을 가지고 있다 하더라도, 그들 역시 생리적인 의미에서 훌륭한 성인임에는 틀림없다. 즉, 전문 터처와의 접촉에 잠재하는, 섹스로 이어질 가능성이 항상 사람들에게 어떤 공포를 느끼게 하는 것이다. 이 공포가 비극으로 현실화했다는 이야기는 별로 들은 적이 없지만, 이따금 농담을 섞어 염려하는 사람들이 있는 것은 사실이다.

그 대신, 사회가 전문가와의 친밀성을 형성하는 상황과 근본적인 조건을 한 발짝 한 발짝 좁혀가고 있다. 무엇보다 친밀성의 존재 자체가 그다지 공인되어 있지 않다. 왜 춤추냐고 물으면 사람들은 보디 터치를 위해서가 아니라 기분 전환이 목적이라고 말할 것이다. 의사에게 찾아가는 사람은 바이러스 퇴치를 위해서라고 말하지, 설사 잘못 나온 말이라도 타인이 만져주길 바라서라고 하지는 않는다. 미용원에 가는 것은 머리 모양이 목적이고, 머리를 어루만지게 하는 것은 부록 같은 것이라고 말한다. 물론 이러한 대사회용 터치 이유는 대단히 중요하고 무척 유효하다. 직업적인 보디 터처의 서비스를 받는 마음 밑바닥에는 동시에 인간끼리의 접촉을 찾는 욕망이 작용하고 있다. 바로 이 사실을 잘 덮어가리기 위해서라도 대사회용 이유는 중요하고 유효하다. 따라서 그 이유에 의미가 없어지면 인간의 충족되지 않은 욕구만이 드러나게 된다. 그래서 실은 별로 말하고 싶지 않은, 인간성에 대한 근본적인 의문에 뭔가 답을 해주지 않으면 안 될 것 같은 압박감에 사로잡힌다.

그렇다고 직업적인 서비스에 포함된 '보디 터치의 흉내'에 대하여 현대인의 반응이 완전히 맹목적인 것은 아니다. 무의식적으로나마 우리는 우리 육체를 만지려고 하는 전문 터처의 손을 가만히 거부하지 않는가? 타인과 함부로 섹스 관계를 갖는 것을 금하는 사회적인 통념과 관습에 따라 우리는 타인의 손이 개입하는 것을 거부한다. 거부하는 이유를 깊이 따지려고도 하지 않고 말이다. 에티켓의 추상적인 관습에 따라 저것은 품질이 좋지 않아, 하는 식으로 아주 간단하게 결정해버린다. 일일이 세세하게 심리를 분석하는 것은 저열한 짓이므로, 인간 감정의 해부란 에티켓의 위반이라고 말한다.

그렇다면 우리는 대체 어디로 가야 하는가? 새끼고양이처럼 촉감이 뛰어나 팔에 꽉 부등켜안고 싶은 해답이 바로 여기에 있다. 사실 인간은 다른 동물들에게 눈길을 돌린다. 그렇게 가까운 인간관계에서도 충족되지 않거나 타인에게 친밀성을 요구하는 것이 위험하다고 판단될 때, 우리는 근처 '애완동물 가게'로 발길을 옮겨 적당한 돈을 지불하고 귀여운 동물을 산다. 곧 그 동물과의 친밀성을 사는 것이다. 그것은 다음과 같은 이유 때문이다.

무엇보다 애완동물은 무심해서 좋다. 동물은 성가신 질문을 하지도 않고, 뭐니 뭐니 해도 그놈들은 의심할 줄을 모른다. 애완동물은 우리 손을 핥고, 발에 부드럽게 몸을 기대고, 다리 위에서 몸을 둥글게 하여 잠들고, 뺨에 코를 비벼댄다. 우리는 애완동물을 가슴에 껴안고, 등을 어루만지고, 애무하고, 가볍게 지분거리고, 자식인 양 안고 다니고, 귀를 간질이고, 키스한다.

애완동물 따위는 '하잘것없다'고 하는 자가 있다면, 애완동물의 수술을 위해 소비된 다음 금액을 생각해보기 바란다. 미국에서는 50억 달러 이상이 매년 애완동물용으로 쓰인다. 영국에서는 매년 1억 파운드, 서독은 6억 마르크, 프랑스에서는 몇 년 전까지 1억 2,500만 프랑이었으나 현재는 이 숫자가 이미 배로 늘어났을 것이다. 이러한 숫자를 얼른 보아도 이것이 하잘것없다고 치부할 성질의 것이 아님을 이해할 것이다.

그 중에서도 가장 수요가 높은 동물은 고양이와 개다. 미국만 해도 9,000만 마리의 개와 고양이가 있다고 하니, 한 시간마다 1만 마리의 새끼고양이와 강아지가 태어나는 셈이다. 프랑스에는 1,600만 마리 이상의 개가 있고, 서독에는 900만 마리, 영국에는 500만 마리나 있다. 고양이에 관한 상세한 데이터는 없지만 개와 같은 정도, 또는 그것을 상회하리라고 생각한다.

그래서 대강 어림잡으면, 이 네 나라만 해도 약 1억 5,000만 마리 이상의 개와 고양이가 있다는 계산이 나온다. 또 얼추 예상을 하건대, 1억 5,000만 마리 이상의 동물을 기르는 주인이 하루에 평균 3회씩 쓰다듬거나 어루만지거나 가볍게 지분거리는 행위를 하면 한 사람이 하루에 3회, 1년에는 약 1,000번이 되므로 총계를 내면 전체 1조 5,000억 회의 동물 애완행위가 이루어지는 셈이다. 더구나, 영국·미국·프랑스·독일 네 나라 사람들이 인간들과 행한 친밀 행위가 아니라, 다른 포유동물과 했던 행위라는 것을 생각하면 거의 경이적이라 하지 않을 수 없다. 그리고 이상과 같은 관점에서 보면, 이 현상이 정말로 하찮은지 아닌지가 분명해질 것이다.

이미 보았듯이, 인간은 포옹할 때 상대의 등을 팔로 껴안으며, 연인들이 사랑을 할 때에는 상대의 머리카락과 피부를 애무한다. 아이들과 접하는 부모도 마찬가지다. 그러나 인간은 그 정도의 보디 터치로는 만족하지 못한다. 애완동물에게 매년 몇 천억 회라는 애무가 가해지고 있다는 사실이 그것을 증명하지 않는가? 인간들끼리의 접촉을 규제하는 윤리관이 인간으로 하여금 애완동물을 친밀성 표출 대상으로 삼게 하고, 그래서 인간은 동물이라는 대역을 통해 애정에 대한 갈증을 해소하고 있다.

그런데 이 동물 애완 붐에 가해지는 격렬한 비판의 목소리가 두세 가지 있다. 어떤 학자는 현대문명에 거세당한 현대인은 타인과 친하게 커뮤니케이

선할 능력을 잃어버렸고, 그 결과 페티시즘[petishism, 과도한 동물 애완 붐을 fetishism(물신 숭배)에 빗대어 만든 조어]이 만연하는 상황이 생겨났다고 주장했다. 그는 특히 이렇게 막대한 금액이 아이들의 비참한 환경을 개선하는 데 쓰이지 않고 동물의 사치에 쓰인다는 점을 강도 높게 비난했다. 그는 또 동물 애완의 입장을 옹호하는 의견을 모두 비논리적이고 위선에 차 있다고 일축한다. 예를 들어, 애완동물을 기르면 동물의 생태를 잘 알 수 있다고 주장하는 설은 동물과 그 애완자(愛玩者)라는 관계에서 판단하건대 결국 싸구려 '신인동형동성론(神人同形同性論)'의 아류에 불과하다. 즉, 애완자가 기르는 동물은 사이비 인간, 이미 동물이라고 할 수 없는 모피를 뒤집어쓴 인간이다. 따라서 이 설은 넌센스다. 그는 이렇게 주장한다.

또 하나, 동물은 사악하지 않고 무력해서 인간이 따스하게 돌볼 필요가 있다고 주장하는 설은, 구제하기 어려운 일방적인 생각이라는 지적도 있다. 왜냐하면 지구의 한쪽에서는 매일 맹렬한 폭격에 쓰러지는 인간 아이들이 있고, 네이팜에 불타는 농민이 있지 않는가? 인간의 지혜가 최고로 발휘되어야 할 이 시대에 베트남에서는 수백만 유아가 살해당하고 피를 흘린다. 그런데 세계의 다른 한편에서는 애완용 개나 고양이가 전문의의 치료를 받으며 하루 종일 빈틈없는 보살핌을 받는다. 대체 이런 모순을 왜 인정해야 하는가? 20세기라는 시대의 한쪽에서는 무장한 성인 남자들이 전쟁이란 이름 아래 수억이나 되는 인류 동포를 참살하는 반면, 다른 쪽에서는 수십억 거금을 들여 애완동물에게 영양이 듬뿍 담긴 특별식을 주는 사치의 극치를 보이고 있다. 어찌 이것을 정상이라 하겠는가? 한마디로 말해, 인간이 인간의 생명을 소홀히 여기고 다른 생물을 보살피는 데 열중이므로, 이미 이 시대는 절망의 세기라 하지 않을 수 없다고 강력히 반박한다.

이러한 강도 높은 비난의 목소리를 결코 무시해서는 안 된다. 그러나 거기에는 거의 치명적이랄 수 있는 오류가 숨어 있다. 동물을 사랑하면서 인간 아이를 못 본 체한다면 그것은 의심할 여지 없이 축생도(畜生道)에나 떨어질 행위일 것이다. 그렇다고 해서 곧바로 동물 기르는 것을 금하자는 논의로 연결시키는 것 또한 착오라고 하지 않을 수 없다.

아무리 극단적인 예를 든다 해도 정말로 애완동물이 아이들에게 가해질 애무의 기회를 빼앗았는지 아닌지는 단언할 수 없다. 어떤 부모가 신경증적인 이유로 말미암아 자기 아이들을 조금도 사랑하지 않는다고 하자. 그 경우, 그 부모가 동물을 귀여워하지 않는다고 해서 사태가 호전되리라 볼 수도 없다. 아무튼 애완동물은 인간의 친밀성 부족을 메워주는 재료가 되든가, 어떤 이유로 인해 완전히 결여된 친밀성의 대체물로서 이용되기도 한다. 따라서, 동물을 사랑하는 것이 인간에 대한 애정 표현을 적게 한다는 앞의 주장은 완전히 정당성을 잃는다.

그러면 여기서 어떤 상황을 상상해보기로 하자. 내일 갑자기 이상한 동물병이 유행하여 모든 애완동물이 지상에서 자취를 감추고, 그 결과 수억 주인들이 애정을 쏟아온 친밀한 대상을 잃어버렸다고 하자. 이런 경우 주인들은 그 애정을 어디에다 쏟아야 할까? 마법사처럼 교묘하게 즉각 사랑을 쏟을 대상을 다른 인간에게 옮길 수 있을까? 유감스럽지만 대답은 '아니다.'이다. 수억을 헤아리는 동물 애호가들은 여러 가지 사정상 인간과 친밀한 관계를 맺지 못하고 쓸쓸하게 지낸다. 그러한 사람이 애정을 기울여 보디 터치를 하던 대상을 빼앗겨버렸다면 결과는 어떻게 될까? 쉽게 상상할 수 있을 것이다. 애완 고양이와 둘이서 적적하게 살던 노파가 자신의 고양이가 죽었다고 해서 우편배달부를 사랑스러워하겠는가! 애완견의 등을 쓰다듬는 것이 일과였던 남자가 개를 잃어버린 몫만큼 여드름투성이 아들을 쓰다듬어주겠는가!

어떤 종류의 이상사회에서는 확실히 인간은 친밀성에 대한 대체물이라든가 부가물을 가질 필요가 없을 것이다. 그렇다고 현실 사회에서 이것을 전면적으로 금지한다면 병의 표면적인 증상만 없앨 뿐, 그 진짜 원인은 방치하는 어리석음을 범하게 될 것이다. 게다가 비록 인간들이 충분히 서로 사랑하는 마음으로 보디 터치를 하는 사회라도 인간은 동물들에게 친애의 정을 아낌없이 쏟을 것이다. 인간에게 동물과의 우정이 필요하기 때문이 아니라, 단지 동물을 좋아하는 것만으로도 전혀 다른 즐거움이 따르기 때문이다.

그러면 여기서 동물 옹호를 위한 마지막 변론을 제출해보자. 인간이 동물에게 애정을 기울인다면, 그것은 인간 본성에 깊은 애정을 내포한 증거가 아닌가 하는 생각이다. 그러나 이것에 대해서는 당연히 다음과 같은 반론이 제기될 것이다. "강제수용소의 악마 같은 소장일지라도 자신이 기르는 개는 사랑스러워한다!"

간단하게 말해서 잔혹 무비의 심성을 가진 사람이라도 동물을 사랑스러워하는 따스한 면은 가지고 있다. 그러나 동일한 인격 속에 잔인성과 깊은 애정이 병렬적으로 존재한다는 사실을 깨닫는다면, 보통 인간은 더 깊은 상처를 입고 그 숨겨진 잔인성에 몸을 떨 것이다. 그렇다고 잔인한 인간성 밑바닥에 잠든 따뜻한 감정을 외면해서는 안 된다. 이 잔인성과 애정이 동일 인격에 공존한다는 사실을 통해 우리는 항상 인간 본성을 재확인할 수 있다. 인간이라는 동물은 역설적으로 '문명적 흉포성'이랄 수 있는 왜곡된 심성과 함께, 그 본성에는 항상 애정 깊은 '친밀한 심성'을 잠재적으로 갖추고 있다.

자신의 애완동물을 부드럽고 친밀하게 보디 터치하는 광경이 인간에게 본래 갖추어진 애정의 깊이를 재확인시켜준다면, 이것은 거듭 반추할 만한 가치를 지닌 교훈이 아닌가 싶다. 하루가 다르게 냉혹하고 비인간적인 심성을 키워가고 있는 오늘날 세계에서는 그 가치는 더욱 위대하다. 여러 가지 정치·경제상의 억압으로 인해 잔인한 인간이 늘어가는 시대이기 때문에, 인간 본질은 그렇지 않다는 사실을 증명하는 자료가 필요하다. 동물을 좋아하는 심성이 조금이나마 그 증명에 도움될 가능성을 생각하면, 양식 있는 평론가들은 동물 애완 붐에 대한 비난을 한번 더 숙고하고 재고해야 할 것이다. 비록 그들의 지론에서 볼 때 이 동물 애완이 도가 지나치다고 하더라도, 억지로라도 그렇게 해야 할 것이다.

그렇다면 인간이 동물에게 보내는 친밀성의 본질은 무엇일까? 예컨대 우리는 개의 등을 가볍게 두드리고 고양이의 몸을 어루만지지만, 그 반대 행위, 즉 고양이를 두드리고 개를 어루만지는 행위는 별로 하지 않는다. 이것은 왜일까? 어떤 종류의 동물에게는 어떤 행위가 어울리고, 다른 동물에게는 다른 행위를 하는, 이 친밀성의 패턴화는 대체 어디서 유래하는 것일까? 이 의문을 풀기 위해서는 해당 동물의 해부학적 구조에 주목하지 않으면 안 된다. 애완용 동물은 '사이좋은 인간'의 대역을 하고 있으므로, 동물의 몸은 인간 육체의 대체물이 되고 있다. 그러나 해부학적 구조에서 본 동물의 구조는 놀랄 만큼 다양하다. 개로 하여금 거칠거칠한 발로 인간의 피부를 만지게 하지는 않으며, 거꾸로 고양이의 가는 목덜미에 인간이 팔을 두르는 것도 이상하다. 아무리 덩치가 큰 고양이라도 인간의 몸에 비할 수 없으며, 게다가 고양이의 몸은 녹신녹신하고 부드럽고 매우 탄력적이다. 인간은 각 동물의 구조적 특질에 맞추어 특정한 행위를 패턴화하는 것이다.

먼저 개의 경우를 보자. 개도 '사랑스러운 동료'이기 때문에 우리로서는 가슴에 껴안아 보고픈 마음은 있다. 그러나 두툼한 발이 방해가 되므로, '포옹하고 있는 상대의 몸을 가볍게 두드리는' 일련의 행위 중에서 개에게는 가볍게 두드리는 행위를 하는 것만으로 참아야 한다. 그래서 이 동물에게 내민 인간의 손은 등과 머리와 몸을 가볍게 두드리는 데 그친다. 일반적으로 큰 개의 등은 평평하고 실팍하므로 인체의 등과 비슷한 대체물이 된다. 따라서 인간은 '대역의 등'을 두드리고 있는 것이다.

한편 고양이의 경우는 사정이 크게 다르다. 촉감으로 느끼는 고양이의 몸은 더 연약하고 부드러워서 툭툭 두드리기에는 적당치 않다. 그 대신에 매끈매끈한 고급 천 같은 털의 촉감은 인체의 머리카락을 연상시킨다. 인간은 사랑하는 사람의 머리카락을 만지면서 좋은 기분에 잠기는데, 고양이를 어루만질 때에도 그렇다. 개가 '등의 대역'을 한다면 고양이는 '머리카락'의 대역을 하는 셈이다. 사실 우리는 고양이의 몸을 인간의 텁수룩한 머리카락처럼 사랑스러워한다.

비교론을 더 진행시키면, 인간은 개과 동물에 대해서는 두드리는 듯한 행위를 가하고 고양이과 동물은 어루만지는 듯한 행위로 다룬다는, 절반은 자동적인 행위가 패턴화될 법도 한데, 그러나 결론은 그리 간단하지 않다. 집에서 기르는 보통 개와 고양이에 한한다면, 확실히 몸에서 비롯되는 차이가 인정될 것이다.

그러나 길들여진 치타, 사자, 호랑이 등 야생미 넘치는 보디 터치의 감촉을 실감한 경험자라면 알겠지만, 그것들의 촉감은 사뭇 다르다. 그 야생동물들은 어느 것이나 고양이과에 속하지만, 그 넓고 딱딱한 등은 오히려 개의 촉감이 많이 남아 있고, 특히 그 거칠고 뻣뻣한 털의 성질은 개에 가깝다. 그래서 인간은 이 야생동물은 어루만지기보다는 가볍게 두드리게 된다. 이와 대조적으로 털이 복슬복슬한 작은 애완견을, 우리는 새끼고양이처럼 다루며 어루만지거나 볼을 부빈다.

그러면 비교 대상 동물을 더 큰 것으로 잡아서, 말을 좋아하는 사람은 어떨까? 그들도 또한 애마를 두드리는데, 여기에는 미묘한 뉘앙스의 차이가 있다. 두드리는 동작이 생겨난 원점이라고도 할 수 있는 인간의 등이 수직의 피부면인 데 반해, 말의 등은 수평의 피부면이다. 때문에 인체의 대체물로 간주하고서 두드리더라도 역시 불만이 잔존한다. 하지만 이 난점을 해소해주는 것은 말의 목이다. 똑바로 뻗은 말의 목이 수직의 피부면이어서 그런지 대다수 애마가들은 오로지 이 부분에 터치를 집중한다. 그 점에서는 일반적으로 목 부분이 너무 짧은 개보다는 말이 뛰어나다고 해야 할 것이다. 또 말의 머리는 인간이 자신의 얼굴을 접촉시키기에 알맞은 이상적인 높이에 있다. 개는 사람이 몸을 일부러 낮추거나, 개를 자신의 얼굴까지 들어올려야 한다. 그러나 말은 편한 자세로 터치를 즐길 수 있다. 애마가들이 얼굴을 말의 목덜미에 묻거나 뺨을 말의 콧잔등에 부비거나 하면서, 한 손으로는 탄력 있고 따스한 말의 피부를 어루만지는 흐뭇한 정경을 자주 보았을 것이다.

애완동물은 주인들에게 사이좋은 인간의 대리물 이상의 존재, 특히 사랑스런 아이의 대역 같은 존재이기도 하다. 이 경우에는 대상이 되는 동물의 크기가 중요하다. 그 점에서 고양이는 우선 합격이며, 보통 개는 너무 큰 편이다. 그래서 특별히 선별한 작은 종자의 개는 몸이 지나치게 커지지 않도록 인공으로 '성장 조절'하며, 그렇게 해서 아기 크기만 한 애완견이 된다. 그리고 이제 애완견은 고양이나 그외 토끼나 원숭이 등 작은 동물과 마찬가지로, 가짜 부모의 팔에 알맞게 안기게 된다.

사실, 애완동물의 주인이 그 동물에게 하는 보디 터치의 행위 중에서 특히 많은 것이 이런 모습이다. 동물과 주인의 정경을 찍은 스냅사진을 분석한 결과, 마치 유아를 달래는 듯한 모습으로 애완동물을 안은 사진이 전체의 50퍼센트였다. 다음으로 많은 것이 두드리는 행위로서 11퍼센트, 한쪽 팔로 안아 올린 것이 7퍼센트, 동물의 몸 특히 머리에 뺨을 대고 있는 장면 또한 7퍼센트였다. 그리고 뜻밖에도 애완동물과 입과 입의 직접 키스를 하고 있는 사진이 5퍼센트나 차지했다. 분석 대상이 된 동물은 작게는 사랑새(잉꼬)부터 크게는 고래까지였다.

그런데 고래가 어떻게 인간의 애완동물이 될 수 있는가, 하고 이의를 제기하는 사람도 있을 것이다. 『백경』의 에이헤브 선장이라면 몰라도, 어린 여자아이가 고래와 키스하는 장면은 상상도 가지 않을 것이다. 그러나 최근에는 해양수족관의 인기 스타들이 온통 바뀌어, 고래와 그 친척인 작은 돌고래에게 인기가 집중되고 있다. 둥글둥글한 이마가 자신들을 닮았기 때문에, 구경하는 아이들은 진짜 동류 의식을 느끼는지도 모른다. 사실 돌고래나 고래가 빙긋 하고 웃는 듯한 애교스러운 얼굴이 수면 위로 떠오르면 아이들은 좋아 날뛰며 그들을 간질이고 두드리고 어루만지는 동작을 반복한다.

다음은 작은 새의 경우인데, 여기서는 손으로 길들이는 행위가 주가 된다. 앵무새, 사랑새, 비둘기 등은 주인이 자신의 얼굴 가까이까지 들어올려 뺨에 부비는 경우가 많다. 작은 새의 부드러운 털에서 생기는 푹신한 촉감이 기분 좋아서 그럴 것이다. 또 새 모이를 입에 물고서 새에게 먹이는 섬세한 기예도 발휘한다. 몸체가 작기 때문에 작은 새를 상대로 하여 포옹하거나 두드릴 수는 없다. 그리고 손에 의한 터치도 손가락으로 어루만지거나 미묘한 부분을 간질이거나 하는 정도로 한정되어 있다.

그러면 진화의 정도가 낮은 동물에게로 눈을 돌려보자. 결론부터 말하면 인간의 애완용으로서 이 동물들의 가치는 훨씬 떨어진다. 파충류, 양서류, 그리고 곤충류 동물은 징그러워서 감히 손을 대려 하지 않는 사람들이 많다. 매끈매끈하고 딱딱한 등을 가진 거북의 등만큼은 가끔 터치하고픈 기분을 자아내기도 하지만, 거북과 종이 같은 비늘을 가진 동물과는 누구라도 보디 터치를 피하고 싶을 것이다. 그리고 여기서 빠뜨릴 수 없는 예외가 대형 뱀이다. 이를테면 비단뱀 등도 잘만 훈련시키면 개나 고양이를 상대로 해서는 좀처럼 맛볼 수 없는 쾌감, 바로 전신 포옹이라는 쾌락을 주인에게 안겨다준다. 주인의 전신을 마치 코일을 감듯이 둘둘 감은 뱀은 그 근육을 조였다 풀었다 하는 동작으로, 혹은 수많은 갈비뼈를 파동(波動)시키거나 가느다란 혀로 주인의 몸을 낼름낼름 핥는 동작으로, 거의 황홀에 가까운 관능적인 쾌락을 느끼게 한다. 그러나 사육법의 애로와, 광범하게 유포되어온 에덴 동산 이래의 독사 전설 때문에 큰 뱀은 인간의 애완동물로서 넓은 인기를 얻지 못했다. 큰 뱀이야말로 인간이 무척이나 바라는 '포옹' 능력을 가장 많이 갖추고 있는데도 말이다.

다음은 어류와의 보디 터치를 살펴보기로 하자. 여기서는 관중을 끌어들일 때 사용하는 유머 전법은 별로 눈에 띄지 않는다. 다만 예외적인 현상이라면, 사육 당하는 큰 잉어가 먹이를 향해 수면 밖으로 몸을 내밀고 빠끔거리면 주인이 손으로 직접 먹이를 주는 광경 정도일 것이다. 잉어는 먹이를 먹는 순간에 빠끔 하고 입을 벌린 후 꿀꺽 삼키는 동작에서 놀라운 힘을 발휘한다. 실제로 그 순간에 머리 위를 지나가던 새마저도 불쑥 '친애의 정'에 사로잡힌 동작을 할 정도다. 이 점에 대해서는 깜짝 놀랄 기록사진이 남아 있다. 작은 휘파람새 한 마리가 둥지의 새끼들에게 줄 먹이를 부리에 가득 물고 날아가다가 때마침 잉어가 연못 속에서 입을 벌리는 장면과 마주쳤다. 그러자 휘파람새는 자기도 모르게 충동적으로 소중한 먹이를 고기의 빠끔 벌린 입에 넣어주고 말았다. 이 물고기가, 새마저도 이렇게 희한한 생물 본능에 반(反)하는 보디 터치적인 동작에 휘말리고 말 만큼 마력을 가지고 있다면, 민감한 인간이 그 매력에 홀딱 반하는 것도 무리는 아닐 것이다.

지금까지는 인간과 동물 간의 사이좋은 행위나 부모와 자식 같은 행위의 친밀성에 대하여 살펴보았다. 그런데 보디 터치의 밀도가 더 상승하여 완전히 섹스 행위에 이르는 경우도 있다. 이 같은 행위의 역사는 고대에서 시작된 이래로 여러 회화·미술·문학 등에 등장하고 언급되고 있다. 그 패턴은 주로 두 가지로 나누어진다. 하나는 남성 인간이 동물(특히 가축)과 교접하는 형태, 또 하나는 인간이 마스터베이션을 하는 형태이다. 후자의 경우 행위자의 성기는 성적 흥분을 일으켜 여성 성기에 삽입하기 위해 발기하든가, 혹은 남성 성기를 받아들이기 위해 벌린 형태를 취하고 있다. 적어도 이러한 친밀성이 존재했다는 사실에서, 과거 인간사회에 보디 터치의 부족에서 오는 소외와 욕구불만이 얼마나 다양한 단계로 존재했는지 엿볼 수 있다. 현대 문화에서는 동물 애완자와 수많은 애완동물이 넘쳐나며, 껴안거나 쓰다듬거나 키스를 하는 고급스러운 친밀성이 대유행이지만, 극히 일부 소수파 사이에서는 여전히 낯뜨거운 친밀 행위가 이루어지고 있다.

이상, 인간과 동물의 전반적인 보디 터치 문제를 고찰하면서 주로 애완동물과 가축만을 대상으로 했다. 그런데 더 설명을 해야 할 동물이 두엇 있다. 인간이 직접 키우는 동물은 애완동물이나 가축만 있는 것은 아니다. 동물원이나 실험연구소에 있는 동물도 빠뜨릴 수 없는 존재다. 동물원에 가는 목적은 우리 속에 갇힌 동물들을 구경하는 것에 국한되지 않는다. 우리 속 동물을 보면서 손으로 만지고 싶다는 욕망도 함께 작용한다. 실제로 구경꾼의 동물에 대한 터치 욕구가 너무 높아서 동물원 관계자들은 늘 두통 거리다. 동물원의 응급치료실 직원들에게 물어보면 안다. 실례는 엄청나게 많다. 맹수에게 장난을 하다가 발을 떼고, 손가락이 잘리고, 팔뚝을 물리고, 얼굴을 긁히는 등의 일들은 비일비재하다. 심지어 동물을 만지려는 욕구를 억누르지 못해 거의 죽을 정도로 부상을 입기도 한다. 여기서 동물원 관계자의 부주의가 원인이 된 경우는 아주 드물다.

전형적인 사고의 예를 두 건 정도 소개하자.

첫 번째 사고. 한 부인이 마구 우는 아이를 데리고 동물원 구급소로 뛰어들어왔다. 아이는 심한 타박상을 입고 있었다. 자초지종은 이러했다. 그 아이가 수놈의 어른 고릴라를 만지고 싶어 떼를 쓰기 시작했다. 그러자 어머니는 여러 가지 얘기를 들려주면서 고릴라 우리 앞의 안전울타리—'위험!'이라고 쓰인 큰 게시판이 눈앞에 있는데도—앞으로 아이를 다가가게 했다. 아이는 열심히 안전 유리판 너머 우리 안으로 손을 디밀었다. 그 순간 이 호의에서 나온 동작을 오해한 고릴라가 아차 하는 사이에 아이의 손을 날카로운 이빨로 덥석 물어버린 것이다. 갑작스럽게 벌어진 일에 몹시 흥분한 어머니는 다짜고짜 동물원의 높으신 분들에게 "수수방관한 책임을 지라."고 몰아붙였다.

두 번째는 '호랑이 만지기 사건'의 비극적인 재난에 대하여. 나이가 지긋이 든 중년 신사가 동물원 울타리를 넘어 들어가 암호랑이를 쓰다듬으려고 했다. 곧 관계자에게 끌려나온 그는 관계자를 잡아먹을 듯이 노려보면서 으르렁거렸다. 남자가 실랑이할 틈도 없이 다시 필사적으로 울타리를 넘어가려고 한 것까지는 좋았는데, 그만 발을 삐어서 병원에 입원하게 되었다. 남자가 입원한 동안에 그 암호랑이는 새끼를 낳기 위해 다른 동물원으로 이송되었다. 그런데 퇴원하자마자 다시 우리 앞으로 직행한 남자는 암호랑이 대신 웬 표범이 있는 것을 보고는 동물원 사무실로 뛰어들어가 "내 아내를 어디다 숨겼느냐?"며 씩씩거렸다. 이 황당한 항의에 처음엔 의아해하던 직원들도 차근차근 이야기를 듣고는 그 내막을 알게 되었다. 이 불쌍한 신사는 얼마 전에 진짜 부인, 그것도 문자 그대로 조강지처를 저세상으로 먼저 보내고, 그 충격으로 말미암아 부인에게 향했던 감정을 암호랑이에게 쏟아부으려 했던 것이다. 남자의 마음속에는 어느샌가 이 동물이 죽은 아내의 대역이 되어 있었고, 그래서 위험을 무릅쓰고 죽은 아내의 혼이 옮겨간 새로운 육체, 즉 암호랑이의 육체에 보디 터치를 시도했던 것이다. 어쩌면 이것은 그로서는 감정의 자연스러운 흐름이었는지도 모른다.

이상, 정상에서 벗어난 예만을 보았는데 이것들은 어디까지나 극단적인 행동으로 치달은 경우이다. 똑같은 충동에서 비롯되는 사고는 세계 동물원 곳곳에서 지긋지긋할 정도로 자주 일어나고 있다. 물론 그럭저럭 무사히 넘어가긴 하지만 말이다.

아무튼 인간끼리의 보디 터치가 개인 사정이나 문화적인 금기로 인해 단단히 봉쇄된 경우, 인간의 접촉 충동은 결과에 구애받지 않고 반드시 그 배출구를 찾기 마련이다.

이렇게 쓰고 보면, 그러한 충동이 배출구를 잘못 찾은 예로서 유아에게 못된 짓을 한 범죄자가 뇌리에 떠오를 것이다. 그들의 체포 이유는 유아에 대한 성 행위 강요—즉, 다른 성인과 정상적인 성 관계를 갖지 못하고 그 욕구불만의 배출구를 찾아 사회적 금기에 무지한 유아를 습격한 행위—에 있다. 그러나 과연 그것이 전부일까? 유아에게 다가간 남자들은 타인과 위로를 주고받는, 애정이 깃든 보디 터치의 기회를 노렸던 것이 아닐까? 공포에 사로잡힌 아이가 비명을 질렀기 때문에, 그 행위는 전면적으로 성적인 동기가 부여된 것으로 해석되기 십상이다. 확실히 섹스의 목적도 있었을 것이다. 그러나 동기는 오로지 그것만이 아닐 것이다. 악의 없는 노인들이 그러한 일방적 편견에 기초한 해석으로 인해 피해를 당하는 경우도 많다. 물론 유아도 피해를 입는다. 그러나 아이들은 그 접촉 행위를 단지 '다른 사람이 만졌다.'고만 느낄 뿐, 일종의 섹스 행위라고는 인식하지 못할 것이다. 하지만 이것을 용납할 수 없는 음란한 행위로 보는 보호자(특히 양친)의 분노가 책임추궁의 회초리를 치켜올리게 하고, 법정 심리에서는 항상 이 외상이 결정적인 증거가 되는 결과, 수많은 남자들이 수치스러운 낙인이 찍힌 채 감옥으로 끌려들어가게 된다.

동물 실험에 대한 시시비비

그러면 동물원 이야기는 이 정도로 하고 본론으로 돌아가자. 인간과 동물의 보디 터치 관계의 네 번째 범주로서 과학 세계가 문제가 된다. 매년 수천억 마리의 실험동물이 의학실험을 위해 인공 번식되고 이어서 생명을 빼앗기고 있다. 연구자가 행하는 동물 생체실험의 시비를 둘러싸고 뜨거운 논의가 비등하고 있다. 과학자는 이 실험행위가 전면적으로 과학적 객관주의를 바탕으로 이루어지고 있기 때문에 희생 동물들에게 아무런 감정도 느끼지 않는다고 주장한다. 실험동물에 대해 특별히 냉담한 태도도 친밀한 감정도 없으며, 증오도 애정도 없다고 말한다. 즉, 과학자의 판단 이유는 명쾌하고 간결하다. 실험동물의 생명을 희생시킨 대가로 인간의 병고와 피해가 경감하고 있는데 따지고 말고 할 필요가 어디에 있는가 말이다. 동물실험을 하지 않아도 연구가 가능하다면 기꺼이 실험을 중지하겠다. 그러나 그것은 불가능하지 않는가? 게다가 인명보다 동물의 생명에 더 높은 존엄을 인정할 까닭이 어디에 있는가? 과학적 객관주의에서 나온 시험불가피설의 요지는 대강 이상과 같다. 이것에 대해서는 물론 기탄없는 반론이 여기저기서 제기되고 있다.

반론은 다양한 입장에 의거하는데, 조지 버나드 쇼의 다음 말은 일관되게 흐르는 반대 이유의 최대공약수와도 같다. "인간이 개의 생명을 줄여야만 지식을 얻을 수 있다면, 인간은 지식 없이 살아야 한다."

물론 더 온화한 어투의 반론도 있다. 의미 없는 실험이 지나치게 많다, 그런 실험들은 결과로 보나 인도상으로 보나 아무 가치도 인정되지 않는데 쓸데없이 아카데미즘의 자기 만족적인 호기심에만 영합하고 있다,는 논의가 그렇다. 그리고 놀랍게도 저 유명한 찰스 다윈도 반론 성명을 발표하였다. 어떤 고명한 동물학자 앞으로 보낸 편지에서 다윈은 이렇게 말하고 있다. "동물의 생체실험은 참으로 가치 있는 연구 목적이 아니면 정당화될 수 없습니다. 단지 호기심으로 하는 실험은 침을 뱉고 혐오해야 할 것입니다." 최근에도 어떤 실험심리학의 권위자는 이렇게 경고하고 있다. "지극히 행동주의적이고 기계적인 접근은 결과적으로는 동물을 대상으로 한 의미 없고 무자비한 실험을 낳을 뿐이다."

20세기에 들면서 실험 인가를 받는 동물해부의 실제 수효가 자꾸 증대해 온 것은 틀림없는 사실이다. 영국을 예로 들면 1910년에는 1년간 95,000건이었던 실험 인가가 1945년에는 100만 건으로 늘어났고, 1969년에는 600군데 연구소에서 무려 550만 건에 달하는 실험이 기록되고 있다. 이처럼 어마어마한 해부실험 급증에 대해 마침내 정계도 주목하기 시작하여, 1971년 의회에서 한 의원은 다음과 같은 항의 연설을 한 바 있다. "실험 목적이 인명 유지에 있다는 것은 나도 인정한다. 그러나 인류가 이처럼 도덕에 반하는 실험을 거듭하면서까지 생명을 늘릴 만한 가치가 있는지 의문스럽다."

동물의 생체실험에 대한 두 가지 비난— 격렬한 반박설과 온건한 비판설—으로부터 각각 핵심을 이루는 논점을 정리해보자. 전자의 설은 신인동형론적(神人同形論的)인 인간-동물을 주창하는 극단론이다. 여기서는 동물을 인간의 상징으로 보고, 따라서 어떤 이유로든 동물에게 고통을 주는 것은 죄라고 말한다. 한편 후자의 설은 인도주의적인 온건론이라고 할 수 있다. 동물은 인간에 가까운 능력을 갖고 있고, 각각 특유한 방식으로 공포·고통·

절망 등을 체감한다. 따라서 인간의 손으로 동물에게 불필요한 고통을 주는 것은 피해야 한다는 사고방식이다. 다만 이 두 번째 설은 동물들에게 고통을 주는 것을 다음에 한하여 인정하고 있다. 즉, 그 고통이 아주 작은 경우와, 그 연구가 고통을 감소시키는 것을 직접적인 목표로 하고 있는 경우이다.

그렇다면 이상 두 가지 비판에 대해 현장 과학자들은 어떻게 대답할까? 먼저 첫 번째 극단론에 대하여, "그 의견을 탈리도마이드 아이(Thalidomide, 임신 중에 탈리도마이드를 복용한 어머니가 낳은 기형아— 옮긴이)를 가진 어머니에게 물어보라지." 그 진의는 이렇다. 제약 없이 계속해서 동물실험을 행할 수 있었다면 비참한 신체장애아가 생기지 않아도 됐다,라는 것이다. 혹은, 연구자는 "디프테리아로 아이를 잃은 어머니는 어떻게 나올까?"라고 답할지도 모른다. 수년 전까지는 이 유행병으로 희생된 아이들의 수는 매년 수만 명에 달했는데, 현재는 동물 생체실험의 은혜를 100퍼센트 받아 강력한 백신이 개발됨으로써 이 병으로 죽는 아이는 거의 없어졌다. 나아가 이렇게 말할지도 모른다. "소아마비 아이를 부둥켜안은 어머니에게 물어봐도 좋아. 소아마비 백신 복용량 3회분에 실험용 원숭이 1마리의 생명이 희생되었는데, 그것을 어떻게 생각하는지 말야. 원숭이 1마리의 백신으로 그녀는 아이의 생명을 살릴 수 있었잖아."

입장을 바꾸면, 생체해부 반대파 가운데서도 강경론자가 "생명이 있는 동물을 실험연구 등으로 죽일 정도라면, 아이가 죽는 것도 아파서 우는 것도 어쩔 수 없다."고 강변하는 것과 똑같다. 이 의견에 동물의 행복을 무엇보다 존중하는 마음이 있다고 해도, 그 반면에 인간 아이의 생명을 무시하는 놀랄 만한 무감각이 숨어 있다. 인간보다 동물을 더 중요시하는 사고는, 앞에서 본 애완동물 사육의 경우에도 나오지만 그 경우와는 결정적인 차이점이 하나 있다. 애완동물의 경우에는 애완동물과 인간 양쪽을 세우는 입장으로, 둘이 훌륭하게 성립한다는 것이다. 애완동물을 버리는 것이 곧 인간을 구한다는 반애완동물적인 논리는 옳지 않다는 것을 이미 확인했다. 한편, 실험동물의 경우 아이의 이익을 생각하면 필연적으로 동물에게 돌이킬 수 없는 불행을 줄 수밖에 없다. 양쪽의 이익을 함께 지키는 것은 쉽게 실현될 수 없다. 따라서 양자택일을 하지 않으면 안 된다.

다음으로 두 번째 온건론에 대하여. 연구담당 과학자는 말할 것이다. "그 말에 동의합니다. 동물의 고통은 최소한으로 그쳐야 합니다. 하지만 문제는 여전히 존재합니다." 그들의 말을 요약하면, 최근 실험대상이 되는 동물의 고통을 경감시키기 위한 실험과정의 개혁·개선이 여러 가지 세세한 부분에서 연구되고 있다고 한다. 사용하는 동물의 수를 적게 하는 것, 실험에 의한 생체의 파괴도를 최소한으로 하는 것, 그리고 가능한 한 동물을 쓰지 않는 방법으로 교체하는 것 등, 고육책을 강구하고 있다는 것이다. 그 말을 근거로 해서 보면 실험실에서 희생되는 동물의 수는 해마다 감소하리라고 예상되는데, 앞에서 인용한 데이터에 의하면 반대 현상이 나타나고 있다. 연구자는 이 점에 대해서도 말할 것이다. 그것은 보다 더 많은 동물을 필요로 하는 실험이 시작되었기 때문이 아니라, 프로그램 적용범위가 해마다 확대되고 보다 다양한 방향에서 인간의 고통을 경감시키는 연구가 요구되기 때문이라고. 거기에 덧붙여 연구자는 다음과 같이 지적할 것이다.

연구의 어려움은 눈에 보이는 병이나 고통만을 연구 대상으로 한정할 수 없다는 점에 있다. 인류 복지에 도움될 위대한 발견이라는 것은 이론적 연구에서가 아니라 응용적 연구에서 개발되는 것이다. 따라서 현 시점에서 바로 도움되지 않는다고 해서 의학이나 정신의학 분야에서의 응용연구에 동물실험을 금지하는 규칙을 만들면 과학 지식의 발전 그 자체에 차질을 빚게 된다,라고.

이 문제에 이르러서는 아무리 교양이 풍부하고 냉정한 실험반대자라도 당혹하고 만다. 다윈의 용어를 빌리면, 과연 어떤 종류의 연구가 '침을 뱉고 혐오해야 할 과오를 면제받은, 참으로 가치 있는 연구'라고 할 수 있는가? 여기에는 미묘한 쟁점이 남아 있다. 과학 관계 잡지의 기사, 특히 실험심리학적 기사에 따르면, 최근에 이루어진 연구자의 일 중에 그 어떤 이성적인 기준에서 보아도 변호의 여지가 없는, 명백한 과오라고 결론 지을 수밖에 없는 실험이 상당히 눈에 띈다고 한다. 실험이 지나치다 보면 과학 전체의 장래에 어두운 빛을 드리우게 되며, 그 결과 올바른 과학적 열의에서 나온 노력도 일반 민중의 비판에 놓일 위험이 생긴다. 실험 방향을 과감히 전환해야 할 시기가 되었다고 많은 식자들이 지적하고 있거니와, 그 전환이 실현되지 않는다면 필히 민중의 반발에 부딪히고 말 것이다. 그렇게 되면 장래 과학의 진보는 눈에 보이지 않는 큰 손해를 입게 될 것이다.

그런데 실험실에서 이루어지는 인간-동물의 보디 터치 행위는 왜 이리도 격렬한 비난과 관심의 표적이 되고 마는가? 인간이 키우는 동물에 일부러 위해를 가하는 행동은 그것이 아무리 그럴듯한 이유에 근거한다 할지라도 역시나 인간은 혐오할 수밖에 없다고 대답할 사람도 있을 것이다. 그러나 이 답은 왠지 모르게 너무 뻔해서 더 볼 필요가 없을 것 같다. 그러면 부엌의 집쥐를 잡은 남자나 침실에서 시궁쥐를 본 빈민가 주민이 막대기로 쥐를 무자비하게 패죽이거나, 독만두를 미끼로 써서 오랫동안 서서히 괴로워하면서 죽게 만들었다고 하자. 그렇다고 그들이 다른 사람들로부터 이러쿵저러쿵 말을 듣는가? 아니다, 도리어 동정을 살 것이다. 인간의 주거를 더럽히는 야생 집쥐나 시궁쥐를 보호하는 기묘한 애호협회는 애당초 없다. 생각해보라. 실험용 쥐는 야생쥐와 같은 종류가 아닌가? 그런데 유독 실험용 쥐에 대하여 많은 사람들이 주목하는 것은 왜인가? 야생쥐의 살해는 병원균 예방이 되기 때문이라고 하자. 그러면 왜 실험용 쥐를 죽여서는 안 되는가? 과학적 발견을 통해 병의 감염을 막기 위해 죽이는 것 아닌가?

똑같은 쥐에 대한 이 모순과 혼란을 어떻게 설명해야 하는가? 어쨌건 이 모순을 해명하지 않으면 우리가 당면 문제로 삼은 야생쥐와 사육용 쥐에 가해지는 행·불행을 판가름할 수가 없다. 만일 인간이 동물의 생명존중 제일주의에 입각하여 실험용 쥐를 동정한다면, 야생쥐도 저렇게 무자비하게 박살나서는 안 된다. 그러나 실제 현상은 다르다. 실제로 인간은 일반적으로 상상하는 것보다 훨씬 복잡하고 미묘한 형태로 반응을 보인다. 야생쥐에 대해서는 근본적으로 인간의 개인생활 영역을 침입해온 자에 대한 방어 태세를 취한다. 그리고 이를 위해서라면 아무리 제멋대로인 수단이라도 정당방위라는 의식이 있다. 위해를 가져다주는 침입자를 호락호락 놔두다니, 당치도 않다. 그러면 실험실의 흰쥐는? 이 생물의 선조도 인류에게 막대한 재앙을 가져다주지 않았는가? 그렇다. 하지만 지금에 와서 이 쥐는 새로운 임무를 떠맡고 있다. 따라서 과거 유행병의 무시무시했던 해악을 사무치게 이해한다면, 이 쥐의 새로운 역할도 이해할 수 있어야 한다.

먼저, 흰쥐는 현재 페스트 매개동물이 아니다. 그렇기는커녕 흰쥐는 인간의 '사용인'이다. 이 사용인은 극진하게 다루어지고 충분한 식사와 잠자리를 제공받으며 모든 면에서 최대한의 우대를 받고 있다. 사용인에 대한 주인인 인간의 태도를 다른 인간관계로 표현하면, 이 주인은 수술을 앞에 둔 환자에게 배당된 의사와 같은 존재라 할 수 있다. 실험동물을 암세포를 이식 받은 암환자라고 보면, 이 환자는 자신에게 배당된 바로 그 의사의 손에 나중에 죽을 운명에 있다. 암세포라는 요소를 빼면, 농부와 가축의 관계라고도 할 수 있다. 농부는 사육한 가축을 언젠가 죽이기 때문이다. 그러나 보통 농부가 자신의 가축에게 가하는 잔학행위는 그 누구로부터도 비난받지 않는다. 부엌을 어지럽히는 쥐를 죽였다고 해서 비난받지 않는다.

그렇다면 어떠한 결론이 되는가? 실험실 동물은 우선 친절한 보살핌을 받고, 이어서 고통을 부여받고, 마침내는 죽는 과정을 밟는다. 가축도 다정한 보살핌에서 마지막으로 살해 과정을 겪는다. 해로운 쥐를 퇴치하는 것도 고통 부여에서 살해로 이어진다. 즉, 비난과 반대는 '보살핌→살해'라든가 '고통 부여→살해'의 과정에서 일어나지 않고, '보살핌→고통 부여'라는 과정에 쏠려 있다. 그리고 이 마지막 경우를 상징적으로 보여주는 것이 실험용 흰쥐의 운명이다.

흰쥐는 충실하고 온순한 사용인으로서 주인의 시중과 보살핌을 받지만, 어느 날 갑자기 주인은 아무런 사전 예고도 없이 친애하는 사용인을 '고문'한다. 더구나 사용인의 이익은 단 1퍼센트도 없고 오로지 100퍼센트 주인의 이익을 위해서다. 여기서 핵심은, 실험동물을 둘러싼 성가신 문제의 원인을 제공하는 '배신 행위'에 대한 간결한 알레고리다.

그러나 동물실험에 반대하는 사람들은, 문제는 쥐의 생명 그 자체지 실험 생쥐와 인간의 상징적인 관계 따위가 아니며, 따라서 배신 행위 운운하는 것은 넌센스라고 말할지도 모른다. 하지만 인간은 완전한 채식주의자—그런 사람이라면 파리 한 마리도 죽이지 못할 테니까—라면 몰라도, 그렇지 않다면 자기 기만의 죄를 저지르는 셈이 된다. 동물실험의 성과로 개발된 백신 치료를 받은 경험이 단 한 번 있는 것만으로도, 그들의 위선자 자격은 충분하다. 그러나 이런 사람도 다음 지적을 인정할 정도의 도량과 정직함은 가지고 있을 터이다. 즉, 가장 중요한 것은 인간과 쥐의 관계가 상징하는 '친밀성에 대한 배신행위'라는, 보편성 있는 문제라는 것을 말이다.

이로써 내가 왜 인간행동의 분석에 대해 이리도 꼬치꼬치 캐고 들었는지 그 이유를 알았을 것이다. 언뜻 본서의 테마와 무관하게 보이는 분석을 통해,

동물실험을 하는 사람에게 부과된 다음과 같은 딜레마의 실체가 밝혀졌다. 실험자는 연구용 동물에게 쓸데없는 공포감을 주지 않기 위해 어느 만큼 고심하고 있는가? 아무리 그 고심과 노고를 말한다 해도 충분하지 않을 것이다. 동물을 마치 어린아이 다루듯이 소중히 하고, 완전 살균된 우리 속에서 충분히 만족케 하고, 편안히 해주기 위해 주의를 거듭한다……. 하지만 이 모든 것들은 해당 동물로 하여금 중요한 연구에 지장이 없게, 모르모트의 역할을 충실히 하게 하는 것이 목적이다.

그리고 이러한 세심한 친밀성과는 180도 상반된 행위, 즉 다음에 그 동물에게 가해지는 실험의 냉혹함이야말로 실험비판자들이 적대감을 드러내는 근본 원인이다. 본서의 제1장에서 보았듯이 친밀성의 본질은 관계자 간의 신뢰다. 따라서 흰쥐와 실험자의 관계—상징화하면 사용인과 주인의 관계—도 마땅히 신뢰로 연결돼 있어야 한다. 그런데 결과적으로 이 사용인은 은인인 주인이 베풀던 '사랑의 손'에 고통과 죽음의 희생물이 되고 만다. 이 친밀성에 대한 배신 행위가 우연히, 그것도 특별한 사정 때문에 이루어졌다면 비판자들도 대부분 눈을 감아주었을 것이다. 하지만 현실에서 이 배신은 해마다 수백 수천만 번 계속된다. 따라서 비판자들은 날마다 이 배신자들의 신경을 뒤집어놓고 안달복달하는 것이다.

불과 몇 분 전까지 애정과 주의를 기울이며 다루던 생물, 신뢰하는 생물에게 계획대로 잔혹한 고통을 가할 수 있는 사람이 어찌 인간사회에서 신뢰관계를 지키겠는가? 비록 이 냉혹한 인간이 그 이외의 사회규칙을 지키고 사리를 분별하고 타인과 협력하면서 생활한다 할지라도, 과연 우리는 이 인간의 분별과 협력을 인간사회에 맞는 지표로서 진짜 믿을 수 있는가? 자기 자식에게는 늘 애정이 넘치는 태도로 대하면서 업무상의 상징화된 자식(실험동물)에게는 지킬과 하이드 식의 이중성을 가하다니, 동일한 인간의 소행이라고는 도저히 볼 수 없지 않은가? 아마 이런 말도 안 되는 의혹이 비판자들의 내심에는 소용돌이치고 있을 것이다.

이 장 앞부분에서 언급한 강제수용소의 소장—기르는 개에게는 아주 친절하고 다정하면서도 죄수에게는 태연히 잔학행위를 일삼는—의 성격과 유사한 점이 여기서도 나타나지 않을까? 그 남자가 동물에게 친절을 베푸는 것을 보면서, 피도 눈물도 없는 야수 같은 인간일지라도 그 마음 밑바닥에는 부드러운 감성이 숨쉬고 있다는 사실을 깨달았다. 하지만 이 경우에는 사정이 역전돼 있다. 즉, 사람들에게는 매우 친절하고 정상적으로 행동하는 인격인데도, 일에 들어가면 실험용 동물에게 전혀 이치에 맞지 않게 병을 감염시키는 따위의 일을 태연히 저지르는 것이다. 이 지킬과 하이드 식 이중성에 대해, 대인관계에서 보이는 정상적인 태도와 업무상 행하는 비정함에 대해 나는 전율한다. 강아지의 머리를 부드럽게 쓰다듬는 병사의 순수한 얼굴에서, 바로 그 병사가 저항하지 않는 죄수를 태연히 가스실로 데려갈 때의 얼굴을 도저히 상상할 수 없다. 마찬가지로, 재롱 부리는 자식이 사랑스러워 견딜 수 없다는 아버지의 표정에서, 같은 남자가 잔혹한 실험에 손을 뻗치는 모습 또한 도저히 상상할 수 없다.

인간성에 관한 가치관이 무너져가고 있다. 보디 터치의 친밀성을 맺는 고리인 상호신뢰에 대한 신념의 힘이 흔들리고 있다. 그리고 머잖아 민중이 '과학의 비인간성'에 대해 고발의 목소리를 드높일 날이 올 것이다.

그러나 민중의 고발도 과학적 발견이 인류의 이익에 가져다준 찬란하고 위대한 성과 앞에서는 거의 무력할지도 모른다. 아니, 고발 따위는 한 줄기 바람에 깡그리 날려가버릴 것이다. 하지만 인간 본성과 관련된 애정과, 다른 것을 향한 배려 깊은 친밀성의 개념이 근원부터 흔들린다면, 민중은 쓸모 없다는 것을 알면서도 고발·항의를 해야 한다. 그렇지만 과학에 대한 불신이 아무리 깊어도, 사람은 병에 걸리면 약국에 들어가 가루약과 알약을 먹는다. '동물생명 경시주의'에 희생된, 신뢰를 배신당한 동물들의 표정이 눈앞에 아른거려도 손으로 애써 지워버리고서 단숨에 쭉 들이켜야 한다.

일반인들은 희생된 생물에 대한 죄악감을 어떻게도 벗지 못하는데, 동물실험을 하는 연구 당사자들은 어떻게 느끼고 있을까? 결론부터 말하면, 연구자에게 죄악감은 손톱만큼도 없다. 그들은 이용 동물과의 사이에 실체적인 관계는 인정하지 않도록 특별히 자기훈련을 받은 사람들이다. 그런 만큼 단순한 이유에서 죄악을 느끼지는 않는다.

실험자는 희생물을 어디까지나 연구대상으로서 대하며 비정한 실험을 할 수 있도록 스스로 감정을 억제할 필요가 있다. 비록 동물에게 다정한 배려를 하는 것처럼 보여도 그것은 대상물에서 보다 나은 효과를 보려는 것이 목적이지, 동물을 보디 터치의 대역으로 두고 감정을 이입하려는 것은 아니다. 바로 그 점이 애완동물에게 열중하는 사람과의 차이다. 그래서 실험자는 이러한 객관적 비정주의를 유지하기 위해 항상 엄하게 자기를 억제하고 제어하지 않으면 안 된다. 그러나 아무리 냉정한 이성의 감시하에 행하는 보디 터치일지라도, 산 물체에 직접 닿으면 일종의 마력과 같은 것이 작용하여 어떤 애착이 생겨나기 마련이다. 그래서 큰 연구소 한쪽 구석 우리에는 귀가 축 늘어진 살찐 토끼가 흔하게 놓여 있다. 그 어떤 연구자도 이 토끼를 실험에 사용하려고 하지 않을 것이다. 이 경우, 토끼는 이미 실험 도구와는 전혀 다른 역할을 부여받은 셈이다.

과학자가 아닌 사람들은 똑같은 생물에 대해 이처럼 엄격한 태도는 취하지 않을 것이다. 일반인의 눈에는 동물은 모두 디즈니랜드에서 노는 동물과 같다. 인간은 유년시절에 새겨진 '동물은 유원지의 놀이 친구'와 같은 이미지를 쉽게 버리지 못한다. 그래서 결국 최신판 교재용 시청각 비디오를 차분히 감상하면서 자신의 좁은 시야를 넓힐 수밖에 없다. 실험자에 대한 반발심도, 대자연 속에서 살아가는 동물의 생태를 동물관찰자의 입장에서 다시 바라본다면 새로운 견해가 열리지 않을까 싶다.

그러나 진지한 실험자들이 직면하는 악조건은 아직 해결되지 않고 있다. 외과의사가 환자의 생명을 구하기 위해 수술을 하는 것처럼, 그들은 인류의 생명을 지키기 위해 밤낮없이 노력하고 있다. 그럼에도 외과의사에 비하면 그들은 사람들로부터 감사의 보답을 너무나 적게 받는다.

양자는 똑같이 실험(수술)에 임해서는 감정에 좌우되지 않는 객관적인 태도를 엄격히 지킨다. 어느 경우에나 어중간한 동정은 좋지 않은 영향을 미치기 때문이다. 그러나 의사는 수술실을 한 발 나가면 환자를 격려하는 말 한 마디쯤은 걸 수도 있기 때문에, 그 비정한 역할도 어느 정도는 완화시킬 수 있다. 그러나 일단 수술대에 서면, 그들은 환자의 육체를 냉정하고 객관적—고기의 질을 판단하는 요리사의 눈으로—으로 보고, 메스를 휘두르는 집도자로서 행동한다. 그렇지 않으면 긴 고통을 짊어져야 하는 것은 환자기 때문이다. 마찬가지로 동물실험자가 정에 홀려 생물을 애완동물 다루듯이 는실난실한다면 곧 소기의 연구계획은 좌절되고, 인명을 구제하고 고통을 경감시킬 가능성은 희박해지고 만다. 사랑하는 것의 생명을 빼앗는다는 흉악범 같은 역할에 마음이 흔들리면 실패를 초래하는 것이다.

의사도 마찬가지다. 빈사 상태에 있는 환자에게 마음이 흔들리면 메스의 칼끝이 떨려서 돌이킬 수 없는 결과를 낳을 수도 있다. 그와 반대되는 입장에서, 만일 수술대 위의 환자가 옆에서 의사들이 나누는 대화를 듣는다면 침대에서 벌떡 일어날 것이다. 왜냐하면 의사들은 진지한 대화 중간중간에 극히 일상적인 농담을 주고받기 때문이다. 물론 그것에 놀라 환자가 멋대로 뛰쳐나가면 수술은 실패로 끝나버리겠지만. 타인의 육체를 예리한 칼과 기구로 자르고 이곳저곳 손대려면 일일이 그 동작에 감상을 개입시켜서는 안 된다. 완전히 냉정함 그 자체의 판단이 필요하다. 수술받는 사람의 심리를 헤아리다가 1센티미터라도 메스가 빗나갔다가는, 다음에 환자의 육체에 보디 터치하는 손은 장의사의 손으로 바뀌어 있을 것이기 때문이다.

이상, 이 장에서는 보디 터치를 갈망하는 인간이 인체 대체물로서 생물을 이용하는 모습을 관찰했다. 첫째, 그 보디 터치가 애정에서 이루어지는 경우——애완동물을 사랑하는 사람이 전형이다——, 인간-동물의 친밀성의 결과로서 쾌감이 생겨난다. 둘째, 그것이 애정과 전혀 무관한 동기에서 출발하는 경우——동물의 생체실험이 그 대표적인 예이다——, 양자의 관계에서는 불쾌감만 생긴다.

이상의 요약에서 다양한 종류의 접촉 행위와 행위자들 사이의 반응, 그리고 그 행위의 목격자(관찰자)가 느끼는 반응을 잘 알게 되었을 것이다. 그 점에서 동물과의 관계는 대단히 중요한 힌트를 준다고 할 수 있다.

지금까지 주로 성인의 동작을 분석하는 데 초점을 맞추어왔다. 그리고 마지막으로, 애완동물의 사육은 철이 든 아이들에게도 중요한 의미를 갖는다는 사실을 간과해서는 안 된다. 그들은 일정한 나이에 도달하면 양친의 행위를 흉내내어 작은 동물에게 '대리 부모'와 같은 관심을 갖는다. 작은 애완동물을 어루만지고, 안고 다니고, 보살피는 등 마치 진짜 아기처럼 사랑스러워한다. 개나 고양이는 실제 양친들도 '대리 아이'처럼 다루는데, 이 어린 대리 부모들은 때로는 보통 부모가 얼굴을 찡그리는 토끼, 모르모트, 거북 등과 같은 특별한 동물에 이상한 애정을 갖고 귀여워하기도 한다. 부모가 쳐다도 안 보는 작은 동물일수록, 어린 부모들에게는 어른의 보살핌에서 떨어진 사적인 '친밀한 교류의 세계'를 열어주는 것이다.

더 나이가 어린 아이들에게는 동물 인형이 이용된다. 인간의 애정을 대신하는 동물, 또 그 동물을 대신하는 것이 동물 인형이다. 아이들은 그것을 완전히 산 것과 마찬가지로 예뻐한다. 따라서 미키마우스나 곰돌이에 대한 애착에는 연상의 아이들이 토끼에게 보이는 관심, 나아가서는 성장한 아이들이 망아지를 동경하는 마음 못지않게 격렬하고 애틋한 감정이 깃들어 있다. 여자아이의 경우, 특히 큰 동물 인형에 대한 애착은 자라고 나서도 온전히 남아 있기도 한다. 얼마 전 신문에 사진과 함께 보도된 기사도 있지 않았는가. 비행기 납치에 희생된 10대 소녀가 사막에 납치된 살벌한 시간 속에서도, 언제나 곰돌이를 껴안고 있었던 덕분에 무사하게 빠져나올 수 있었다는 뉴스 말이다. 인간은 안정감을 느끼기 위해 어떻게든 타인과의 보디 터치를 필요로 하며, 궁지에 몰리면 피가 통하지 않는 물체라도 개의치 않는다. 이 문제는 다음 장으로 넘기기로 한다.

물질에 대한 친밀성

담배 피우는 사연

스위스 취리히 시내에 있는 어떤 입간판에, 같은 남자의 얼굴을 두 개 늘어놓은, 눈에 아주 잘 띄는 포스터가 걸려 있다. 그런데 동일 인물의 두 얼굴에는 한 가지 다른 점이 있다. 한쪽 얼굴은 담배를 물고 있고, 다른 한쪽은 아기용 젖꼭지(혹은 공갈 젖꼭지)를 빨고 있다. 카피 같은 것은 단 한 줄도 없지만, 이 포스터의 의도는 명백하다. 즉, 이 포스터를 만든 디자이너는 본의 아니게, 인간에게 담배를 피우는 습관이 얼마나 중요한 의미를 갖는가를 잘 표현한 것이다. 이 간판은 단 하나의 시각적 이미지를 통해, 왜 그렇게도 많은 사람들이 연기에 숨막히고 담뱃진에 찌들고 암세포에 폐가 망가진다는 사실에 흠칫흠칫 떨면서도 죽어라고 담배를 피우는가, 하는 핵심을 정확히 말해주고 있다.

물론 이 포스터의 애초 메시지는 애연가에게 "어른이 담배를 피운다는 것은 꼭 갓난애 같은 미숙한 습관입니다. 그러니 부끄럽게 생각하세요." 하는 경고일 것이다. 그러나 생각하기에 따라서는 거꾸로도 받아들여진다. 가짜 젖꼭지를 문 어른이 아기와 마찬가지로 어떤 안락함을 느끼는 것처럼 보였다면, 이 포스터의 원래 의도는 빗나갔다. 그러나 다른쪽 의도라면 문제는 없다. 즉, 젖꼭지와 마찬가지로 담배는 편안한 기분을 주는데, 입에 무는 물건을 이처럼 달리하면 '아기 같은' 우스운 감이 사라진다는 것이다. 그렇게 생각하면 이 광고는 담배를 피우는 습관이 갖는 기본적인 개념, 즉 정신적인 위안을 얻을 수 있다는 개념을 도리어 애연가에게 가르쳐주는 셈이 된다. 캐치프레이즈 식으로 표현하면 "스트레스 해소에는 담배가 최고, 어른이면 어른답게 담배를 피우자!" 하는 것이 된다.

그러나 포스터의 의도를 이렇게까지 비꼬아 해석하지 않더라도, 이 광고가 세계적으로 문제가 되고 있는 담배의 해악과 관련해 매우 유익한 것을 시사하는 것은 사실이다. 오래 전에 이미 담배 연기가 암의 원인이라고 제기되었고, 애연가에게 생명의 위기를 경고하는 대대적인 캠페인이 세계 많은 나라에서 벌어지고 있었다. 텔레비전이나 여러 매스컴을 통해 담배 판매를 억제하려는 움직임이 활발하게 일어나고, 수많은 관계자와 전문가들은 아이들을 끽연으로부터 지킬 수 있는 방법을 거듭 논의해왔다. 또한 말기 암환자가 당하는 비참한 광경을 텔레비전과 영화 화면을 통해 사람들에게 전달함으로써 담배의 해악을 깨우쳐주었다. 그 결과, 그 의도를 곧바로 이해하고 금연을 실행하는 사람도 꽤 있었다. 하지만 대부분은 이 경고가 주는 공포감을 달래기 위해 다시 담배에 불을 붙여야만 했다. 바꿔 말하면 이것은 담배의 해악에 대해서만 제기했을 뿐, 그 해결책은 간과했다는 것이다. 무슨무슨 일을 하면 인체에 해로우므로 그만둬라,고 말하는 것도 분명 무익하지는 않다. 그러나 이런 단세포적인 주의는 영속될 수가 없다. 이는 인구문제를 해결하려면 전쟁을 해라,는 것과 비슷하다. 전쟁이 끝나면 베이비 붐이 일고 다시 인구가 늘어날 것은 뻔한 일이다. "담배는 암의 원인이 된다."고 을러대면 대부분의 사람은 일시적인 공포감에서 담배를 멀리한다. 그러나 "목구멍만 넘어가면 뜨거움을 잊는다."는 식으로, 얼마 안 있어 담배 회사의 매상고는 다시 늘어날 게 틀림없다.

이 금연 운동가들은 중대한 실수를 범하고 있다. 그 이유는 이들이 "인간은 왜 담배를 피우고 싶어하는가?" 하는 근본적인 의문을 차분히 생각해보려 하지 않았기 때문이다. 이들은, 끽연 습관은 하루 종일 니코틴 작용을 원하는 일종의 약 중독 같은 것이라고 생각한다. 확실히 한 면에서는 그 요인도 무시할 수가 없다. 그러나 그것이 근본적인 요인이라고는 할 수 없다. 왜냐하면 끽연가들 중에는 연기를 들이마시지 않는 사람도 많고, 그들 체내에는 중독될 만큼 니코틴이 쌓이지 않기 때문이다. 그렇다면 담배를 늘 입에 물고 있는 원인은 다른 데 있다고 보아야 하지 않을까?

취리히의 포스터가 적절하게 표현하지 않았는가? 인간이 입술 사이에 물건을 물고 그 물건에 입술이 보디 터치한다는, 접촉에 따른 친밀성에 뚜렷한 해결의 실마리가 있다는 것을. 더욱이 이는 빠끔 담배를 피우는 사람서부터 골초에 이르기까지 모든 끽연 동기를 죄다 아우른다. 그러므로, 이 관점에 입각하여 연구를 진행하지 않으면 스트레스 해소처를 찾는 데 필사적인 현대인을 금연으로 유도하는 데 따른 장기적 전망은 결코 없을 것이다.

이 장에서는 인간 대 인간의 친밀성의 한 대체물로서, 생명이 없는 물체를 대용하는 사례를 다룰 것이다. 인간 친밀성의 원점이라고도 할 수 있는 존재는 물론 애정으로 결합되고 친밀 행위의 대상이 되는 인간이다. 그 원점인 대상에서 한 발짝 떨어진 경우를 지금까지 여럿 검토해왔다. 첫 한 발짝은 잘 모르는 타인(예를 들면 직업적인 터처)을 향해 있었다. 그리고 두 번째 걸음은 대용품적 생물(예컨대 애완동물)에 대한 것이었다. 그리고 이 장에서 내딛는 세 번째 걸음은 더미(dummy)를 향하게 된다. 더미는 그런 의미에서 친밀성의 요인을 감추고 있는 존재이다. 물론 더미는 담배뿐만이 아니다. 그러나 담배 이야기부터 시작하면 전체 주제의 출발점으로 돌아갈 수 있기 때문에 편리하다. 그러면 불에 덴 듯이 울어대는 아기를 주체하지 못한 어머니가 아기 입에 진짜 젖꼭지 대신에 고무 대용품을 물려주는 장면부터 이야기를 시작하기로 하자.

고무 젖꼭지 등 아기용 보조품을 '눈 없는 젖꼭지'라고 부르는 사람도 많다. 젖병 앞에 달린 젖꼭지와 달리 끄트머리에 구멍이 없기 때문이다. 그러나 아기용품 매장에 있는, 알전구만 한 젖꼭지를 가진 어머니는 없으므로 이렇게 부르는 것은 좀 어울리지 않는다. 가짜 젖꼭지는 우유가 나오지 않는 큰 젖꼭지 같은 것인데, 입술에 주는 촉감 면에서는 진짜보다 몇 배 더 뛰어나다. 더구나 이들 모조품에는 진짜 젖꼭지와 비슷한, 무는 입 반대쪽에 평평한 접시 같은 부분이 있어 이를 잘못 삼켜버리지 않도록 방지하고 있다.

그런데 옛날부터 상용되어왔던 가짜 젖꼭지가 얼마 전부터 심한 불평의 대상이 되었다. 여러 병원균의 감염 경로가 되기 쉽다는 것이 그 이유였다. 그러나 그후에 다시 인기를 회복, 오늘날에는 의료관계 전문가들도 한결같이 공갈 젖꼭지 사용을 권장하고 있다.

그 한 가지 이유는, 이른 시기에 가짜 젖꼭지에 익숙해진 아기는 손가락 빠는 버릇이 붙지 않는다는 것이다(어머니의 젖꼭지를 원하는 아기는 손가락을 대용으로 하기 쉽다). 그리고 가짜 젖꼭지가 아기의 입 모양을 비뚤어지게 한다든가 치아의 정상적인 성장을 저해한다고 믿는 어머니는 거의 없어졌다는 점도 있다. 나아가 최근 실험 결과, 이미 많은 어머니가 체험적으로 알고 있던 것 — 공갈 젖꼭지가 갖는, 신경질적인 아기를 달래는 특효약과 같은 효과 — 이 그 계통의 권위자들에게 인정받았다는 점도 있다. 전문용어에서 말하는 '영양섭취가 아닌 젖 먹는 행위'에 관한 상세한 연구가 수많은 유아를 대상으로 이루어졌는데, 몇 가지 흥미 있는 반응이 기록되었다. 아기에게 고무 젖꼭지를 물려주면 불과 30초 후에 아기의 우는 소리가 오분의 일 정도로 줄어들고, 손발의 파닥거림도 반으로 수그러든다는 것이다. 더구나 아기가 우유를 다 먹은 뒤에도 입에 가짜 젖꼭지가 있으면 아주 온순해진다는 것이 판명되었다. 잠든 아기가 쪽쪽 빠는 입 동작을 멈추는 것을 보고 가짜 젖꼭지를 빼내는 순간 아기가 다시 울기 시작했던 것이다.

그러므로 이상과 같은 관찰에서 다음과 같은 사실을 지적할 수 있다.

인간은 입에 물건을 무는 동작을 취함으로써 정신적인 위안을 얻는다. 더욱이 이 동작은 인간에게 가장 원초적인 보호자, 즉 모성과의 보디 터치로 연결되는 안정감을 상징한다. 이것은 상징화된 친밀성의 실체를 가장 잘 보여주는 예이다.

노인들에게서 흔히 볼 수 있는 입버릇, 입에 문 파이프를 몇 초 간격으로 뻑뻑 빨아대는 듯한 입버릇 하나만 하더라도 물건을 입에 무는 동작이 인간에게 얼마나 중요한 습관인지 일목요연하게 보여준다.

'젖 먹는 행위(물론 상징적인 의미에서)'를 하는 성인에게서 최대 문제는 자신의 행위를 그것처럼(이번에는 실질적인 젖 먹는 행위라는 의미) 보이지 않도록 하는 것이다. 여기서 다시 한 번 취리히의 포스터를 상기하기 바란다. 스트레스에 시달리는 성인이 유아용 고무 젖꼭지를 물고 있으면 아마 다른 물건을 물고 있는 것과 마찬가지로 얼마간 좋은 기분이 들 것이다. 그러나 '갓난아기 같다'는 치욕적인 인상이 그 좋은 기분을 가로막는다. 그래서 성인은 다양하게 의장(意匠)을 가미한 모조품을 대용으로 삼을 수밖에 없다. 입에 물어도 흉하지 않다는 점에서, 우선 담배는 성인에게 어울리는 모조품으로서 가장 이상적이라고 할 수 있다. 아이들에게서 끽연을 금지하는 것도, 담배에는 본래 아이 같거나 아이처럼 보이지 않도록 하는 성인 전문의 위장 효과가 숨어 있기 때문이다.

다시 말하면, 성인이 담배를 무는 것은 젖 먹는 행위의 '대상(代償) 효과'를 기대할 수 있기 때문이다. 게다가, 입에 문 담배의 부드러운 감촉과 연기의 훈훈함이 고무 젖꼭지보다 더 진짜 같은 어머니의 젖꼭지를 실감케 해준다. 또 하나, 담배를 빨면 하얀 연기가 목구멍으로 흘러들어간다. 이 쾌감이 그 시절의 환상, 즉 어머니의 젖꼭지로부터 따뜻한 젖을 빨아먹는 듯한 환상에 잠기게 한다. 말할 필요도 없이 하얀 담배 연기는 상징적인 의미에서 모유와 등가치한 것이다.

담배를 피우는 인간은 담배를 입에 물거나 담배를 입에서 손으로 옮겨쥘때, 입 가를 쓰다듬는 듯한 동작을 한다. 이 동작은 어머니의 유방을 만지작거리는 유아 행위와 비슷하다. 또, 한번 담배를 입에 물면 계속 그대로 문 채가끔 생각난 듯이 재만 떠는 사람도 있다. 이 경우, 입에 문 담배는 조는 아기가 이미 우유를 다 먹었는데도 여전히 입에 고무 젖꼭지를 물고 있는 것과같은 의미를 갖는다. 또한 입에서 빼낸 담배를 재떨이나 기타 다른 곳에 두면 될 텐데, 그대로 손가락으로 만지작거리는 사람도 있다. '담뱃진이 밴 손가락'은, 담배를 입술로 터치하는 것에서 나아가 손가락으로 진짜 젖꼭지를주무르듯 담배를 주무르는 심층 심리가 작용하고 있음을 무언중에 증언하고있다.

성인의 젖 먹는 행위를 대상하여 위장해주는 모조품은 아직 종류가 풍부하다. 담배 중에는 높으신 분들이 무는 대형품, 즉 궐련도 빠뜨릴 수가 없다.적당히 굵고 매끈매끈해서 감촉이 뛰어난 궐련은 성인용 '눈 없는 젖꼭지'나같다. 따라서 시가를 문 사람은 판에 박은 듯한 동작을 한다. 마치 따뜻한 우유를 빨아먹듯 연기를 기분 좋게 들이마시며 시가를 이빨로 질근질근 씹는다. 그런데 담배나 시가의 필터가 파이프 부리의 딱딱한 재질 때문에 망가지는 경우가 있다. 그때는 혀가 활약한다. 어머니 젖꼭지나 고무 젖꼭지를 빠는것처럼 파이프 표면을 혀로 부드럽게 돌려 매끄럽게 한다.

애연가의 수요를 예상할 때, 무는 부분에 부드럽고 매끈매끈한 촉감을 겸비한 신제품(이를테면 고무제 부리)이 시중에 등장하지 않는 것은 언뜻 이상하다. 고무제 파이프는 진짜 이미지를 노골적으로 드러내며 위장 효과를 반감시키기 때문에 성인의 품위와 체면을 떨어뜨린다. 따라서, 전혀 그렇지 않은 듯이 파이프를 빠는 파이프 애호가들의 즐거움은 박탈당하고 만다. 고무 파이프를 입술이나 혀로 빽빽 빠는 모습은 의도가 뻔하기 때문에, 고무 파이프가 등장하지 않는 것이다.

따라서 담배의 어마어마한 수요량은, 대용품이 갖는 상징적인 친밀성에서 위안을 구하려는 현대인의 욕망이 얼마나 강렬한지를 말해주는 증거라고 할 수 있다. 그래서 담배에 딸리는, 인체에 해를 미치는 부작용을 제거할 필요성이 대두되는데, 방법은 두 가지가 있다. 스트레스의 원흉인 인구과밀도를 적당한 선까지 낮추는 것과, 담배 이외의 대용품을 제공하는 것이다. 그러나 첫 번째 방법은 지금 현재로서는 무망하고, 그렇다면 두 번째 방법밖에 없다.

이를테면 플라스틱제 담배다. 한때 시용(試用)된 적이 있었지만 이것도 역시 기대할 수 있는 제품은 아니다. 아이디어가 나쁘지는 않으나, 유감스럽게도 플라스틱 제품으로는 진짜 담배의 가장 중요한 역할, 즉 뜨거운 연기를 마음껏 들이마시는 쾌감을 맛볼 수 없다. 게다가 성인이 공공연하게 플라스틱 막대를 입으로 빨아도 우스워 보이지 않으려면 그에 상당하는 구실이 필요하다. 뭔가 좋은 위장이 필요한데 그것이 여의치 않다. 연필이나 볼펜 끝, 성냥개비, 안경 다리 등을 입에 무는 사람은 많다. 하지만 이것들은 사용 목적이 있기 때문에 입에 물어도 별로 이상하지 않다. 그 점에서 플라스틱제 담배는 아기용 가짜 젖꼭지의 이미지가 너무 강렬하다는 난점이 있다. 저 취리히의 포스터가 똑똑히 표현하고 있는 것처럼 말이다.

그래서 다른 대용 담배에서 해결법을 찾게 되는데, 여기서는 담배 회사의 창의성이 커다란 비중을 차지한다. 폐에 해를 주지 않는 합성 담배나 약용 담배는 아직 개발되지 않았지만, 이 방면의 연구가 착실히 성과를 거두고 있는 것은 사실인 듯하다. 이렇게 되기까지는 담배가 폐암의 원인이라는 일련의 캠페인이 특히 공헌했으며, 그 이래로 합성 담배의 개발·연구가 빠른 속도로 진행되고 있다.

이상, 담배를 피우는 습관이 잠재의식적으로 얼마나 깊은 의미를 갖는가에 대하여 대강 분석해보았다. 이 점에 잘 유의하지 않으면, 담배 공해 캠페인은 길게 보아 진정한 효과를 거두지 못하리라는 것이 내 생각이다.

먹을 거리와 친밀성

막 금연한 사람이나 금연하려고 하는 사람이 투덜대는 말은, 우유가 나오지 않는 의사 젖꼭지라고나 해야 할 담배를 끊자마자 뒤룩뒤룩 살찌기 시작한다는 것이다. 이것은 인간이 물질을 먹는다는 행위에 대한 힌트로서 중요한 의미를 갖는다. 인간은 날마다 수백 수천 번씩 물질을 씹고 빨고 마시는 동작을 반복한다. 이는, 단지 무언가를 먹고 싶다는 욕구뿐만 아니라 상징적인 구강 친밀성과 기본적으로 관련이 있음을 말해주고 있다.

예를 들면, 담배를 끊은 남자가 입이 궁금한 나머지 조금씩 달콤한 것에 손을 뻗고 그것을 가짜 젖꼭지 대용으로 담배를 피우던 입에다 집어넣는 행위가 그렇다. 사탕이나 과자류를 입에 집어넣는 것도 젖 먹는 행위의 위장된 대상행위의 하나다. 사실 사탕류는 인간의 구강 친밀성의 대상으로서, 유아기의 가짜 젖꼭지와 성인기의 담배 사이에 있는 틈을 메워주는 역할을 한다. 과자 가게는 유아기를 지난 아이들을 위해 존재한다. 고무 젖꼭지와 작별한 아이들은 꽈배기나 달콤한 막대과자를 입에 문다. 과자는 아이들의 치아에 해를 주긴 하지만, 그보다도 유아 때 입술에 닿았던 부드러운 촉감의 대역을 한다는 긍정적인 면이 더 크다. 성인이 과자로 입의 허전함을 달래는 경우도 적지 않다. 이를테면, 젊은 연인들에게 초콜릿류는 달콤한 사랑에 딱 들어맞는 선물이며, 따분한 부인들은 기분 전환을 위해 사탕병의 뚜껑을 열기도 한다. 또한 성인의 면목을 세워주는 특별 사탕도 있다. 아이들에게는 거리가 먼

알코올을 사용한 위스키 사탕이 성인용 빨기 대용물로서 통용되고 있다.

사탕류는 부드러움과 달콤함이라는 특질 때문에 상징적인 역할을 충분히 하고 있지만, 애석하게도 진짜 젖꼭지와 달리 금방 녹아 없어진다는 결점이 있다. 이 결점을 거의 완전하게 보완한 것이 츄잉껌이다. 치클이라는 신축성 있는 원료로 만든 츄잉껌은 인공 감미와 향료 가공이 되어 있다(보통 치클 하나에 사탕 세 배를 혼합해서 열가공하고, 정향유·계피·페퍼민트 등의 향료를 첨가하여 제조한다).

몇 시간이고 마음대로 씹을 수 있는 껌은 광고 카피식으로 말하면, "당신의 기분을 상쾌하게 해주고, 정신집중에 최고다." 진품을 대신하는 상징적인 물체라는 의미에 더하여, 이 특별 젖꼭지는 고무질이라 이로 씹을 수 있다는 특질을 가지고 있다. 사실 이 특질 때문에 껌은 더없이 많은 애호가를 획득할 수 있었다. 그러나 이것도 결점은 있다. 끊임없이 턱을 움직이는 동작이 사람 눈에 띄기 쉽다는 것이다. 이것은 껌을 씹는 당사자에게는 문제가 되지 않지만 옆 사람에게는 괴로움을 준다. 입 안의 음식물을 삼키지 않고 계속 질겅질겅 씹어대는 모습은, 지켜보는 사람에게는 딱딱한 근육 같은 것을 씹는 듯한 불쾌감을 준다. 껌을 씹는 사람은 마음이 안정되는 것에 반해, 이것을 보는 사람은 신경 거슬리는 것이다. 따라서, 껌을 씹는 것은 예절에 어긋나는 행위로서 금지되는 경우가 많다.

인간은 성인이 되어서도 긴장하거나 피로할 때 따뜻하고 달콤한 음료를 통해 마음을 안정시키고자 한다. 그것은 아마 어머니의 유방에서 빨아마셨던 젖이 따뜻하고 달콤한 액체였다는 것과 무관하지 않을 것이다. 홍차, 커피, 음료용 초콜릿, 코코아 등의 연간 소비량은 막대하다. 그러면 과연 우리는 진짜 목이 말라서 이토록 많은 음료수를 마셔대는 것일까? 이 경우에도 목이 마르다는 것은 따로 준비해둔 대인적인 구실에 지나지 않는다. 모유 대신 음료수를 마실 때에는, 정신적인 갈증을 느끼는 사람의 입술에 닿는 찻잔이나 컵의 매끈매끈하고 기분 좋은 촉감이 무엇보다 중요하다. 만사 쓰고 버리는 시대에 걸맞게 종이컵이 등장했을 때 이것을 반대하는 목소리가 높았던 것도, 실은 거칠거칠한 종이 재질이 소중한 촉감을 손상시키기 때문이었다는 사실을 쉽게 상상해볼 수 있지 않을까?

음료수에 대해서도 위장이 이루어진다는 것이 흥미롭다. 홍차를 마시는 사람은 뜨거운 홍차를 좋아하고, 우유를 마시는 사람은 차가운 우유를 좋아한다. 따뜻한 우유를 마시는 것은 너무나 아기 같아 보이기 때문이다. 병자들은 뜨거운 우유를 마시는 것이 보통인데, 이 사정에 대해서는 이미 분석한 바 있다. 성인들의 경쟁 사회에서 떨어져나온, 말하자면 전인격적으로 일시적 유아 상태에 처한 병자로서는 어떤 행위가 아기처럼 보여도 달리 이상할 게 없기 때문이다.

찬 우유나 밀크 쉐이크를 마실 때 흔한 빨대를 사용하는 것도 시사적이며, 그 외에도 다른 형태로 정신 안정에 즐겨 이용되는 차가운 음료는 많이 있다. 그것들은 대개 '목의 갈증을 풀어주는 음료'라고 선전되지만, 목적이 그것만이라면 가공하지 않은 생수가 가장 좋을 것이다. 실제로 물 이외의 음료를 선호하는 이유는, 첫째 감미롭고, 둘째 병 주둥이에 입을 대고 마신다는 것인데, 이 두 가지가 모유 섭취행위를 상징하는 것으로서 가치가 있기 때문이다.

병 주둥이는 예전에는 대형이었지만 최근에는 상당히 소형화하고 있다. 곧 아기 젖병의 젖꼭지 크기에 가까워지는 것이다. 덧붙여 말하면, 앞의 취리히 포스터가 담배 대신에 콜라나 레모네이드 병에 고무 젖꼭지를 단 것을 들고 있었다면 더 확실하게 표현되었을 것이다.

이 밖에도 잠깐이지만 정신적인 위안을 찾아 물건을 입에 가져가는 예는 여전히 많이 남아 있다. 작은 나뭇가지를 꺾어 물거나 목걸이를 손으로 잡아 입으로 가져간다……. 성인의 생활에, 유아 시절에 뭔가를 입에 물던 친밀성의 흔적이 많이 남아 있다는 사실은 이미 충분히 설명이 되었으리라고 생각한다. 그것을 가장 단적으로 설명하는 것이 우정에서 나온 키스와 성애의 욕구에서 나온 키스인데, 입 이외의 다른 부분에 대해서도 분석을 진행하기 위해, 여기서는 더 이상 언급하지 않는다.

가구와 친밀성

우리가 아기 시절에 체험하는 또 하나의 원천적인 보디 터치는 어머니가 아기의 뺨을 자신의 몸에 대고 강하게 누르는 동작이다. 뺨을 부드러운 재질로 된 대체물에 부비는 동작은, 남성은 별로 없지만 여성은 성인이 되어서도 상당히 습관적으로 행한다. 푹신푹신한 침대나 모포, 촉감 좋은 시트 제품의 CM이나 광고는 어떠한가? 몹시 행복한 듯한 미소를 띤 여성이 전신을 감싸는 침구류에 몸을 맡긴다. 머리를 가볍게 한쪽으로 기울이고 침구의 보들한 겉면에 뺨을 기댄다. 대개는 그런 장면일 것이다. 모포의 경우도 마찬가지다.

모피 광고도 대개는 비슷한 것 같다. 모피 깃이 바싹 세워져 있는데, 이것도 물론 모피를 입은 사람의 뺨에 기분 좋은 촉감을 주기 위해서다. 그리고 모피 융단의 경우에는 그 보디 터치의 면적이 훨씬 넓다. 마치 거인으로 화한 어머니의 몸이 마루에 느긋하게 드러누워 있다는 식이다.

뺨을 갖다대는 보디 터치 동작을 유도하는 부드럽고 감촉 좋은 물체 가운데 가장 보편적으로 누구──남자와 여자, 나이 차이를 불문하고──나 사용하고 있는 것은 뭐니 뭐니 해도 베개일 것이다. 어머니 가슴에 작은 머리를 기댔던 어린 날과 마찬가지로, 인간은 하루의 마지막 시간에 폭신한 베개가 주는 애무에 머리를 뉘어 위안을 얻으며, 이윽고 깊은 잠에 빠져들어 생존경쟁에 지친 몸과 마음을 재충전한다.

베개 회사는 베개의 탄력성과 부드러움의 조화가 어느 정도여야 가장 적당한지 그 미묘한 균형을 찾아 크게 고심하고 있다. 그 결과 이불집에는 약간씩 탄력성이 다른 베개 신제품이 죽 진열되어 있다. 성인들 중에는 특정한 베개, 특정한 딱딱함을 가진 베개가 아니면 깊은 잠을 자지 못한다는 사람도 많다. 이런 사람들은 호텔이나 친구집 등에서 외박할 때 베개가 바뀌기 때문에 쉽게 잠들지 못한다. 베개 그 자체가 바뀌었다는 것과 그 딱딱한 정도가 다르다는 양쪽 이유 때문에 편히 자지 못하는 것이다. 더구나 이 현상은 이른바 마이홈주의자에서 현저히 나타난다. 거의 집 밖에서 자본 적이 없는 그들은 몇 년 동안 같은 딱딱함과 높이와 눌림(凹) 정도를 갖는 특정한 베개에 온통 익숙해 있기 때문이다.

다른 침구들도 마찬가지다. 베개의 미묘한 촉감과 마찬가지로 요에 대해서도 우리는 자신에게 맞는 특유한 부드러움(혹은 딱딱함)을 고를 것이다. 침대도, 가벼운 느낌을 좋아하는 사람이 있는가 하면 딱딱함을 좋아하는 사람도 있다. 어떤 사람은 깊이 파묻히는 감촉이 중요하다고 하고, 또 다른 사람은 팽팽한 탄력성이 최고라고 말한다. 어쨌든 침대에서 숙면할 수 있는 조건은 절대적이다. 인간은 인생의 약 삼분의 일을 침대 위에서 보내기 때문이다.

그런데 1970년에 미국 침구 시장에 신제품이 하나 등장했다. 물침대가 그것이다. 소재로 보면 비닐 주머니에 물을 넣은 것에 불과하지만, 이 제품은 몸을 실으면 물에 뛰어든 것처럼 잠기기 때문에 마치 자궁 속으로 돌아간 것 같은 촉감을 준다. 게다가 자동 온도조절장치가 물을 적당한 온도로 유지시킨다. 물침대는 1970년 하반기만 해도 15,000세트 이상이 팔려 생산이 따라가지 못할 정도로 인기가 높았다. 제조회사는 미래의 고객들에게 이렇게 호소했다고 한다. "호화로운 수중생활을 즐기십시오. 당신은 최고의 안면을 약속받고 있습니다. 몸을 자유자재로 뒹굴며 잘 수 있으니까요." 그러나 어머니의 자궁 속에서 편히 잘 수 있다는 표현을 썼기 때문에 곤란한 일이 발생했다. 즉, 자궁 피막은 파열의 위험성이 있다. 물침대가 어떤 상황에서 터진다면 그건 바로 아기가 자궁으로부터 세상으로 나오는 것과 똑같은 상황이 된다. 이것은 장난이 아니다. 사소한 것 같지만 이 성가심 때문에, 많은 사람들이 결국은 늘 쓰던 구식 침대에 몸을 의탁하는 것이다.

인간이 촉감이 부드러운 베개, 이부자리, 매트리스에 몸을 묻고 자는 습관을 객관적으로 분석해보면, 대단히 중요한 의미를 포착할 수 있다. 침구류는 단지 꿈의 시간을 보낼 수 있도록 하는 안면장치만은 아니다. 즉, 지나간 하룻동안 겪은 갖가지 경험을 뇌 속 '불면성 컴퓨터'가 작용해 알맞게 정리하고 분류하는, 그러한 꿈의 시간을 위해서만 존재하는 것이 아니다. 그렇다고 이윽고 다가올 새로운 하루를 대비해 육체적인 휴식만을 구하는 도구는 더더욱 아니다. 그것은 인간이 따뜻한 공간 속—피가 통하지 않는 물질적인 공간 속—에서 수면을 통해 자기 자신을 잊고 정신적 피로를 푸는 친밀 행위의 대상이다. 자기 자신이 우주적 존재와 일체화한다는 무한한 도취감 속에서 전신적인 친밀성에 잠기는 대상인 것이다. 따라서 침구는 '천으로 된 자궁'이며, 동시에 '천으로 만들어진 어머니'의 포옹이기도 하다.

인간은 침대에 들어가는 시간 이외에도 이런 종류의 쾌감에 몸을 맡긴다. 영리한 가구 회사가 자신있게 선전하듯이 촉감이 좋고 침대처럼 깊숙이 몸을 파묻을 수 있는 안정감 있는 소파류, 문자 그대로 안락의자와 '호화' 소파가 그것이다. 예전에는 꿈도 꾸지 못했는데, 지금은 이러한 훌륭한 소파 없이는 거실이나 응접실, 휴게실 인테리어는 생각조차 할 수 없다.

하루를 힘들게 보낸 우리는 저녁식사 후 부드러운 소파에 깊숙이 몸을 파묻고 기분 좋은 보디 터치의 감각을 즐기는 데 익숙해 있다. 물론 소파가 인간처럼 팔을 뻗는 것은 아니다. 그러나 탄력 있는 소파 표면이 인간의 팔과 크게 다르지 않을 정도로 기분 좋은 보디 터치 감촉을 준다. 소파라는 상징화된 '어머니의 무릎' 위에 부드럽게 안겨, 사람은 아이들 때와 다를 바 없는 안정감을 느낀다. 그리고 그 안정감 속에서 일상적으로 일어나고 있는 경쟁 사회의 사건을 텔레비전이나 소설을 통해, 그에 휘말릴 염려 없이 '타인의 일'로서 바라본다.

안락의자에 파묻혀 텔레비전을 보는 행위는 어머니의 무릎에 안긴 아기가 창 너머로 바깥세상의 일들을 보는 것과 비슷하다. 혹자는 이 글에서 나의 비판적 의도를 읽을지도 모르겠다. 그러나 그것은 나의 진의가 아니므로 서둘러 덧붙이기로 하자. 사실은 그 반대다. 세상 사람들의 생활에 깊숙이 파고든 텔레비전은 우리에게 많은 도움을 주고 있다. 오락을 제공하고 교양을 높여주는 긍정적인 면 외에도, 텔레비전을 보는 것은 현대인의 스트레스 해소에 크게 도움된다. 우리가 바라보는 일상생활과 비슷한 '사건들'은 엄밀히 브라운관 안에 갇혀 있어서, 절대로 우리 몸에 해를 끼치지 않는다. 그것은 '어머니의 무릎'으로서의 의자가 진짜 무릎에 비해 절반밖에 작용하지 않는 결점을 보충해준다. 왜냐하면 진짜 어머니는 보호자로서 결정적인 두 가지 작용을 하기 때문이다. 하나는 부드러운 촉감으로 보디 터치를 해준다는 것, 또 하나는 외계의 자극이나 공격으로부터 아기를 안전하게 지켜준다는 것이다. 물체인 의자에는 물론 후자의 작용은 없다. 그런데 브라운관의 존재가 영상이 우리 몸에 영향을 미치는 것을 차단하고 있다. 그것은 텔레비전 속에서 펼쳐지는 현실과 비슷한 권모술수의 드라마로부터 우리를 보호하는 힘 있는 '벽' 작용을 하는 것이다.

이렇게 보면 의자와 텔레비전이 갖는 상징적인 의미가 명백해진다. 그것은 '아기를 보호하고 아기에게 위안을 주는 어머니＝외계를 차단하는 브라운관＋편안함을 주는 의자'라는 식으로 공식화된다.

이와 마찬가지로, 실내생활에서도 여러 가지 사실을 발견할 수 있다. 예컨대 휴가를 얻어 여행할 때 우리는 설비가 잘된 호텔을 고른다. 호텔은 아이 시절에 탁아소에서 받았던 것처럼 극진한 보살핌을 보장하기 때문에 거의 손가락 하나 까딱하지 않아도 된다. 식사는 (어머니 대신에) 주방장이, 심부름과 이부자리 준비 및 방 청소는 (역시 어머니 대신에) 여급이 해준다. 따라서 고급 호텔에서 룸 서비스를 충분히 이용하면 누구나 요람 속 아기와 똑같은 생활을 할 수 있다. 울음소리 대신에 벽에 붙은 벨을 누르거나 실내전화를 들면 만사가 해결된다. 그래서 소위 벼락부자들이 모든 걸 제치고 가장 하고 싶어하는 것은 자신의 신변을 돌보아줄 사용인을 고용하여 가정을 완전한 '보호환경'으로 만드는 것이다. 그리고 앞 장에서 지적했듯이 병원의 환자나 자택 요양자도 똑같은 유아적 보호환경에 있다고 할 수 있다.

일상생활 속에서도 간단하게 '자궁적 환경'으로 복귀할 수 있다. 뜨거운 목욕탕에 들어가는 것이 그것이다. 적당히 뜨거운(자궁 속과 같은 정도) 탕(양수에 해당한다)에 들어가 온몸으로 쾌감을 느끼는 인간은 완만한 곡선을 가진 욕조(자궁 그 자체에 해당) 안에서 완벽하고 안전하게 보호받는 자신을 느낀다. 욕실 문은 단단히 잠겨 있어 외계로부터 위험한 타인이 침입해올 염려는 전혀 없다.

그러나 조만간 욕탕에 들어간 '일시적 유아'는 욕조의 마개를 빼고 마지못해 '태내'에서 나오는 외상을 경험할 수밖에 없다. 그런데 목욕을 좋아하는 사람이 가장 싫어하는 이 순간, 이때의 기분을 아는지 타올 회사는 부드러운 촉감을 최상화하여 시장에 내놓고 있다. 어떤 타올회사의 광고 카피는 이렇게 말하고 있다. "저희 회사의 목욕 타올은 당신의 몸을 꼭 감싸며 닦아줍니다!" 그리고 포스터에는 아름답고 젊은 누드 여성이 같은 회사 제품의 목욕 타올을 얼굴서부터 허벅다리까지 둘둘 감고서 황홀한 표정을 짓고 있다. 마치 진짜 온몸으로 애무를 받고 있는 것처럼.

입을 거리와 친밀성

이 처녀도 언젠가는 목욕 타올을 벗을 수밖에 없겠지만, 옷을 걸칠 때에도 마찬가지로 부드러운 촉감이 주는 친밀성을 느낄 수 있다. 내의, 스웨터, 스커트, 그 밖에 인간이 몸에 걸치는 모든 물건에 관한 선전 문구가 똑같은 효과를 보증한다. 예컨대 팬티를 입는 것은 단지 행실 때문이 아니다.

팬티는 "당신의 몸에 찰싹 달라붙어 부드럽게 애무하는 듯한 느낌과 멋진 보디 라인을 만들어준다."고 선전한다. 다음으로 팬티 스타킹은 "당신의 관능을 일깨워주는 매끈매끈한 착용감으로 발가락 끝에서 히프 라인까지 찰싹 밀착한다."고 한다. 스타킹은 물론 "손가락으로 부드럽게 훑는 것처럼 당신의 다리를 포옹하고," 저지 슈트는 "당신의 몸에 싹 달라붙는 촉감."이라고 한다.

그래서 전신에 완전히 옷을 걸친 그 여자는 언뜻 혼자 있는 것처럼 보이지만, 친밀성이 상징화된 위장품에 몸을 맡겨 전신을 애무받고 자극받고 있는 셈이 된다. 만일 이러한 선전 문구가 모두 문자 그대로 작용하여 상승적인 효과를 올린다면, 그 처녀가 자신의 방을 가로질러가는 것도 기적적인 행위라고 해야 할 것이다. 왜냐하면 그녀는 그 순간 자신을 둘러싸고 있는 황홀감에 실신 직전까지 갔을 것이기 때문이다. 그렇다고 그녀의 연인이 자신의 불행을 한탄하기에는 아직 이르다. 상징적인 연인인 의류의 종합효과도 실제로는 카피라이터가 쓴 것만큼 강하지 않기 때문이다. 하지만 착용감 좋은 재질로 된 최신 의류가 사람에게 주는 보디 터치 효과는 어느 정도는 사실이고, 또 중요하다는 사실에는 변함이 없다.

하지만 의류와 그것을 입는 인간과의 친밀성은 일방통행적인 것이 아니다. 의류가 그것을 입은 사람을 부드럽게 간질일 뿐 아니라, 반대로 사람이 의류에 터치를 가하는 경우도 있기 때문이다. 이것은 사람이 자신의 몸에 밀착한 의류로부터 부드러운 애무를 받는 것에 대한 반대급부적인 행위라고 할 수 있다.

사람이 가장 좋아하는 반대급부 동작은 옷의 갈라진 틈에 한 손(또는 양손)을 찔러넣는 것이다. 이 말을 들으면 나폴레옹의 그 자신만만한 자세, 즉 한 손을 군복에 집어넣고 있는 자세가 즉시 떠오를 것이다.

그러나 최근에 가장 많이 눈에 띄는 것은 호주머니에 손을 찔러넣는 동작이다. 호주머니는 본래 작은 물건을 넣어두기 위해 만들어진 것이다. 따라서 호주머니에 손을 집어넣는 것은 당연히 어떤 물건을 끄집어내는 동작일 것 같지만, 실제는 다르다. 호주머니에 손을 집어넣은 자세는 대개의 경우 물건을 쥐는 동기와는 전혀 관계가 없다. 그 경우에 손은 호주머니라는 상징적인 물체와 접촉 자체를 즐기는 것이다. 따라서 호주머니 속에 있는 동안 손은 보디 터치를 하게 된다. 학생이나 병사들을 향해 "호주머니에서 손을 빼라!"는 명령이나 주의가 자주 내려지는 것에 대해 제대로 그 이유가 설명된 적은 없었다. 보기 안 좋다든가 깔끔하지 못하다는 것이 전부였다. 그러나 우리 눈에는 진짜 이유가 분명하게 보인다. 호주머니에 손을 넣는 자세를 통해 상징화된 친밀성의 기분에 잠겨 긴장감을 잃어버리기 때문이다. 공부에 대한 집중력이 떨어지고, 병역에 관한 충성심이 손상되기 때문이다.

그런데, 손을 의류에 대도 상관없는 경우(특히 남성의 경우) 어디에 터치하는가에 대해서는 몇 가지 선택의 여지가 있다. 그리고 의류에 터치하는 모든 동작으로부터 한 가지 재미있는 규칙이 도출된다. 그 규칙은 다음과 같다. 의류에 터치하는 부분이 머리에 가까울수록 위압적인 뉘앙스가 강하다. 가장 위압적인 동작은 옷깃을 쥐는 행위다. 다음은 조끼 호주머니에 손가락을 찔러넣는 동작, 그 다음이 나폴레옹 식으로 윗옷의 단추 채우는 부분에 손을 집어넣는 자세다. 더 밑으로 내려가면 윗옷 옆 주머니에 손을 집어넣는 것, 그리고 더 아래로 내려가서 바지 호주머니에 손을 집어넣는 것이 그 다음이다. 몸의 가장 아래로 내려가 허벅다리 부근에 달린 호주머니에 손을 집어넣는 것이 가장 위압성이 약하다.

이 규칙은 어떤 근거를 가지고 있을까? 손이 의류 윗부분에 닿을수록 그 동작은 때린다는 의미의 동작성이 강해지고, 따라서 상대에 대한 위압성이 커진다. 실제로 우리는 적대자를 때리려고 할 때에 먼저 팔을 올리고 얼굴 가까이에서 주먹을 쥔다. 공산주의자가 주먹을 머리 위로 올려 인사하는 방식은, 이 동작이 공식적인 예의로까지 패턴화된 예다. 손으로 의류에 터치하는 동작에 한해서 말하면, 옷깃을 확 잡는 동작이 때리겠다는 폭력적인 위압 행위에 가장 가깝기 때문에 이 행동에서 가장 사납고 고압적인 이미지를 연상하는 것이다.

조끼 호주머니에 손가락을 찔러넣는 자세는 현대인의 눈에는 독선적이고 위세를 떨치는 듯해서 좀 우습게 보인다. 그래서 타인들 위에 올라선 관록 있는 거물들은 오늘날 공공장소에서 다소 뽐을 낼 때, 윗옷의 옆 호주머니에 손을 넣는 자세(앞의 규칙에서 말하면 위압성이 더 적은)를 취한다. 대기업의 정상, 장군, 사령관, 정당의 거물과 같은 사람들이 즐겨 이 자세를 취하며, 1920년대 예스런 갱들이 영화나 연극에 등장하면 반드시 이 판에 박은 자세를 취하는 것을 볼 수 있다. 거물들은 자신이 누리는 권력을 과시할 때, 손을 바지에 찔러넣는 동작은 절대로 취하지 않는다.

그러나 앞의 규칙에도 흥미 있는 예외가 있다. 허리띠에 엄지손가락만 찔러넣고 있는 자세가 그것이다. 터치 부분만을 생각한다면 몸의 아랫부분에 해당하지만, 이 동작은 맹렬하고 위압적인 뉘앙스를 풍긴다. 본래 이것은 남자다움을 뽐내는 사람들 — 카우보이나 카우보이를 흉내내는 젊은이들, 그리고 말괄량이 아가씨들 — 의 자신만만한 자세다. 그렇다면 그들의 위압감은 권총을 빨리 뽑는, 빈틈없는 몸동작의 이미지에서 나온 것일까? 그렇지는 않다. 이것은 조끼를 걸칠 기회가 적어진 현대인들이 조끼에 손을 찔러넣던 구시대의 자세를, 엄지손가락을 허리띠에 찔러넣는 자세로 약간 스타일을 바꾼 것뿐이다. 이 자세는 손가락을 모두 허리띠 밑이나 바지 윗 언저리에 두는 변형 스타일도 많은데, 그렇게 되면 주먹의 공격성으로 상징되는 위압감은 당연히 반감된다.

이 밖에도 우리는 안 그런 척하면서도 입은 옷 여기저기에 손을 갖다대며 친밀성을 확인하고 있다. 이러한 행위는 모두 정신적인 긴장을 해소하는 작용을 한다. 이 모든 것들은 다른 사람들이 우리를 안정시키기 위해 옷매무새를 만져주는 동작을 상징화한 형태들이다. 예를 들면, 커프스 단추를 자꾸 만지거나 넥타이를 고쳐매거나 하는 남성의 동작이 여기에 해당된다. 케네디 대통령도 사람들 앞에서 긴장하면 늘 윗옷 단추에 손을 갖다대는 버릇이 있었다고 한다. 윈스턴 처칠 경은 긴장했을 때 윗 옷자락을, 그 부분만이라도 자신을 살짝 껴안는 것처럼 손가락으로 꾹꾹 누르곤 했다 하는데, 사실 그런 사진들이 많이 남아 있다.

여성의 경우는 어떠한가? 마음이 가라앉지 않으면 곧 팔찌나 목걸이에 손을 대거나 손가락으로 만지작거린다. 마치 여승이 염주를 굴리면서 기도를 올리는 것처럼 물건을 만짐으로써 마음을 가라앉히는 것이다. 그 외에 루즈로 입술 표면을 가볍게 터치한다든가 분첩으로 얼굴을 두드리는 등, 스트레스 만당인 사회생활에 지친 여성들은 신경의 피로를 촉감에 의한 쾌감으로 풀려고 한다. 나아가 더 사적인 생활 면에서는 머리카락을 다듬는 행위라고는 생각할 수 없을 만큼 열심히 빗질을 하는 경우도 있다. 그때의 빗은 머리를 다듬는 본인이 자기 자신에게 가하는 위안의 행위, 즉 대역 '연인'의 역할을 하고 있다.

또한 친한 사람에게 직접 보디 터치를 하는 대신에 어떤 물건이 중개역을 하는 경우가 있다. 예를 들면, 건배할 때 잔을 마주치는 동작은 상대와 손과 손으로 직접 악수하는 것을 대신하는 행위가 된다. 고전적인 사례로서, 빅토리아 시대의 가족 앨범에서 예를 들어보자. 그 무렵 전형적인 가족사진에는 중앙 의자에 어머니가 앉아 있다. 그 무릎 위에는 대개 가장 늦게 가족구성원이 된 막내자식이 새끼새처럼 안겨 있다. 옆에 선 남편은 심정으로는 아내의 어깨라도 껴안고팠을 것이다. 그러나 당시는 용납되지 않는 행위였다. 그래서 그는 아내가 앉은 의자 등받이에 손을 대는 자세를 취한다.

현대생활에서 유사한 사례를 찾아보자. 두 친구가 예의 바르게 같은 소파에 나란히 앉아 있다. 그때 한 사람의 팔은 다른 사람을 향해 뻗는 형태로 소파 등에 놓여 있을 것이다. 두 사람이 각각 다른 의자에 앉아 있다면, 마주 앉은 상대에게 말을 거는 사람은 마치 상대를 부드럽게 껴안을 것처럼 자신의 팔을 가슴 앞에서 둥글게 하고 있을 것이다. 그리고 더 큰 위안을 얻는 것이 흔들의자를 이용하는 경우로, 케네디 대통령도 휴식을 취할 때 자주 이용했다고 한다. 흔들의자는 앉은 채로 몸을 흔드는 의자인데, 말할 필요도 없이, 어머니가 팔로 아기를 안아 흔들거나 요람에다 뉘고 흔들어주는 것과 똑같은 효과가 있다.

성적 흥분의 대용물

마지막은 성적인 친밀성의 대역을 하는 것이다. 흔한 사례는 연인이나 아내나 자식의 사진 같은 것이다. 그리고 공상 속 교섭상대인 여성의 사진이 벽에 걸려 있으면 실체가 없어도 터치나 키스가 가능하다. 사람 실물 크기인 필로우 포스터(pillow poster, 특히 머리맡 벽에 걸어놓은 사진)도 똑같은 이용가치가 있다. 최근에는 아랫도리만 입은 반누드에다 좋아하는 영화배우의 얼굴을 합성한 필로우 포스터까지 손쉽게 구입할 수 있다. 머리맡 벽에 포스터를 걸어두면 동경하는 미인과 뺨을 맞대고, 침대 속에서 종이 '대역 연인'에게 안겨 잠들 수 있는 것이다.

그것보다 훨씬 직설적인 대용품은 어떨까? 제2차 세계대전이 한창일 때에 적군 병사들이(언제나 이런 정보는 꼭 적군으로 한정되어 있다) 최전선에서 더치 와이프(Dutch wife, 사람 실물 크기의 여자 인형, 일종의 죽부인)를 사용하고 있다는 소문이 흘러들어온 적이 있다. 병사들의 성 욕구 처리에 여성 성기까지 갖춘 공기주입식 더치 와이프가 사용된 것이다. 그러나 이것이, 적진영이 섹스에 얼마나 굶주려 곤란한 지경에 이르렀는가를 알려 우리 병사들을 선무하고자 한 선전활동의 일부였는지 아니면 사실이었는지, 나는 아직도 확인하지 못하고 있다.

남성 성기의 물질적 대용품은 여성 성기와 대조적으로 긴 역사를 가지고 있으며, 여러 가지 모조 페니스가 실재하고 있다. 아마 구약성서 시대부터 있었던 것 같다. 장형(張型)이라는 이름이 가장 일반적인데, 그 밖에도 가짜 양물, 위안품, 얌전하지 않은 보석, 남자 인형 같은 이름이 있다. 성서시대 이전에도 그 유사품이 있었는데, 예를 들면 기원전 수백년 전의 바빌로니아 조각품 중에 그런 형태가 있다. 또한 고대 그리스에도 오리스보스라는 '미끈미끈한 양근'을 의미하는 도구가 있었으며, 특히 터키 왕조의 하렘에서 애용되었다. 시대가 지남에 따라 장형은 세계 각지에 보급되어 실용화되었다. 그리고 어떤 시대에는 장형이 널리 이용되고 다음에는 별로 관심을 끌지 못하는, 달이 차고 이지러지는 것과 같은 주기를 반복하였다. 그러다가 18세기에 런던에서 일반적으로 시판되면서 장형 수요가 정점을 이루었다. 그후 장형이 다시 대량으로 나온 것은 20세기 중반이 되고 나서였다. 18세기 제품에는 "삽입 시 절정감을 최대한 누릴 수 있도록 세심한 가공"에 온갖 기술을 동원했다는 설이 있다. 1970년 현재, 거의 모든 서구국가의 마을에 존재하는 '섹스숍'이라는 간판이 붙은 가게에는 다양한 장형이 진열돼 있다. 이 장형을 사는 사람 중에는 변덕스러운 남자도 드물지 않지만, 진짜 이용자는 삽입기구가 필요한 레즈비언, 자위 기구가 필요한 독방 신세 지는 중년 부인들이 대부분이다.

최근에는 기계식 '움직이는 장형'도 두 종류 등장했다. 첫 번째 제품에는 아주 고도의 기술이 이용되었는데, 이것은 미국 어느 의학연구소가 인간 성행위의 기능적 본질을 해명하기 위해 특별히 디자인한 것이다. 방사선 학자가 발명한 이 전동식 플라스틱 제품 내부에는 소형 카메라와 무열광선에 의한 조명장치가 장착돼 있어 질 내부 모양을 촬영할 수 있다. 그리고, 삽입 후취향에 따라 최고의 마스터베이션 효과를 거둘 수 있도록 왕복 속도와 깊이를 다이얼로 조정할 수 있게 했다. 모든 점에서 보아 이 장형은 놀랄 만한 '섹스기계'라 하지 않을 수 없다. 이것은 본물과 비슷한 감도, 그리고 본물과 달리 지칠 줄 모르고 발기하는 경이적인 정력을 가지고 있다. 그런 의미에서 이것은 이상적 '남성'이다.

한편 성능은 좀 떨어지는 반면에 가격이 싼 바이브레이터 혹은 진동 마사지기가 있다. 이 기기는 요즘 상당한 인기를 끌고 있는 듯하다. 가늘고 끝이 둥근 플라스틱 제품으로서 건전지로 작동되며, 표면은 매끈매끈하다. 이 제품의 본래 기능은 표면상으로는 핸드 타입의 근육 마사지기지만, 손에 쥐어 보면 다른 목적에 치중돼 있음을 금방 알 수 있다. 부드럽게 떨리는 막대의 진동이 마스터베이션하는 데 안성맞춤인 것이다. 그리고 이용자 입장에서도 살 때 "핸디 타입의 마사지기 주세요." 하면 된다는 점에서도 그만이다. 자기만족을 위해 섹스 도구를 찾는다고 하면 제 풀에 당혹·창피·굴욕을 느끼지만, 이것은 그런 염려가 전혀 없다. 광(狂)들 사이에만 배부되는 어느 지하신문에도 이런 수수께끼 같은 안내문이 들어 있다. 전형적인 한 문장을 보자. "개인적인 마사지기. 삽입 가능, 감도 양호. 몸의 피로를 말끔히 해소. 길이 18센티미터, 직경 약 4센티미터, 전지식." 이 카피가 주는 조심스럽고 암시적인 어투는 섹스에 관한 한 거리낌 없고 노골적인 지하신문의 기사치고는 이질적이기까지 하다. 이것 또한 앞에서 말한 원칙을 지키고 있다고 하겠다. 성인의 친밀성에는 본인 혹은 주위 사람을 배려하는 위장효과가 필요하다는 원칙을.

그런데 섹스 대용품 가운데서도 한층 이채로운, 발명 재주가 뛰어난 도구는 일본 여성들이 가끔 이용하는 '린노다마[琳の玉, 또는 輪玉]'일 것이다. 이것은 비둘기 알만 한 크기에, 속이 빈 두 개의 구슬로서, 물론 바기나에 삽입된다. 대개는 금속제(주석 등)인데, 최근에는 플라스틱 모조품도 많다고 한다. 두 구슬 중에 하나는 속이 비어 있고, 다른 하나는 대개 소량의 수은이 들어 있다. 먼저 속이 빈 구슬을 바기나의 가장 깊은 곳, 즉 자궁경부 가까이까지

밀어넣는다. 다음에는 수은이 든 구슬을 넣고, 바기나 입구에 티슈나 탈지면을 댄다. 이상과 같이 해놓으면 밖에서는 여성의 성기 안에 든 이 비밀장치를 절대로 알아볼 수가 없다. 이렇게 준비가 끝나면 여성은 언뜻 아무렇지도 않게 꾸민 채 자기만의 쾌락에 잠길 수가 있다. 공원에서 그네를 타거나 흔들의자에 몸을 맡긴다. 리드미컬한 이 운동은 남성의 페니스가 여성의 바기나에서 왕복하는 동작과 비슷한 효과를 낸다고 한다. 린노다마는 성구(性具)로서 다시 없는 장점, 즉 대중 앞에서도 눈에 띄지 않고 절정감을 누릴 수 있다는 장점을 가지고 있음에도, 앞의 마사지용 바이브레이터에 비하면 상당히 이용도가 낮다. 그 이유를 상상해보면 린노다마에는 바이브레이터처럼 마사지용이라는 비섹스적인 표면상의 위장이 없기 때문이 아닌가 생각된다.

또한 마치 섹스와 전혀 관계가 없는 듯한 놀이도구가 촉감적 효과의 매체가 되는 경우가 있다. 즉, 섹스 이외의 목적으로 행한 어떤 도구와의 보디 터치로부터 사람이 성적인 쾌감을 느끼는 경우이다. 놀이도구를 섹스로 연결시키는 가능성은 무한하게 넓지만, 실제로 시도되는 것은 거의 없고 그나마 비율도 매우 낮다. 쉽게 관찰할 수 있는 예를 들면, 운동용 도구류일 것이다. 트램펄린(trampoline)도 그 하나다. 트램펄린을 이용해 공중으로 높이 날아오른 뒤에 몸의 자세를 바꾸어 바닥에 안기듯이 떨어진다. 그러면 그 탄력성 있는 바닥이 전신을 꽉 감싸는 순간, 뭐라고 말할 수 없는 관능적인 전율이 몸을 덮친다. 그러나 경기 중에는 근육의 움직임이나 몸의 자세 등에 온 신경을 긴장시켜야 하므로, 이것이 성적 흥분을 가로막는다.

또한 얼마 전에 크게 유행했다가 금방 열기가 사라진 훌라후프도 마차가지다. 허리를 빙글빙글 돌리는 운동을 계속하여 허리와 훌라후프를 엇갈리게 하면 상당히 아슬아슬한 동작이 가능해진다. 그러나 아무래도 허리 일부만의 보디 터치에 불과해서 그런지 별 신기한 반응을 얻지 못하고 곧 사라져

버렸다.

　더 나아가 미술가들이 시도한 것들이 있는데, 이것들은 어느 것이나 친밀성에 굶주린 현대인의 고뇌를 해소해주지는 못한 것 같다. 1942년 뉴욕 근대미술관에 전혀 새로운 타입의 조각이 처음으로 전시되었다. '핸디'라고 명명된 이 신작품은 맨들맨들하게 잘 닦인 몇 개의 작은 나무 구형(球型)으로 구성되어 있었다. 그 추상적인 형태는 인간이 손바닥 안에 쥐고 자유롭게 방향을 바꾸면서 다양한 촉감을 마음껏 느끼도록 돼 있었다. 이것을 만든 미술가는, 이 작품은 사람들로 하여금 '관상'이 아니라 '감촉'하게 하는 것이며, 담배나 츄잉껌이나 낙서 버릇 등을 대신할 수 있고, 대체로 사람들이 많이 모인 곳에서 안절부절못하는 사람이 마음을 가라앉히는 도구로 사용할 수 있다고 설명했다. 그러나 유감스럽게도, 미술가의 이 뜻은 실현되지 못했다. 이후로 나는 그것에 대한 소문을 전혀 들은 바가 없다. 그 이유는 아마도, 나는 또 같은 근거를 댈 수밖에 없는데, 마음을 가라앉히기 위한 도구를 쥐고서 사람들 앞에 나섬으로써 자신의 약점을 일부러 내보일 사람은 없기 때문이리라.

　1960년 후반에 도전적이고 야심만만한 예술가들이 출현해 미술 팬들로 하여금 보디 터치의 충격을 듬뿍 체험하도록 하는 창조적인 활동을 벌였다. 그들은 '환경 조각'이라는 다양한 형식의 작품들을 발표했다. 그 중 하나로 '플레이 스페이스(놀이터)'라는 것이 있는데, 관객이 그 안에서 여러 물체로부터 다양한 감촉을 경험할 수 있도록 꾸며놓았다. 예컨대, 몇 가지 소재를 사용하여 벽을 꾸민 관을 이어 터널을 만들었는데, 통행자가 그곳을 통과할 때에는 몸을 부비지 않으면 빠져나올 수 없었다. 그러나 이 야심적인 시도도 역시 시작품(試作品)의 영역을 벗어나지 못하고, 그것이 목표로 한 '촉감 공간'의 개발이라는 장대한 의도도 꽃을 피우지 못했다.

그리고 마지막 사례인데, 이것은 이 장을 매듭짓는 데 적당한 예라고 말할 수 있을 것이다. 어떤 전위예술가가 '섹스 캡슐'이라는, 약간 풍기문란한 기기를 고안했다. 그 기기 속에 누군가 들어가면 캡슐은 와이어로프로써 자유자재로 방향이 바뀌면서 문이 닫히고 섹스 머신의 스위치가 켜진다. 그리고 안에 든 사람은 온몸의 성감대에 자극을 받는다. 그 고안자가 연구소에서 수많은 열성 견학자들에게 강의했다고 한다. "현재 세밀한 기술이 개발되고 있기 때문에 머신의 성능은 더욱 비약적으로 개선될 것입니다. 가까운 장래에 거의 완전한 섹스 캡슐이 필히 완성될 것입니다."

이 기기의 근본원리을 설명해보자. 우선 고무나 고무 비슷한 재질로 된 평평한 간이침대 장치가 있다. 침대 위에 사람이 누웠을 때 성기 해당 부분에 작은 요(凹)형 기구가 있다. 남성은 그곳에 페니스를 삽입한다. 여성은 같은 부분의 철(凸)형 기구를 몸 안으로 끌어들인다. 이를 두고 앞의 전위예술가가 진지한 얼굴로 이렇게 말했다던가. "신식 캡슐인 데다 원리가 아주 간단하죠. 새로운 소재에 따른 남녀 공용의 베드 머신이 가능합니다. 아무튼 남자와 여자의 차이는 요와 철뿐이죠. 그러니까 시트 한 장에 돌기 하나를 만들어두면 겉과 속에서 딱 들어맞게 되죠……."

과연 이 이야기를 바보 같은 소리라고 일소에 붙여버리면 그만일까? 그렇다면 이 장에서 다룬 현상은 모두가 바보 같은 이야기일 뿐이다. 어엿한 성인이 어머니 유방을 잊지 못해, 발암성 진이 폐를 더럽히는 위험을 감수하고 담배를 피우면서 잠시 동안 가짜 젖꼭지의 감촉을 즐긴다. 이것은 어리석지 않은가? 입이 궁금해서 하루 종일 입을 질겅질겅거리는 나이든 남자, 혼자서 자는 쓸쓸함을 이기지 못해 마사지용 바이브레이터를 페니스 삼아 마스터베이션하는 중년 여자. 이 모두가 어이없지 않은가?

이러한 행위에 대해서는 어리석음, 비참함, 반발, 혹은 혐오마저 느끼는 사람도 있을 것이다. 그러나, 스트레스 해소 수단이라곤 손에 담배를 들거나 바이브레이터로 자위하는 것만이 유일한 인간이 대부분이다. 인간의 생존에서 어떻게도 빼놓을 수 없는 친밀성이 본래 모습에서 아무리 먼 형태로 이루어진다고 해도, 친밀성의 대상을 완전히 빼앗긴 고독한 지옥에 떨어지는 것에 비하면 얼마나 사소한 일인가? 이 점만은 모든 인간이 마음속에 필히 명심해두어야 한다.

고독이라는 현대병에 걸린 인간에게 증상의 표면만을 보고 경멸과 조소를 보내는 것은 그만두어야 하지 않을까? 문제의 본질을 더 주의깊게 분석해보자. 인간이 자신의 친밀성과 더욱 가까워진다면, 우리는 쓸데없는 대체물과의 거짓 친밀 행위에 빠지는 어리석음은 더 이상 저지르지 않아도 될 것이다. 그때까지는 거짓 터치도 없는 것보다는 낫다고 해야 하지 않을까?

자기 친밀성

자기 위안 표현

어떤 여성이 역 플랫폼에서 기차 발판에 발을 올려놓으려는 순간 갑자기 아연실색했다. 따라오던 남편이 무심코, "여보! 현관 열쇠는 잠그고 나왔소?" 하고 묻자, 문단속을 잊었다는 걸 깨달은 것이다. 이때 이 부인은 어떤 동작을 보였는가? 입은 멍하니 벌렸으나 말이 나오지 않는 모양이었다. 그리고 한쪽 손으로 뺨을 감싸듯이 붙잡았다. 가까스로 무슨 말인가 한 후에도 그녀의 손은 여전히 뺨에 붙어 있었다. 잠시 후 마침내 손이 뺨에서 떨어지고 그녀는 다음 동작을 하기 시작했다. 그 뒤의 일은 이 장의 주제와 당장은 관련이 없으므로 생략하기로 한다. 그 대신에 그녀의 손 움직임의 의미에 주의해보면, 새로운 보디 터치의 영역——자기 자신에 대한 친밀성——에 대한 어떤 힌트가 담겨 있음을 알 수 있다.

한순간 자신의 실수를 깨달았을 때, 이 여성은 자기도 모르게 손으로 뺨을 감싸줬었다. 즉, 순간적으로 자신을 위로하는 행위를 한 것이다. 갑자기 받은 충격에서 벗어나기 위해, 무의식중에 그녀는 상처 입은 자신을 위로하는 타인의 손 역할을 자신의 손으로 했다. 그때 그녀의 손은 예컨대 그녀를 사랑해주는 남성의 강력한 손, 혹은 어린 시절 상처 입은 자신을 달래주던 부모의 부드러운 손과 같은 작용을 했다. 요컨대, 가련한 자신을 위해 사랑하는 남성이나 어머니가 뻗칠 손길 대신에, 그녀는 자신의 손으로 자신의 뺨을 부드럽게 감싸안았던 것이다. 그녀는 자동적으로 아무 계산도 없이 더구나 순간적으로 그것을 했다. 즉, 그녀의 뺨은 어디까지나 그녀의 뺨인데, 그녀의 손은 상징화된 타인의 손(어머니나 사랑하는 남자의 손)이었던 것이다.

이 같은 자기 동작을 보디 터치에 의한 친밀성의 한 유형으로 보는 것에 대해 의문을 품는 사람도 있을 것이다. 그러나 이것은 앞 장까지 살펴보았던 다양한 패턴과 다를 바가 없다. '한 사람'의 육체 속에서 이루어지는 동작임에는 틀림없지만, 그러나 이 경우 인간의 무의식 세계에서는 '두 사람' 간의 동작이 한 인간의 육체를 무대로 하여 이루어지고 있다고 기술하는 것이 옳다. 즉, 한 인간의 육체 일부분이 타인의 육체로 상징되고, 그것이 본래 자기 자신인 육체의 어떤 부분과 보디 터치를 행한 것이다. 따라서 이를, 거짓 대인관계가 동일인의 육체 위에서 전개되었다고 보아도 좋다. 그러고, 이 자기 동작은 보디 터치로 인해 생기는 다섯 가지 패턴 중 다섯 번째, 즉 마지막 패턴에 속하는데, 여기서 이들 다섯 가지 패턴을 다시 한 번 정리해보자.

① 정신적으로 상처 입고 스트레스를 받을 때, 우리는 사랑하는 사람의 몸에 우리 몸을 기대거나 손을 댐으로써 불안감을 누그러뜨리려고 한다.

② 사랑으로 결합된 타인이 존재하지 않을 때, 인간은 보디 터치가 직업의 일부인 터처(이를테면 의사 등)를 찾아간다.

③ 개나 고양이 등 애완동물 외에 다른 친근한 존재가 없는 경우, 인간은 따뜻하고 부드럽고 감촉 좋은 털을 가진 작은 동물과 보디 터치를 행한다.

④ 집 안에서 혼자 밤을 보내거나 한밤중에 어떤 기분 나쁜 소리에 잠이 깼을 때, 인간은 무심결에 침대 시트로 몸을 감싼다. 폭신하게 온몸을 감싸는 그 촉감은 안도감을 준다.

⑤ 어느 조건도 충족되지 않을 때에는 자신의 육체로 자신의 마음을 진정시킬 수밖에 없다. 그래서 인간은 다양한 동작으로 자신의 몸을 (자신의 손

으로) 터치하고, 애무하고, 껴안고, 때로는 달라붙기도 한다.

　사실 타인의 동작을 잠시 관찰해보면 알겠지만, 인간은 아주 빈번하게 자동적으로 자기에 대한 보디 터치 동작을 취한다. 그것은 보통 상상하는 것보다 훨씬 자주 이루어진다. 그렇다고 해서 모든 자기 동작을 대인적인 보디 터치의 대체행위라고 보는 것은 섣부른 생각이다. 대체행위가 아닌, 그 나름대로 목적에 기반한 자기 터치도 있다. 예를 들면, 무좀으로 인해 가려움을 참지 못하고 발바닥을 긁는 행위는 타인과는 전혀 관계가 없다. 어디까지나 자신이 느끼는 불쾌감을 제거할 목적으로 행하는 동작이므로, 여기에는 타인과의 깊은 친밀성을 찾는 요소가 티끌만치도 없다.

　따라서 어디까지가 자기 위안을 목적으로 하는 친밀성의 자기 터치에 속하는지 명확히 판단을 내릴 필요가 있다. 이 판단에 올바른 전망을 제시하기 위해 우선 가장 근본적인 의문 해결에 들어가보자.

　사람이 자신의 육체에 보디 터치하는 이유는 무엇인가? 그 방법은? 이 문제를 염두에 두고 수천 건에 달하는 실례를 분석한 결과, 다음과 같은 사실을 알게 되었다. 보디 터치(자기 터치에 초점을 둔)를 받는 빈도가 압도적으로 높은 부분은 머리이며, 터치를 행하는 비율이 가장 높은 기관은 손이라는 것이다. 머리는 인체의 표면적 중에서 극히 일부에 지나지 않지만, 자기 터치의 약 반수는 머리에서 이루어지고 있었다.

　머리에 대한 자기 터치를 더 상세하게 조사한 결과, 이 동작은 650종류로 세분화할 수 있다는 것이 밝혀졌다. 분류의 범주는, 손의 어떤 부분으로 터치하는가, 터치는 어떤 방법으로 이루어지는가, 머리의 어떤 부분에 터치하는가, 하는 기준에 따라 이루어졌다. 그 650종류는 다음의 네 범주로 대별할 수 있다. 네 범주 중의 세 범주는 각각 흥미 있는 내용과 특성을 보이고 있지만,

이 장의 주제와 직접적인 관계가 없으므로 극히 포괄적으로만 언급하겠다. 그러나 매우 중요하다. 세 범주는 따로따로 구별되며, 더욱이 네 번째 범주인 자기 위안을 목적으로 하는 친밀성과는 엄밀히 구별되어야 한다.

1) 은폐 동작

감각기관에 대한 입력을 가로막거나 혹은 줄이는 목적으로 손이 머리 쪽으로 올라가는 경우. 소음이 듣기 싫을 때 손으로 귀를 막는 동작, 조명이나 햇빛이 눈부실 때 손으로 눈 위를 가리는 동작, 무서운 광경을 접할 때 눈을 가리는 동작. 그 밖에도 입을 막거나, 우는 얼굴 등 괴로운 표정을 숨기는 동작이 있다.

2) 몸을 다듬는 동작

손을 머리에 올려 긁고, 문지르고, 뽑고, 닦고, 그 밖에 이와 유사한 동작을 하는 경우. 머리를 땋고 정리하는 동작도 모두 이 범주에 들어간다. 이 경우 머리를 청결하고 깔끔하게 하는 것이 본래 목적이지만, 일반적으로는 인간이 정서적으로 혼란하거나 긴장하면 이러한 신경질적인 동작을 하는 경향이 있다. 이것은 동물행동학자들이 다른 종에 대해 사용하는 전위활동(轉位活動)이라는 용어가 의미하는 바와 중첩되는 점이 있다.

3) 특수한 신호

상징적인 제스처로서 머리에 터치하는 경우. "배불리 먹었습니다."라고 말하면서 목에 손바닥을 대는 동작. 손은 목이 다 찰 만큼 먹은 음식을 상징하며, 더 이상은 먹을 수 없다는 상황을 나타낸다. 혹은 개구쟁이가 흔히 하는 '코 쥐기(엄지손가락을 코에 대고 다른 네 손가락을 펼쳐 경멸이나 도전의 뜻을 나타낸다)’로 손가락을 펄럭거리는 행위. 이것은 싸움닭의 볏 동작에서 따온 상징적인 제스처인데, 이렇게 생각하면 왜 ‘코 쥐기’가 도전적이고 위협적인 의사표시가 되는지 분명해진다. 그것이 ‘코킹 어 스누크(cocking a snook)’로 불리는 것도 같은 이유에서다.

다른 나라에서는 다른 동작이 경멸의 의사표시가 된다. 예컨대, 손을 관자놀이에 대고 양쪽 엄지손가락을 약간 안쪽으로 구부려 세우는 것이 있는데, 이것은 동물의 뿔을 상징한다. 가장 잘 알려진 자기 모욕동작으로서 관자놀이에 인지로 가공의 권총을 만들어 자신의 머리를 쏘는 동작이 있다.

4) 자기 친밀성

대인적인 친밀성과 유사하거나 혹은 복제한 동작으로서, 손으로 머리를 터치하는 경우. 앞에서 말한 내 연구 결과, 놀랍게도 손-머리 터치 동작의 오분의 사 이상이 이 범주에 속했다. 과장해서 말하면, 인간이 머리에 손을 대는 최대(전부가 아니고) 동기는 타인에 대한 잠재적 보디 터치의 욕구다.

이 범주에서 인간이 가장 자주 하는 동작은 테이블이나 카운터 등에 팔꿈치를 대고 손으로 머리의 일부를 떠받치는 스타일이다. 손으로 머리의 중량을 떠받치는 것은 단지 머리의 근육이 지쳤기 때문이라는 반론도 있을 것이다. 그러나 자세히 관찰해보면, 대부분의 경우 육체적인 피로가 이 동작의 원인이 아님을 알 수 있다.

이 동작에서 손은 손 본래의 기능 이상으로 작용한다. 버팀대가 된 손은 여기서 더 견고한 것의 대역을 하고 있다. 그 손은 이미지적으로 자신을 포옹하고 위로해주는 동료다. 예컨대 이것은, 아이나 성인이 어머니나 연인에게 안기면서 뺨을 상대의 몸에 붙여 상대로부터 부드러운 감촉과 따뜻함을 느끼는 것과 같다.

따라서, 이러한 상대가 현실에 없다 해도 턱을 괸 손에 머리를 실으면 위로와 친밀성의 쾌감을 손쉽게 스스로 실현할 수 있다. 더구나 이 동작은 그 원형이 된 동작—아이가 엄마에게, 성인이 연인에게 하는—과의 유사성이나 연상성이 아주 적어 사람들 앞에서 태연하게 행할 수 있다. 어린애 같은 인상이나 츱츱한 불쾌감을 타인에게 줄 염려 따위는 전혀 없다.

한편 엄지손가락을 입으로 무는 동작이 있다. 이것은 어머니의 젖꼭지를 빤 기억에서 생겨난 것인데, 위장 효과가 적어 사람 앞에서 하는 것은 실례로 여겨지고 있다.

턱을 괴는 것과는 다른, 손과 머리의 터치—플랫폼에서의 부인도 그 한 예였다—도 일상적으로 흔히 보이는 동작이다. 턱을 괴지 않는 만큼 이 동작을 할 때 머리는 경사도가 작다. 그리고 이 터치는 사랑하는 사람에게 머리카락이나 얼굴 등을 애무해달라는, 만져달라는 동작이다. 바꿔 말하면, 상대에게 두 사람의 전면적인 친밀성을 더 한층 강하고 긴밀하게 할 목적에서 몸의 일부를 터치해달라는 동작이 그 원형이다. 이때 자신의 손은 가공의 상대의 어깨나 가슴 대신이 아니라 '상상 속의 손'으로서 작용하고 있다.

입은 인간의 동작 대상으로서 대단히 이목이 집중되는 부분인데, 손-입 터치 동작의 경우는 손바닥 전체로 터치하는 게 아니라 엄지손가락 혹은 다른 손가락이 사용되는 것이 일반적이다. 이때 각 손가락이나 엄지손가락은 어머니의 유방이나 젖꼭지 대역을 한다. 엄지손가락을 입에 무는 행위는 아주 드물다. 그러나 손가락을 빠는 동작이 약간 수정을 거치거나, 혹은 다소 위장하는 동작은 몇 가지 있다. 그리고 이 중에서 가장 간단한 수정이 가해진, 게다가 가장 일상적으로 행해지는 동작은 엄지손가락 끝을 입술 사이에 대는 동작이다. 이때 엄지손가락은 입 안에 들어가거나 빨거나 하지 않는다. 그럼에도 인간의 마음에 위안 효과를 준다. 엄지손가락의 끝, 옆, 안쪽 부분

등도 같은 식으로 사용된다. 손가락은 입술 사이에서, 그 손가락 임자가 그 행위로써 불안을 극복하고 안정될 때까지, 즉 그 동작의 원형인 먼 유아기의 기억이 어두운 무의식 세계에서 빠져나와 그리운 메아리를 보내올 때까지 몇 분간 거기에 머무른다.

그러나 이 손가락-입 터치는 보다 복잡한 양식을 취하기도 한다. 예컨대, 손가락(엄지손가락을 포함하여)이 입술 표면을 따스하고 부드럽게 더듬는 동작이 그러한데, 이것은 아기가 입술로 어머니의 유방을 더듬던 동작의 채현 행위라고 생각된다. 불안감이 더욱 강해지면 인간은 손가락 관절이나 손톱 끝을 깨물기 시작한다. 욕구불만으로 인해 공격성이 더해지면 특히 손톱을 깨무는 동작 등이 차츰 집요해져서, 마침내는 손톱에 피멍이 들거나 손톱 끝이 뜯겨져나가기도 하며, 주변의 부드러운 피부가 헐기도 한다.

여기서 손-머리 터치의 양식을 그 빈도에 따라 순위를 매겨보면 다음과 같다.

① 턱을 받친다.
② 아래턱 끝을 떠받친다.
③ 머리를 누른다.
④ 뺨에 댄다.
⑤ 입에 손을 댄다.
⑥ 이마를 떠받친다.

이것은 어느 것이나 남녀 공통의 동작이지만, 두 가지 패턴만은 성차(性差)가 크다. ③의 머리를 누르는 동작은 여성이 세 배 높은 빈도를 가지며, ⑥의 이마를 떠받치는 동작은 남성이 두 배나 많다.

그러면 머리에서 몸통으로 눈을 옮겨가자. 여기서도 자기 친밀성 패턴이 보이는 것은 물론이다. 예를 들면 지진, 탄갱의 토사붕괴 등 천재나 사고 현장을 찍은 비극적인 뉴스 사진을 상기하기 바란다. 이들 불의의 재해로 사랑하는 사람을 잃은 여성들은 당연히 예사롭지 않은 동작을 취하기 마련이다. 한쪽 손으로 뺨을 만지는 행위로는 이 엄청난 충격을 완화할 수가 없다. 혹은 지진으로 폐허가 된 집 앞에서 망연자실하거나, 갱도 입구에서 불귀의 객이 된 남편을 눈물로 환송하면서, 그녀들은 대개 양팔로 자기 몸을 꽉 움켜쥐고 격렬하게 몸을 떤다. 슬픔을 같이해줄 상대가 없을 때 이 불행한 여성들은, 뭔가에 겁을 먹고 울던 아기 시절에 어머니가 해주던 동작을 마음 깊숙한 곳으로부터 떠올려, 자신의 몸을 자신의 팔로 껴안으면서 몸을 전후좌우로 부드럽게 흔든다(요람 속이나 어머니의 팔 안에서 그랬던 것처럼).

이상, 여기서 썼던 것은 물론 극단적인 예이다. 그러나 우리는 가슴 앞으로 팔짱을 끼는 동작을 일상생활 속에서 자주 행하고 있다. 그때도 우리 내부에는 똑같은 심리적 메커니즘이 작용할 테지만, 놓인 상황에 여유가 있는 만큼 그 동작이 두드러지지는 않는다. 비참한 운명에 처했을 때 우리가 우리 몸을 꽉 껴안는 동작에 비하면, 팔짱을 끼는 동작은 똑같은 자기 위안적인 포옹이긴 하지만 훨씬 가벼운 효과밖에 없다. 그러나 두드러지지 않는다고 해도, 이 보디 터치도 일종의 자기 위안적인 친밀성의 효과를 낳는 것은 확실하다. 특히 인간은 방어의식을 가질 때 전형적으로 이 동작을 취한다.

한 예로, 우리가 낯선 얼굴들만 있는 파티나 어떤 모임에 나갔다고 하자. 그 낯선 얼굴들 중 하나가 허물없이 우리 곁으로 다가올 때 우리는 순간적으로 팔짱을 낀 경험이 있을 것이다. 보통 이러한 동작은 주변의 상황과 관계없이 이루어지는 것처럼 생각되지만, 이처럼 맥락을 이어가면 여기에 무의식의 사회적 신호가 발신되고 있음을 알 수 있다. 그 가장 좋은 예는 출입구에 서서 침입해오는 자를 막을 때다. 그때 우리는 "이곳은 출입금지다!"라고 주의하면서 이 틈입자의 눈앞에서 팔짱을 끼지 않는가? 이 경우 팔짱을 긴 동작은 틈입자에 대하여 바리케이드 역할, 즉 단순한 방어물이라기보다 적극적으로 어떤 위협을 주는 역할을 한다. 그리고 이 동작을 통해 우리는 상대를 자신과의 친밀관계에서 따돌리고, 자기 터치를 통해 충분히 자기 만족적인 무의식의 신호를 보내는 것이다.

평상시 생활에서 인간이 자주 하는 또 하나의 자기 터치는 '나와 내 손을 쥐는' 동작이다. 한쪽 손이 '본인의 손'으로 작용하고 또 다른 한쪽 손은 '상상 속의 동료의 손'의 역할을 하여 덥석 '본인의 손'을 잡는다. 이 동작에도 격렬한 자기 터치에서 가볍게 쥐는 정도에 이르기까지 다양한 패턴이 있다. 때로 강한 충동에 몰리면 서로의 손가락과 손가락을 하나씩 얽거나 복잡하게 쥐는데, 현실에서 그러한 상대가 곁에 없을 때에는 자신의 오른손과 왼손을 깍지 낀다. 실제로 심하게 긴장했을 때 손가락이 핏기를 잃고 파래질 만큼 힘을 가하는 경우도 종종 있다.

마찬가지로 상당한 힘을 나와 내 몸에 가하기도 한다. 예를 들면 양발(양허벅다리라고 하는 편이 더 정확하다)을 꼬는 자세가 있는데, 이 동작도 자기 위안적 효과가 상당히 강하다. 자기 몸의 일부와 다른 부분을 겹치면, 아마 인간은 어려서 어머니의 몸에 발을 휘감았을 때의, 그 느긋하고 편안한 기분이 슬며시 되살아나 마음이 편안해질 것이다.

빅토리아 시대에는 여성의 에티켓이 특히 엄해서 사람 앞에서 발을 꼰다는 것은 생각할 수조차 없었다. 같은 시대 남성의 경우 그 정도는 아니었지만, 그럼에도 뭔가 동작을 할 때 발끝이나 무릎을 껴안는 듯한 모습을 하는 것은 금기시되었다. 오늘날에는 그런 까다로운 규율은 없다. 그리고 대강 관찰한 바로는 발을 꼬는 동작의 53퍼센트는 여성이 행하고, 47퍼센트는 남성이 행한다. 빅토리아 시대의 엄격한 규율도 한 세기를 넘기지는 못한 것이다.

성별에 의한 차는 똑같이 발을 꼬는 동작에서도 세세한 폼의 차이로 나타난다. 한쪽 발목을 다른 한쪽 무릎, 혹은 허벅다리에 두는 스타일의 99퍼센트는 남성의 동작이다. 여성이 이 스타일을 취하면 여자답지 않은 자태를 드러내게 된다. 게다가 여성이 바지를 입고 있어도 같은 규제력이 작용하는데, 왜냐하면 여성 심리상으로는 말하면 바지나 스커트나 차이가 없기 때문이다.

차이는 또 하나 있다. 꼰 양발 중에 위쪽 발의 아랫부분이 아래쪽 다리의 아랫부분에 바짝 겹치는 것은 반대로 99퍼센트가 여성의 동작이다.

그리고 자기 위안성이 더욱 강한, 발-몸통 터치를 찾아보면 팔로 다리를 껴안는 스타일이 있다. 개중에서도 가장 밀착도가 높은 패턴은 허벅다리 부분이 가슴에 붙는 형태다. 무릎 혹은 다리의 아랫부분에 놓인 손이 압력을 가해서 다리를 가슴에 껴안는 자세를 만든다. 여기에 머리를 숙여 턱이나 뺨을 무릎 위에 올려놓는 동작이 추가되는 경우도 있다. 이때 구부러진 자신의 다리는 가공의 포옹 상대의 '몸통'으로, 무릎은 상대의 '가슴이나 어깨' 대역을 한다. 이 스타일은 압도적으로 여성이 많아서, 여성이 95퍼센트인 것에 비해 남성은 5퍼센트에 불과하다.

또 하나 여성에게 많은 스타일로서, 다리에 자기 터치를 하는 예가 있다. 즉, 한쪽 손으로(가끔 양손으로) 같은 쪽 허벅다리를 만지는 동작이다. 사례를 집계해보면 이 동작은 91퍼센트가 여성의 것이다. 이 동작에는 상당히 에로틱한 요소가 포함된 듯하다. 자신의 허벅다리를 만지는 여성의 손은 섹스 행위 그 자체로 그녀의 관능을 유도하는 남성의 손—만진다는 터치의 수법을 섹스를 향한 '마중물'로 사용하는 것은 대개 남성이다— 동작을 모방하고 있다.

그런데 지금까지의 분류에서 보면 자기 터치의 능동적인 기관, 즉 보디 터치를 행하는 기관은 거의 손과 팔과 다리로 한정되어 있는 것처럼 보인다. 그러나 예외는 있다. 예를 들면, 이것 또한 여성에게 많은 동작인데, 머리를 한쪽으로 기울이고 뺨이나 턱이나 턱끝을 어깨에 실어 잠시 그대로 터치하는 동작이다. 이때 상대의 어깨나 가슴을 대신해 상징적인 역할을 하는 것은 바로 자신의 어깨다. 혀가 상징적인 역할을 하는 예도 있다. 통상 혀는 자신의 입술 표면을 핥는 정도지만, 때로는 몸의 다른 부분에 터치하는 경우도 있어서 자신의 젖꼭지에 혀를 대는 여성도 있다.

마스터베이션

자기 몸의 일부를 다른 부분에 터치하는 동작에는 이상과 같이 여러 패턴이 있지만, 아직 가장 중요한 동작이 하나 더 남아 있다. 마스터베이션이라고 불리는 자기 발정적인(autoerotic) 자극이 그것이다. 마스터베이션이라는 말은 '손을 써서 몸을 더럽힌다'에서 전화된 말이다. 이 점에서도 알 수 있듯이, 가장 대중적인 섹스의 자기 만족 방법은 손-성기 터치에 의해 이루어진다.

남성의 자위는 한쪽 손으로 페니스를 쥐고 일정한 리듬에 맞추어 뿌리에서 끝으로, 끝에서 뿌리로 피스톤 동작을 반복함으로써 이루어진다. 이때 손은 동시에 두 가지 상징적인 역할을 한다. 먼저 피스톤 운동은 왕복행위를 상징한다. 그리고 페니스에 댄 손바닥은 여성 바기나의 대용품이다.

여성의 경우는 어떠한가? 손가락으로 클리토리스를 만지는 동작이 남성의 피스톤 운동에 해당한다. 리듬을 동반하여 일정한 압력을 클리토리스에 가하는 그녀의 손가락은 실제 행위에서 남성 페니스의 왕복운동을 상징한다. 동시에 음순을 만지는 손가락, 바기나의 내부에 삽입되는 손은 페니스의 대용품이라는 것은 말할 필요도 없다.

여성의 경우에는 양 허벅다리를 비벼대는 동작도 자위 테크닉의 하나가 된다. 허벅다리 안쪽의 근육을 일정한 간격으로 좁혔다 풀었다 한다. 이 동작의 리드미컬한 반복에 따라 그 사이에 있는 성기가 자극을 받는 것이다.

1950년대에 이루어진 조사에 따르면, 마스터베이션은 대단히 대중적인 자기 위안 행위이며, 현대인의 대다수가 일상적으로 이 행위에 탐닉하고 있다. 확실히 이 행위는, 실제의 대인적인 성 행위에 대한 지극히 무해한 대상행위로 인정되고 있다. 그러나 이 행위에 대한 사회적 평가는 시대에 따라 크게 달랐다. 이른바 미개한 사회에서도 상습적인 행위로서 관찰되지만, 자위는 성교를 할 수 없는 자들만 하는 위안행위라는 식으로 농담의 소재나 경멸의 대상이 되기 십상이었다.

예전 서구사회에서는 자위를 불건강한, 기피해야 할 습관으로 보는 풍조가 지배적이었다. 사실 이 행위를 전면적으로 금지하려는 '숙정' 운동이 여러 차례 일어났다. 18세기에는 마스터베이션은 '스스로를 모독하는 더러운 죄악'이라고 했고, 19세기에는 '자기 탐닉의, 전율할 공포'라고 매도했다. 빅토리아 시대의 처녀들은 목욕할 때의 마음가짐으로서 바기나에 찔끔찔끔 터치하지 말 것을 단단히 훈계받았다. 자칫 손-성기의 가벼운 터치가 불결한 생각을 청정한 몸에 이식하기 때문이라는 것이 그 이유였다. 프랑스식 비데가 영불해협을 건너 영국에 상륙하는 것을 금지당했던 것도 이 같은 이유에서였다.

20세기 초에 들어서면서 마스터베이션에 대한 견해는 '불쾌한 습관'이라고 눈살을 찌푸리는 정도로 가벼이 여겨지게 되었다. 그러나 종교계의 높으신 분들은 여전히, 자위에는 인간을 쾌락으로 이끄는 악영향이 실재한다면서 유감의 뜻을 표명했다. 하지만 마침내 "정액의 방출은, 그것이 순수하게 의학적 견지에서 이루어지고 나아가 아무런 육체적 쾌감을 동반하지 않는다는 조건이라면, 신의 말씀에 어긋나지 않는다."고 양보하지 않을 수 없었다.

1950년대가 되자 사정은 결정적으로 달라졌다. 이제 마스터베이션은 "어떤 나이의 인간에게나 정상적이고 건강한 행위다."라고 선언받는다. 이 새로운 선고는 1960~70년대에 걸쳐 다양한 '원호사격' 발언을 통해 확고한 지반을 구축해가고 있다. 1971년에는 어떤 품격 높은 여성잡지마저도 빅토리아 시대의 여성독자라면 졸도할 수밖에 없었을, 다음과 같은 인생상담기사를 싣는다. "마스터베이션은……. 정상적이고 건전한 행위입니다.……여러분도 자신의 몸이 빼어난 러브 머신(love machine)이 되도록 즉시 훈련을 시작하십시오. 게다가 마스터베이션은 여성의 마음을 충족시켜줍니다."

공창제도가 없는 현대의 젊은이들에게 섹스로써 자기 친밀성에 몰두할 수 있는 기회가 주어진다는 것은 정말로 행운이라 하지 않을 수 없다. 수십 년 전까지만 해도 젊은이들은 이 행위를 엄격히 금지당하고, 이것을 범하면 중벌에 처해졌기 때문이다. 실제로 200년 전에는 위반자에게 온갖 형벌이 과해졌는데, 개중에는 현재의 젊은이들로서는 가히 상상도 할 수 없는 가혹한 형벌도 있었다.

예컨대, 이를 범한 젊은이의 페니스 포피에 구멍을 내고 은제 따위의 금속 고리를 끼우기도 했고, 혹은 가시가 달린 소형 벨트를 페니스에 채우기도 했다. 페니스가 발기하면 벨트 안쪽에 있는 가시가 그것을 찌르는 장치였다. 또한 수은성의 빨간 연고약을 페니스에 발라 물집이 생기게 하는 '우악스러운 치료법'도 자주 단행되었다. 조숙한 아이들은 잘 때 손발을 끈으로 묶거나 침대 기둥에 동여매기도 했다. 물론 이것은 '손장난'하는 나쁜 버릇을 금지하기 위한 것이었다. 때로는 정조대 비슷한 특제 팬츠가 사용되기도 했다. 처녀들은 클리토리스를 무감각하게 만들기 위해 일부러 상처를 내거나, 심하게는 수술로 클리토리스를 제거하기도 했다고 한다. 남성의 포피제거수술도 의학계의 높으신 분들이 적극 권장하는 방법이었다. 이 수술을 하면 자기 자극의 파렴치한 행위를 퇴치할 수 있다고 정말로 믿었던 모양이다.

이런 의미에서, 젊은이의 몸과 마음에 치유할 수 없는 깊은 상처를 주는 엄벌제도가, 남성의 포피제거만 두고 사회적 관습에서 몽땅 자취를 감추어버린 것은 정말로 다행이라 하지 않을 수 없다. 연장자가 젊은이를 압박하는 일종의 사회적인 힘이 시대의 파도에 밀려 이윽고 이성을 되찾은 것이다. 그런데, 포피제거라는 기묘한 의식이 사회적 격변을 이겨내고 살아남은 진짜 이유는 무엇일까? 이것은 본 주제에서 따로 떼어서 논할 만한 충분한 가치가 있는 테마다.

오늘날 마스터베이션 죄악론은 이미 무력해지고 말았다. 그 대신에 어린 사내아이 성기의 포피제거와 관련해서는 종교적 혹은 의학적 이유, 위생 관념 등을 먼저 들먹거린다. 그리고 이 수술은 어느 정도 나라의 풍습에 따라 다르다. 예컨대, 영국에서는 갓 태어난 아기의 포피제거는 50퍼센트를 밑돌지만, 미국에서는 약 85퍼센트가 실시되고 있다.

그러나, 포피제거를 뒷받침하는 의학적 근거는 기껏해야 병에 걸릴 위험성(극히 소수에 불과하지만)을 적게 한다는 점뿐이다. 포경일 경우 페니스의 귀두부를 청결하게 세정할 수 없다는 정도에 불과하다. 권위 있는 의학자들도, 이 수술은 널리 보급돼 있긴 하지만 그 효과는 포경, 비포경 어느 경우나 건강 유지라는 점에서는 별 차이가 없다는 의견을 보이고 있다. 종교상의 규제도 아니고 의학적인 근거도 희박한데, 많은 아기들에게 매년 포피제거수술이 엄청나게 행해지는 현실은 가히 수수께끼라 하지 않을 수 없다.

미국의 한 의사가 '팔로스(phallus, 음경)에 대한 강간'이라고 명명한 이 수술 관습은 과거의 유물이라고 해야 할 것이다. 이것은 아프리카에 사는 거의 모든 부족들 사이에 예전부터 전해져온 생활풍습이었으며, 고대 이집트인들도 이 의식을 거행했다고 한다. 고대 이집트에서는 의사를 싫어한 사제가, 어엿한 남성은 포피 따위를 남겨둬서는 안 된다고 엄숙히 선언한 후 수술을 실시했다고 한다. 또한 유태인은 누군가 포피를 남겨두는 것은 한 개인의 문제로 끝나지 않고 사회 전체의 불명예가 된다는 사상에서, 고대 이집트의 포피제거법을 빌려 그것을 유태교도 남성의 의무로서 유명한 할례 의식을 거행했다.

그러나 그것이 사회적 혹은 종교적인 법률이 되어감에 따라, 이 관습의 발생적인 의의는 어느샌가 잊히고 오늘날에는 그 기원조차 찾기가 묘연하다. 사실 그것이 통과의례식이었던 아프리카 부족의 경우에도, 현재는 이 풍습을 단지 '관습이니까'로밖에 받아들이지 않는다.

하지만 선진국 연구자들은 근거를 부여하기 위해 여러 가지 시도를 하고 있다. 그 한 추론은 다음과 같다. 남성 성기의 포피는 여성 성기적 의미를 갖는다. 왜냐하면 포피는 마치 음순이 여성 성기를 덮고 있는 것과 마찬가지로 귀두부를 싸고 있기 때문이다. 따라서 같은 논법으로 나아가면 클리토리스는 남성 성기의 포피에 가까운 것이 된다. 그래서 남아나 여아나 성적으로 성숙하는 연령에 도달하면 서로의 성기가 각각 그 속성만을 갖도록 서로에게 쓸모 없는 부분—남아는 포피, 여아는 클리토리스—을 제거하게 되었다,고 이 설은 말한다.

그리고 또 다른 추론이 있다. 그에 따르면, 남성 성기의 포피를 자르는 풍습은 뱀의 '허물 벗기'가 상징화된 것이다. 이것은 뱀의 허물 벗기가 이 동물의 불로장수의 상징이라고 보는 신앙과 크게 관련되어 있다. 왜냐하면 낡은 피부를 벗은 뱀은 번들번들하고 요사한 인광을 내기 때문이다. 그래서 상징화의 방정식은 이렇게 된다. 뱀＝음경, 허물＝포피.

이 밖에도 천재적인 기지가 번뜩이는 대담하고 의외로운 해석은 수없이 많다. 그러나 어느 것이나 일장일단이 있어서 할례 현상 전체를 설명하기에는 불충분하다. 할례는 지구상의 지리적 구분이나 시대적 차이에도 불구하고 수백 수천의 서로 다른 문화에서 각각 고유한 관습으로 실시해왔다.

이를테면, 어떤 사회에서는 단순히 포피를 제거하고 클리토리스를 절개하는 데 그치지 않고 더욱 가혹한 수술을 행했다. 성기의 절단마저도 행해졌다. 여성 성기의 클리토리스뿐 아니라 음순 전체를 절개한 부족도 있었고, 남성은 하복부 일부서부터 골반·음낭·대퇴부 일부까지 도려내는 경우도 있었다. 또, 페니스를 그 뿌리부터 첨단까지 두 개로 가르는 행위로 희생된 자도 있었다. 여기서 공통점은 기성인들이 젊은이들의 성기에 철저하게 비인간적인 고통을 가했다는 것이다.

이상에서처럼, 연장자에 의한 폭력적 탄압이라는 낡은 풍습이 남아의 포피제거수술이라는 형태로 현대까지 살아남았다면, 이 수술은 의학 전문가들에 의해 정밀하게 재검토되어야 하지 않을까?

젊은 처녀들이 마스터베이션으로 단죄받은 것은 훨씬 뒤인, 19세기가 되고 나서였다. 이는, 남성의 경우와 달리 여성 성기의 일부 절개는 그 어떤 정당화—위생적인 개념에서—도 불가능하다는 이유 때문이었다. 사정이 반대였다면 여성은 큰 불운을 겪어야 했을 것이다. 클리토리스가 불결한 병의 원인이 되기 쉽다고 했다면, 더욱이 의학적인 증거마저 여기에 가담했다면, 많은 여성들은 강제적으로 클리토리스를 제거당하고 결국 성인이 되어서는 성 행위를 즐기지 못하는 불행을 겪어야 했을 것이다.

최근의 의학적 연구에 따르면, 남성의 경우는 여성과 반대로 포피를 제거해도 성 감각에 전혀 영향이 없다고 한다. 따라서, 옛 주술사적 집도자의 배려를 조금이나마 물려받은 현대 의학자들의 손으로 갓난아이의 포피를 제거한다고 해도, 남성의 성 능력은 조금도 손상을 입지 않는다. 이 연구는 또한, 이전 세기에 마스터베이션 예방을 목적으로 행해지던 포피제거라는 관습이 얼마나 어리석은가를 여실히 폭로하고 있다. 포피를 제거해도 성욕을 느끼는 남성이라면 누구나 손-성기 터치에 의한 자기 친밀성을 누리면서 누구로부터도 간섭받지 않고 황홀경에 잠길 수 있는 것이다.

이상을 요약해보자. 남아의 포피제거수술은 왜 지금도 일반적으로 행해지는가? 왜 고대식 할례 풍습은 고도로 문명화된 현대사회에서도 전혀 도태되지 않고 여전히 널리 실행되는가? 그 이유는 첫째, 수술이 성 행위를 조금도 저해하지 않으며, 둘째, 이 관습이 의학적인 수술이라는 합리적 수단으로 완벽하게 위장해 있기 때문이다.

그러나 본 주제인 마스터베이션에는 아직 문제가 남아 있다. 20세기 후반에 이르러서야 비로소 '시민권'을 인정받은 성기에 대한 자기 자극에는 또 다른 성가신 난문이 기다리고 있다. 현대인 모두가 앞에서 나온 여성잡지의 권유에 따라 '최고로 자기 만족을 느낄 때까지 마스터베이션'에 온 정성을 쏟아야 한다면, 이것은 도가 지나친 것이 아닐까? 말로 표현할 수 없을 만큼 비참하고 불행한 비극을 자아냈던 이전 세기 엉터리 자위 금기론이, 마스터베이션 옹호론자들 덕분에 일소된 것은 다행한 일이다. 그러나 그 도가 너무 지나쳐 오히려 옹호론이 현대인의 섹스를 잘못된 방향으로 이끌어가고 있는 건 아닐까?

마스터베이션도 앞 장까지 서술한 다른 대상행위와 마찬가지로 결국은 이류의 가치에 머무는 친밀성일 것이다. 혼자서 하는 행위는 어떻게 보더라도 행위의 대상을 결한 의사행위에 지나지 않는다. 따라서 당연히 대인적인 보디 터치에 의한 참된 행위에 비하면 가치가 떨어진다. 마스터베이션도 그 밖의 자기 위안 터치와 마찬가지로 어차피 참된 행위에는 미치지 못한다. 물론 의사행위가 나쁘다는 법은 어디에도 없다. 그러나 가까운 장래에 보다 가치 높은 친밀성의 실현이 기대된다고 한다면, 보다 가치 낮은 대체물에 고착해 버릴 위험이 있지 않을까? 그리고 이들 대체물은 진짜에 대한 전이의 가능성을 크게 제약한다.

여성잡지의 섹스 기사는 현대 여성들에게 마스터베이션 테크닉을 적극 권장하고 있다. 가로되, 여성은 각각 개성적인 마스터베이션 스타일을 개발하지 않으면 안 된다. 또 가로되, 새로운 스타일을 발견했다면 그 반응 패턴이 몸에 익을 때까지 적어도 주에 몇 시간씩은 그 스타일로 시도하는 것이 무엇보다 중요하다. 나아가 가로되, 이로써 자신의 손으로 자신의 육체를 훈련하다 보면 나중에 남성과 실제로 사랑을 나눌 기회가 왔을 때 최고의 쾌감을 얻게 된다…….

이 방법에도 일리는 있다. 여성이 자기 만족적인 섹스 패턴을 익혀두면 남성의 애무에 반응하는 능력은 틀림없이 발달할 것이다. 여성의 육체를 '고성능 섹스 머신'화하는 데 마스터베이션은 위대한 효과를 발휘할 게 틀림없다. 또한 독수공방으로 욕구불만에 찬 여성에게도 아주 유익할 것이다. 그러나 남녀의 '사랑'을 높이는 수단으로서는 석연치 않은 구석이 있다. 인간적인 사랑을 나눈다는 것은 남녀가 성적인 서비스를 주고받기만 하는 행위가 아니다. 몇 번이고 전에 연습한 판에 박힌 체위에 의거해 보디 터치하는 교접 동작은 본말전도 이외는 아무 것도 아니다. 그렇다면 남자와 하는 섹스는 자신의 손가락으로 하는 마스터베이션 대신에 남성의 육체 동작을 이용하는 것에 지나지 않을지도 모른다.

마찬가지로 남성이 마스터베이션에 고착해버렸다면, 그에게 여자와 하는 섹스는 자기 손 대신 여자의 바기나를 이용하는 것에 지나지 않을지도 모른다. 이 시각에서 본다면, 상대는 친밀성으로 결합된 완전한 사랑의 대상이 아니라, 자기의 성적 쾌락을 위한 왜곡된 존재일 수밖에 없다. 그러므로 마스터베이션 테크닉 '개발'을 지나치게 강조하여 사람들의 관심을 부추기는 것은, '신자유주의운동'이 표방하는 만큼 완전무결하지는 않다.

그렇다고 마스터베이션 자체가 자기 목적화되는 것에 대한 위구심이, 예전처럼 자위행위 죄악론을 되살리는 구실로 역용되어서도 안 된다. 다소 지

나친 감이 있을지언정 현대인은 양친이나 조부모 시대보다 훨씬 좋은 조건
을 누리고 있으며, 이것을 가능하게 해준 20세기 전반의 섹스 해방론자들에
게 크게 감사해야 한다.

자기 위안행위에 대한 고착상태를 위험시할 필요는 없다. 정말로 사랑하
는 상대를 만난다면, 그 전까지 혼자서 행하던 자기 만족행위 따위는 두 사
람의 격렬한 친밀성으로 곧 극복되기 마련이다. 분명 두 사람 사이에는 보다
자유롭고 더 높은 만족감이 생길 것이다. 둘의 관계가 그리 뜨겁지 않다 하
더라도 두 사람이 각각 품고 있는 에로틱한 자극을 서로 나눌 수가 있다. 이
것은 빅토리아 시대에 비하면 대단한 은총이라고 하지 않을 수 없다. 그 시
대의 부부는 부부가 응당 치러야 할 '파렴치한 행위'를 가능한 한 서둘러 해
치워버리고는 잠의 세계로 빠져들 수밖에 없었다.

친밀성을 향한 회귀

인간은 전면적인 애정을 요구한다

인간은 첫 울음을 터뜨리는 순간부터 어머니와 긴밀한 보디 터치로써 친밀관계를 가진다. 그리고 성장함에 따라 사회에 조금씩 발을 들여놓고 새로운 인생을 개척해간다. 그러나 가끔은 어머니의 가슴에 깃든 보호와 안정을 찾아 어머니가 있는 곳으로 돌아오기도 한다. 그후 어머니와 결정적으로 헤어져 성인만의 경쟁사회로 홀로 떨어져나가는 날이 온다. 그와 동시에 인간은 새로운 관계를 찾고, 이윽고 배우자가 되는 사랑하는 상대와 친밀성을 쌓아간다. 이리하여 다시 생존을 지탱하는 신뢰관계를 구축한 인간은 계속 인생을 개척해간다.

그런데 이 인생 항로의 어떤 단계에서 충분한 친밀관계로써 심신을 치유할 수 없을 때, 대부분 인간은 세상의 거친 파도에 끼어서 생존경쟁을 계속하는 것을 몹시 두려워한다. 그래서 대체적(代替的)인 친밀성에 해결을 요구하게 된다. 보디 터치를 얻지 못할 때에는 어떤 사회적 활동에 열중한다. 인간의 대역으로서 애완동물을 귀여워한다. 나아가 어느 때에는 사랑하는 사람의 빈자리에 생물이 아닌 다른 오브제(objet, 물체)를 앉히거나 또는 자기 육체의 일부를 타인의 그것처럼 간주하여 자기 몸을 애무하고 매달리기도 한다.

이 같은 진짜 친밀성을 대역하는 행위는 인간의 촉각적인 생활 속에서 기분 좋은 동작으로 이루어진다. 하지만 그러한 많은 동작이 어쩔 수 없는 치환(置換)에 지나지 않는다는 것은 슬픈 사실이다. 많은 사람들이 그토록 열렬히 타인과의 보디 터치를 갈망하고 있으면서도, 왜 그들은 타인과 친밀하게 교제할 수 있도록 경계심을 늦추고 열린 태도를 취하지 않는가? 왜 그들은 "내 일은 모두 내가. 내 본심은 되도록 숨긴다." 같은 투의 생활방식을 고수하려 하는가?

간단히 실행될 것 같은 해결법에는 유감스럽게도 여러 가지 성가신 장애가 숨겨져 있다. 가장 큰 장애는 이상스럽게 팽창한 현대사회의 인구과잉이다. 완전한 타인과 거의 일시적인 지인(知人)에 불과한 타인들이 밀치락달치락하는 사회에 홀로 놓인 현대인은, 인간 홍수 속에서 유일하게 신뢰할 수 있는 누군가를 찾아내지 못할 뿐 아니라, 비록 교제가 있다 해도 대개는 문자 그대로 스쳐지나가는 관계밖에 가지지 못한다. 따라서 교제가 없는 타인에 대해서는 최소한의 관계만 갖도록 자기 규제를 한다. 그러나 통근이나 그 밖에 혼잡한 군중의 일원이 될 기회가 많은 도시생활에서는 타인과 몸과 몸을 맞대거나 부딪치지 않을 수 없다. 그래서 현대인은 쓸데없는 타인과의 관계를 피하기 위해 이상할 만큼 신경을 쓴다. 도시생활이 몸에 뱀에 따라 모든 친밀성에 대해서 금지적인 태도를 취한다. 이것이 심해지면 사랑하는 가족에 대해서도 똑같은 태도를 취하게 된다.

친밀 혐오증, 반친밀성으로 인해, 현대인은 부모로서의 능력에 이상(異常)을 초래할 위험을 안고 있다. 부모가 유아교육을 시작한 몇 년 동안 이런 영향을 아이에게 미치면, 아이는 인격형성에 회복할 수 없는 손상을 입고 만다. 그리고 그 결함으로 인해, 그 아이는 나중에 사회에 진출해 타인과 관계를 맺는 데 애로를 겪게 된다. 평소에 아이를 돌보지 않는 아버지나 어머니는 이따금 학자나 그 계통의 식자가 말하는 방임주의에 부화뇌동하여 부모로서의 양심을 저버리고 그것에 책임을 전가하기도 한다. 유감스럽게도 이런 안

이한 방임주의가 팽배하여, 가족 간의 신뢰나 인간관계의 성장을 저해하기도 한다.

방임주의의 예를 하나 들어보자. 왓슨식 교육법—미국의 저명한 심리학자인 왓슨이 이것을 제창한 데서 붙은 이름—은 20세기 초엽에는 상당히 널리 보급돼 있었다. 이 교육법의 골자를 알아보기 위해 왓슨의 저서 중에서 일부를 인용해보자.

무지한 어머니가 있다. 그녀는 늘 아이에게 키스를 퍼붓고 껴안고 흔들고 쓰다듬고 간질인다. 그러나 이처럼 맹목적으로 귀여워하는 것은 아이의 건전한 자아 형성을 왜곡시킨다. 사회에 나가 타인과 서로 경쟁할 수 없는 인간을 만들고 있다. 더구나 그녀는 이 사실을 모르고 있다.

현명한 유아교육은 이렇게 되어야 한다. 아이를 성인과 동등하게 취급할 것. 절대로 아이를 껴안거나 키스하지 말 것. 무릎에 안고 어르지 말 것. 아무래도 키스하고 싶다면 아이가 "달래주세요."할 때 이마에 한 번만 할 것. 귀여워해주는 모든 행동을 그만두고, 친절한 말로 설명해주거나 따스한 미소로 애정을 전할 수 있도록 어머니는 자기 훈련을 해야 한다. 유모를 고용할 수 없다면 뒷마당에 바깥세상의 위험으로부터 보호해주는 울타리를 설치하고 아이를 놓아두는 것이 도리어 아이를 위하는 것이 된다. 가능한 한 빨리 이 같은 육아법을 시작하기 바란다. 그러한 방임 육아법이 아무래도 마음에 걸리는 어머니는 구멍 뚫린 문을 사용하여 아이의 눈에 자신의 모습이 보이지 않도록 장치를 할 것. 그리고 마지막으로 아이스러운 말이나 달래는 말은 절대로 쓰지 말 것.

이 교육방침의 주안은 아이는 아무리 어려도 이미 성인과 동등하게 취급해야 한다,이다. 왓슨이 의미하는 성인이라면 절대로 마구 키스하거나 껴안아서는 안 된다. 성인들은 서로 구멍을 통해 접촉하는 것이 이상적이며, 이것이야말로 현대인이 사회생활에 자기를 적응시키는 방법이다. 이러한 행동을 유아교육에까지 철저화한 아이디어는, 굳이 말하자면 정말이지 놀랍다고 할 수밖에 없다.

왓슨식 접근법은 행동주의 사상을 근본으로 하고 있다. 왓슨이 쓴 것을 또한 번 인용해보자. "인간에게는 원래 본능이라는 것이 없다. 유아기에 획득한 것이 전부 나이를 먹으면서 표면에 드러날 뿐이다. 인간 본성 속에 잠들어 있다든가 숨겨진 능력 따위는 존재할 수가 없다." 따라서 성인으로 단련되기 위해서는 유아기서부터 훈련하는 것이 무엇보다 중요하다. 훈련 개시가 늦으면 늦을수록 거꾸로 '나쁜 습관'이 형성되고 만다. 그것은 일단 몸에 배면 교정이 어지간해서는 곤란하다.

이 주장은 인간의 행동발달은 전부 유유아기(乳幼兒期)에 형성된다고 하는 생각이 최전선에 깔려 있다. 그러나 이것은 완전한 오류라고 하지 않을 수 없다. 오늘날에도 이 잘못된 교육이 다소 영향력을 미치기 때문에 '위험하고 시대착오적인 폭론(暴論)'이라는 오명은 가까스로 면하고 있다. 따라서 우리는 이 잘못된 견해를 배척하기 위해 좀더 자세히 검토할 필요가 있다.

왓슨식 육아법이 여전히 영향력을 미치는 것은 왜일까? 가장 큰 이유는 그것이 어떤 의미에서 영속성을 갖기 때문이다. 인간 본성에 반하는 이 교육법은 유아에게 깊은 상처를 준다. 유아가 본능적으로 요구하는 부모(특히 어머니)와의 보디 터치에 의한 친밀성을 끊임없이 저지 또는 금지당한 결과, 우는 소리로 표현되는 아이의 비애와 절망은 깊은 상처를 입고 만다. 그러나 인간은 빠른 적응력과 뛰어난 학습력을 갖추고 있다. 아니, 그렇게 하는 도리 이외에는 다른 방법이 없다. 이렇게 아이는 훈련받고 성장해간다.

그러나 이렇게 자란 인간은 큰 결점을 갖게 된다. 그의 성격 일부에는 타인에 대한 불신감이 도사리고 있다. 즉, 사랑하고 사랑받고자 하는 욕망이 원초적인 단계서부터 묵살당했기 때문에 사랑의 메커니즘이 파괴된 채로 방치돼 있는 것이다. 따라서, 부모와의 관계가 사무적이고 서먹서먹한 관계로 규제당한 인간은 결국 서먹서먹한 인간관계밖에 맺지 못한다. 그렇다고 이 인간이 죽 자동인간처럼 인생을 보낼 수 있는가 하면 그렇지도 않다. 왜냐하면 타인을 사랑하고자 하는 생물학적인 욕망이 마음 밑바닥에서 바르작거리고, 나아가 배출하고자 하는 욕구가 이 인간에게 고뇌를 안겨다주기 때문이다. 오래된 옛 상처가 욱신거리는 것처럼 그것은 그의 마음을 헤집는다. 그러나 이러한 인간도 한 남자(여자)로서 배우자를 얻고 자식을 얻는다. 그리하여 이 같은 순환고리는 계속되고, 결국 피가 통하는 부모로부터의 애정이란 것은 지상에서 사라지고 만다. 이는 원숭이 새끼에 대한 실험에서 증명된 바 있다. 어미의 정을 받지 못한 채 성장한 원숭이는 역시 자기 새끼를 돌보지 않는다.

왓슨식 교육법에 관심을 갖는 아버지와 어머니들도 때로는 도가 지나치다고 생각한다. 그래서 약간 요령을 가한, 좀더 편의적인 가정교육을 실시한다. 교육의 고삐를 잔뜩 잡아당겼다가 풀어준다. 체벌을 가한 뒤에 곧 달콤한 얼굴을 보인다. 아기 침대에서 울게 내버려두었으면서, 이런저런 장난감을 사다주고는 희희낙락한다. 일찍부터 오줌을 가리는 교육을 엄하게 시키면서도, 무턱대고 키스하거나 찰싹 껴안는다. 그 결과 어떻게 되는가? 아이는 혼란을 느끼고 까딱 잘못하면 이른바 한심한 아이가 되고 만다.

그러나 아이를 망친 주원인은 아이가 느낀 혼란도, 너무 빠른 조기교육도 아니다. '응석을 받아준' 것이야말로 실패의 원인이다. 아무리 일찍부터 시작한, 또 엄한 교육이라도 나쁘게만 작용하지는 않는다. 다만 늘 엄하게만 다그치지 않도록 부모는 참을성이 있어야 한다. 그렇게 하면 잘될 것이다. 아이는 성장속도가 빠르다. 때때로 버릇 없이 굴고 심통을 부리기도 한다. 그때야말로 '좋은 아이가 되도록' 어르고 타이르면서 엄하게 교육해야 하는 순간이다. 그러나 그 나이 때의 아이들은 으레 불평하고 반항하기 마련이다.

사내아이(또는 계집아이)는 이따금 부모가 응석을 받아주는 바로 그때 사랑이란 무엇인가를 한순간 감지한다. 하지만 그것은 사랑 세계의 입구만 엿본 정도에 불과하다. 그리고 다음 순간에는 입구의 문이 부당하게 닫혀버린다. 이러한 체험을 반복하는 동안 아이는 사랑이 무엇인지 아는데 사랑받지 못해 비관하고, 반항함으로써 부모를 몇 번이고 시험하려고 한다. 아이는 자신이 무엇을 하든지 간에 부모는 똑같이 사랑해주리라는 확신을 찾아서 반항한다. 그러나 반항을 하면 부모가 꾸짖으므로, 아이는 "그럼 부모는 나를 사랑하지 않는가?" 하고 의문을 품게 된다.

응석을 부렸는데도 의외로 부모가 꾸중을 하지 않는 데서 아이는 부모의 사랑을 확인했다 싶지만 그래도 전면적으로 믿지는 않는다. 그만큼 어린 마음에 박힌 인상은 강렬해서 씻어내기 어렵다. 이따금 엄하게 꾸중 들었던 기억이 아이 마음에 사랑에 대한 불신감을 새겨주기도 한다. 그래서 아이는 점점 더 거세게 반항함으로써 부모로부터 사랑을 확인하려고 한다. 한편 이에 곤혹스런 부모는 "여기서 풀어 줘서는 안 돼." 하고 스스로를 타이르면서 엄벌을 가하여 아이를 절망의 나락으로 떨어뜨린다. 혹은 아이에게 너무 심하게 대했다는 죄책감에 부모로서의 자격을 의심하고 끝없는 타협을 거듭한다. 그리고 마침내는 "우리들 사이가 이렇게 어긋나는 것은 무엇 때문일까? 네가 말한 것은 무엇이든 다 들어주었는데⋯⋯." 하고 한탄한다.

이러한 사태를 만들지 않으려면, 처음부터 아기를 어린 성인으로서가 아니라 아기로서 다루어야 한다. 갓 태어난 아기에게 어머니가 줄 수 있는 모든 애정을 쏟는 것이 무엇보다 필요하다. 주는 것을 아까워해서는 안 된다. 사실 자신이 유아기에 왜곡된 육아 체험을 하지 않은 보통 어머니라면, 인간의 자연스러운 정 때문에라도 최대 최고의 애정을 자식에게 쏟고 싶은 충동에 내몰릴 것이다. 바로 그 자연스러운 정 때문에, 스파르타식 교육론자들은 정에 홀려서 '심금을 울리는 나약함'—이것은 왓슨이 좋아하는 용어다—에 굴복해서는 안 된다고 끊임없이 경고하는 것이다.

그러나 현대인의 폐해로서, 만일 어머니가 아이들에게 자유분방한 사랑을 주고 싶지 않다면, 이상적인 모자관계 형성에는 시간과 노력이 좀더 소요될 것이다. 어디까지나 시간과 노력이 걸릴 뿐이다. 인공적인 강압 교육만 하지 않는다면, 그들 역시 서서히 신뢰와 애정으로 충만한 이상적인 친자관계에 가까이 다가갈 것이다.

어머니의 애정을 충분히 누리면서 성장한 아이는 한심하기는커녕 오히려 더 개성과 독립심이 강하다. 타인에 대한 애정, 그리고 주변 현실에 대한 구체적 관심과 탐구심을 아무런 방해 없이 몸에 익히기 때문에, 설혹 잘못되더라도 한심한 아이가 될 염려는 없다. 실제로, 어린 시절에 자신에게 쏟아지는 사랑과 보호를 충분히 보증받은 아이는 일정한 나이가 되면 생존에 대한 자신감을 기반으로 인생을 향해 마음껏 날갯짓을 시작한다. 이것은 원숭이 실험을 통해서도 검증된 사실이다. 어미에게 충분한 사랑을 받은 새끼 원숭이는 곧 외부 환경으로 뛰어나가 잘 어울린다. 그러나 어미 원숭이로부터 냉랭한 취급을 받은 새끼는 내성적이고 신경질적으로 된다.

이 사실은 왓슨의 예언과 정반대 결과를 보여준다. 그에 따르면, 어머니로부터 보디 터치를 포함한 애정을 듬뿍 받은 아이는 타인에게 의존하고 싶어 하는 나약한 성격의 소유자가 되어야 할 것이다. 그러나 이 가정이 잘못됐다는 것은 아이가 세 살이 되면 확실해진다. 만 2년간 충분한 애정으로 양육된 아이는 삼 년째가 되면 확고한 걸음으로 외부 세계를 향해 걷기 시작한다. 다소 위태위태한 걸음을 내딛다가도 금방 기운차게 걷는다. 한편 아기 때 애정결핍에 엄한 교육을 받은 아이는 이 시점에서 이미 적극성을 상실해 주변 현실에도 별로 흥미를 보이지 않는다. 여기저기 두리번거리면서도 혼자서 행동하려는 의지는 좀처럼 내보이지 않는다.

이상의 내용을 바꾸어 말하면 다음과 같다. 충만한 애정으로 결합된 관계가 일단 부모자식 사이에 확립되면, 그 아이는 다음 성장단계로 잘 나아간다. 현실 세계에 온몸으로 부딪히는 단계에 이르렀을 때 비로소 아이는 부모로부터 교육 받을 필요가 생긴다. 아기 때 가하지 않았던 규제가 지금에서야 필요해진 것이다. 아이에 대한 과보호와 맹목적인 사랑을 금하는 왓슨식 교육법은 만 두 살 이상의 유아에 한해서는 어느 정도 옳다고 할 수 있다.

그러나 우습게도, 아기 때 왓슨식 교육을 요란스레 강요받은 아이는 올바른 교육을 시작해야 하는 만 두 살 이후가 되면 묘하게 반항적이 되고, 그 때문에 도리어 부모는 아이를 과보호하는 처지로 전락하기 쉽다. 아기 때 부모로부터 애정을 충분히 받은 아이는 이유없이 반항하거나 하지는 않는다.

아기 때 심신 양면으로 사랑으로 충만한 친자관계를 형성했던 인간은, 성인단계에 이르러 이성과 정상적인 성적 관계를 맺는 과정에서 완전한 진가를 발휘한다. 그리고 그것을 기반으로, 현실의 사회생활을 적극적이고 과감하게 개척해간다. 물론 성숙된 성인관계를 맺는 능력을 익히기 위해서는 남자나 여자나 다양한 성적 경험을 해야 한다. 특히 성적 체험은 인생의 '좌절'로 연결되기 쉽다. 그러나 유아기부터 유년기, 소년기로 자연스럽게 인격을 형서해온 인간이라면, 곧 적당한 이성과 커플 관계를 맺고, 그 성 체험을 바탕으로 강력한 보디 터치에 의한 친밀성의 고리를 확립하는 일은 그리 어렵지 않다. 그리하여 인간은 애정으로 가득 찬 아기 시절의 육체적 친밀성을 다시 내 것으로 만드는 것이다.

새로운 가족관계를 확립한 젊은이들에게, 외부의 방해없이 향유할 수 있는 친밀성은 생존경쟁이 소용돌이치는 현실에서는 무엇보다도 강력한 무기가 된다. 친밀한 인간관계의 고리는 사회적인 난관을 해결하고자 할 때 우리에게 얼마나 큰 힘을 주는가? 인간관계에 굶주린 인간일수록 타인의 감정을 이해하는 능력이 부족하기 때문에 난관을 잘 풀어나가지 못한다.

가족생활에는 가족의 각 성원이 프라이버시를 확보할 수 있는 공간적 여유가 필요하다. 친밀한 접촉이 원활하게 이루어지기 위해서도 프라이버시가 요망된다. 좁은 방에서 날마다 같은 얼굴만 마주 대하고 있어서는 개인적인 관계를 갖기가 어렵다. 도리어 싸울 우려가 있다. 서로 몸을 지나치게 밀치고 당기는 것은 친밀성과는 거리가 멀다. 강제적인 친밀성은 타인에 대한 혐오를 낳을 뿐이다. 역설적이지만, 보디 콘택(body contact, 신체 접촉)을 더욱 의미 있게 하기 위해서는 좀더 느슨한 공간이 필요하다. 기능성에만 치중한 설계는 초조감을 초래한다. 왜냐하면 개인적인 보디 터치의 친밀성은 어느 것이나 일시적이며, 도시의 혼잡함과 비슷한 점이 있기 때문이다. 그리고 보디 터치의 욕망은 돌발적, 간헐적으로 일어나는 감정이다. 따라서 생활공간을 좁히면 그만큼 친밀성이 왜소화하고 만다. 현대 건축가들이 이 점을 계산에 넣는지 어떤지 정말로 이해가 가지 않는다.

그러나 이상에서 서술한 내 말은, 친밀성으로 결합된 젊은이들의 이상형을 제시하려고 기를 쓴 나머지, 마이 홈과 넓은 사적 공간만 있으면 저절로 가족이 애정으로 충만해지고 가족 간의 고리가 굳게 연결되는 등 만사가 잘 되리라는 잘못된 인상을 초래할 우려가 있다. 유감스럽지만 일은 그리 간단하지가 않다. 엄청나게 많은 타인으로 빽빽이 둘러싸인 현대사회에서는 가족 간의 친밀성마저도 실현하기가 어렵다.

그리고 이 점에 대해서는 크게 두 가지 사회적 요소로 나누어 생각지 않으면 안 된다. 첫째는 친밀한 관계가 흔히 다른 인간으로부터 '어린애 같다'는 의미에서 멸시의 대상이 된다는 것이다. 부부간의 보디 터치가 좀 지나치면 타인은 경망스럽다는 둥 너무 찐득찐득하다는 둥 유치하다는 둥 비판하고 싶어한다. 사이좋은 예비부부에게도 이러한 비판은 예외일 수가 없다. 부부 사이가 너무 좋다고 하는 말은 뒤집어보면 두 사람에게 '홀로 서고 홀로 걷기'의 정신이 결여돼 있다는 비난으로도 들린다. 즉, '남자 중의 남자는 혼자서 설 수 있는 남자'라는 식의 속설이 예상 외로 세상에 널리 통용되고 있는 것이다. 어엿한 성인이 유아기의 전형적인 보디 콘택을 이어받은 것이 왜 인간의 독립정신을 부정하는 것이 되는가? 더구나 상대가 자신의 배우자라면 그 어디서도 비판을 받을 이유가 없지 않은가? 거꾸로 다 큰 어른이 친밀성을 갖지 못하는 것이야말로 부끄러워해야 할 일이다. 가까운 타인과 애정 깃든 친밀성을 누리는 인간만이 자기의 정신세계를 온화한 성격으로서, 균형 잡힌 개성으로서 표현할 수 있는 것이다. 이러한 개성이 있어야 비로소 인간은 타인과의 교제에서도, 비인간적인 비즈니스에서도 나름대로 적응할 수가 있다. 한마디로 말해서 친밀성은 인간을 눈곱만큼도 나약하게 만들지 않는다. 반대로 강하게 만들어준다. 부모의 애정을 충분히 받으면서 자란 아이야말로 처음 접하는 현실에 주눅 들지 않고 떳떳이 부딪힌다는 사실을 우리는 이미 잘 알고 있지 않은가?

친밀성의 확립을 저해하는 두 번째 사회적 요인은 보디 터치에 성적인 의미가 포함되어 있다는 사고방식이다. 과거에 친밀성을 억압, 규제했던 것은 대부분 이 오해에서 비롯되었다. 부모와 자식 간의 친밀성에는 성적인 의미가 전혀 없다. 모성애(부성애)나 자식의 부모에 대한 애정은 성적인 애정과는 다르다. 남성 대 남성, 여성 대 여성, 그리고 어떤 종류의 남녀 사이 등 그 어느 관계도 특별히 섹스와 연결시킬 필요는 없다. 애정은 어디까지나 애정 —— 두 사람을 분리하기 어렵도록 결합시키는 정신적인 고리 —— 이고, 성에 대한 충동이 포함되었는가 아닌가는 이차적인 문제에 불과하다.

인간관계의 결합에서 성적인 요소를 과대하게 평가하는 것은 현대의 폐단이다. 본래는 성적이지 않은 고리로 강하게 결합되고 성적인 감정은 단지 부수적인 요소에 지나지 않는 인간관계마저도, 이차의 성적인 요소만이 묘하게 비대·왜곡·과장되기 일쑤다. 그리고 그 악영향으로 인해 보디 터치를 사용하는 친밀성을 모두, 거의가 섹스를 목적으로 하지 않는 행위인데도 금기시하는 경향이 있다. 그래서 모자관계는 오이디푸스 콤플렉스, 남매 사이는 근친상간, 동성 관계는 호모나 레즈비언, 남녀관계는 간통, 그리고 여러 사람과 친한 관계에 있는 경우는 공동변소라는 식으로, 좌우간 모든 친밀성을 성 행위와 연상시킨다.

이러한 견해도 이해할 수 있는 부분이 없는 건 아니다. 그러나 일부러 그것을 강조할 필요는 없다. 하지만 이 견해야말로, 현대인이 에로틱하고 몸이 노곤할 정도로 보디 터치에 의한 친밀성을 충분히 즐기지 못한다는 사실을 반증해준다. 부부간, 연인 간의 성적 친밀성이 충분히 열렬하고 깊지 못하기 때문에, 타인들의 친밀한 관계를 목격하면 온갖 흥을 보고 그것을 망치고 싶은 것이다. 그러나 우리들도 친밀감을 누리고자 든다면 우리가 생각하는 이상으로 성을 즐길 수 있을 것이다. 하지만 여전히 성을 금지하거나 저지하는 태도를 취하는 한 그럴 가능성은 없다.

그런데, 비성적인 보디 콘택에 대한 일반적인 금기로부터 몇 가지 이상 사례가 발견되고 있다. 한 예를 들면, 최근 미국에서의 연구는 단지 남성의 팔에 안기고 싶다는 욕구 때문에 프리섹스에 빠진 여성의 사례를 전하고 있다. 이 보고에 따르면, 그녀는 어느 순간 단지 이성에게 포옹 받고 싶은 욕망을 누르기 어렵다는 이유만으로 자기 몸을 던진 일도 있다. 이 극단적인 욕망의 표현은 성적 친밀성과 성적이지 않은 친밀성의 차이를 분명하게 보여준다. 그녀는 성 행위의 필요에서 보디 터치를 찾은 것이 아니라, 보디 터치의 친밀성을 열망한 나머지 성 행위로 치달린 것이다. 그래서 이 두 가지 동기가 두 종류의 친밀성 자체를 증명한다고 볼 수 있다.

이 사례는 현대에 사는 인간의 친밀성을 방해하는 것이 무엇인지 말해준다. 사람의 친밀 행동을 보다 의미 있게 분석하기 위해서는 현대인이 어떤 변화의 조짐을 보이는지 정확히 관찰하지 않으면 안 된다.

우선 유아 차원에서는 아동심리학자들의 열성적인 연구가 열매를 맺어, 최근의 유아교육법은 눈부시게 진보했다. 유아기의 친자관계에서는 친밀한 접촉이 특히 중요하다는 것, 나아가 아이의 건전한 성장을 위해서는 부모의 따스한 애정이 필수조건이라는 것 등등, 유아교육에 대한 사회적 이해는 전보다 훨씬 발전했다.

예전의 엄격하기만 하던 스파르타식 교육은 모조리 자취를 감춘 한편, 인구가 과밀한 도시생활에서는 과보호로 인한 여러 가지 병적 현상이 문제를 일으키고 있다. 이로써 앞으로 현대인이 걸어가야 할 유아교육의 길은 아직도 멀다고 할 수 있을 것 같다.

다음으로 소년기가 되면 연령에 따른 교육이 기본이 된다. 한쪽에서 사회교육과 기술교육 양쪽을 중시해야 한다고 목소리를 높이는 가운데, 기술교육을 강조하자는 방향으로 차츰 대세가 기우는 것처럼 보인다. 그러나 이것은 아이들을 인간화보다는 물질화할 위험을 안고 있다.

이어서 청년기의 젊은이들을 보면, 그들이 현실에서 부딪히는 문제는 모두 자연스럽게 스스로 해결하는 것처럼 보인다. 대인관계에서 발생하는 주고받음이 과연 현대만큼 명확하고 직접적이던 시대가 예전에 또 있었을까?

젊은이들의 자유분방한 언동에 대해 이전 세대가 가하는 비난이라는 것은 대부분 자유 행동에 대한 강렬한 선망의 굴절된 표현이 아닐까?

그러나 젊은이들이 발견한 표현의 자유, 성에 대한 솔직한 태도, 구도덕과 고정관념에 속박되지 않는 친밀성 등은 어디까지 이어질 수 있을까? 시간이 흘러 이윽고 그들이 부모가 되었을 때에도 전과 똑같이 자유로운 사고를 유지할지 어떨지 아직 결론을 내리기에는 이른 것 같다. 왜냐하면 인간은 나이를 먹을 때마다 비인간적인 사회생활 스트레스 때문에 거의 질식하기까지 한다는 점도 생각지 않으면 안 되기 때문이다.

그리고 성인이 된 인간의 최대 관심사는 끊임없이 팽창, 확대해가는 도시 생활로부터 가까스로 쌓아올린 안정된 생활을 어떻게 지켜내는가 하는 것이다. 사생활을 위협하는 외부 스트레스가 강해짐에 따라, 현대인은 인간 조건의 본질이 절박한 상황에 놓여 있다는 데 위기감을 느낀다. 성인들의 대화에는 툭하면 소외라는 말이 등장한다. 사무실이나 거리에서 치열했던 생존경쟁의 끄트러기가 늦은 밤 침대에 드러누울 때까지 따라다니기도 한다.

새로운 접촉 운동

미국에서는 이미 이러한 상황을 준엄하게 고발하는 목소리가 올라가고, 그 속에서 인간성 회복을 주창하는 새로운 심리요법 운동이 전개되고 있다. 이러한 일련의 사회현상을 보면 보디 콘택과 친밀성에 대한 희구가 현대사회의 내부에서 얼마나 격하고 강하게 불타오르는지 쉽게 이해될 것이다.

일반적으로 엔카운터 그룹 테라피(encounter group therapy, 집단 감수성 훈련 치료)로 알려진 이 운동은 불과 10년쯤 전에 캘리포니아에서 시작되어 곧바로 미국 전역으로 해서 캐나다까지 확산되었다. 미국식 속어로 쇼 비즈니스를 빗댄 '보디 비즈니스'라고 불리는 이 활동은 전문적으로 초(超) 개인심리학(transpersonal psychology), 다중심리(정신)요법(multiple psycho-therapy), 사회역학(Social Dynamics) 등의 이름이 붙어 있다.

이들 운동에 공통되는 기본원칙은 일정인의 참가자가 짧게는 하루 주야, 길게는 1주간이란 일정기간 함께 생활하며 다양한 패턴에 따른 개인 및 집단 내의 상호작용을 경험하는 것이다. 이 상호작용에는 대화를 통한 것도 포함되지만, 더 비중이 높은 것은 비(非)대화적인 것이다. 보디 콘택, 의례적인 터칭, 상호 마사지, 게임 등을 한다. 그 목적은 '문명병'에 걸린 현대인의 심리적인 갑옷을 깨부수고 그들에게 "인간은 육체를 소유한 것이 아니다. 인간은 육체 그 자체다."라는 것을 재인식시키는 데 있다.

다 큰 어른이 동심으로 돌아가 마음껏 날갯짓을 할 기회를 갖는다. 이것이

이 활동의 중요한 핵심이다. 그리고 이 '아방가르드(전위파) 과학'과도 같은 분위기 덕분에 참가자들은 세상에 대한 배려, 당혹, 경멸과는 일절 관계없이, 어린애 같은 행동을 마음껏 즐길 수 있다. 참가자들은 서로 상대의 몸을 쓰다듬고 만지고 가볍게 튕긴다. 양팔로 타인을 통째로 부둥켜안고 나는 장난을 하는가 하면, 보디 오일을 서로 몸에 발라주기도 한다. 아이들 장난 같은 경험을 통해 성인들은 서로가 '벗은 자기'를 내보인다. 이때 실제로 자신의 알몸을 사람들 앞에 보이는 경우도 물론 있지만, 서로의 행동을 통해 비유적으로 '벗는' 경우가 많다.

작위적인 '아이들 시절'로의 회귀는 다음 선전문구로 압축될 수 있다. 덧붙여 말하면, 이 4일간 코스의 타이틀은 "당신 자신의 원점으로 돌아가자." 이다.

체제순응형인 미국인은 '이상적인 사회인'의 환영을 좇는 나머지, 참된 인간다움을 잃고 있습니다. 우리는 사회적인 불명예와 조소를 두려워한 나머지, 순수한 동심을 콘크리트 벽 속에 파묻고 말았습니다. 동심이 되살아날 때 남성인 당신은 진정한 남자다움을 회복하고, 여성인 당신은 진정한 여자다움을 생각할 것입니다. 예전에 어머니의 애정 속에서 보냈던 나날들에 대한 기억을 추체험할 때 당신은 사랑의 본질이란 무엇인가, 사랑의 행위란 무엇인가를 생각하고, 사랑을 추구할 능력을 다시 발견할 것입니다. 가치 있는 역설이 여기에 있습니다. 아이들 시절의 무력감에 빠진 당신은 그로 인해 다시 삶에 대한 의욕이 몸 안에 휘몰아치는 것을 느낄 것입니다. 동심으로 눈물을 흘리는 당신은 약동하는 환희의 샘물로 인도될 것입니다……

또한 엔카운터 그룹 참가를 호소하는 구호 중에는 다음과 같은 것도 있다.

"놀이를 통해서 더 적극적으로 되자!", "잠자는 감각을 일깨워 다시 태어난 인간으로!" 어느 것이나 유년시대의 친밀성으로 돌아가자는 것을 강조하고 있는데, 이 목표를 최고로 실현시키기 위해 '자궁 풀장'까지 설치한 센터도 등장했다. 풀장 내 온수를 자궁 내 온도와 같게 유지하는 것이 특색이다.

이를 운영하는 조직자의 말에 의하면, 이것은 '정상적인 인간을 위한 심리 요법'이라고 한다. 참가자는 어떤 의미에서도 '환자'가 아니며 어디까지나 그룹 멤버에 지나지 않는다. 그리고 참가 목적은 인간들의 진정한 친밀성으로 돌아가는 데 있다고 한다. 참가자들은 이것을 어떻게 생각하는가? '문명병'에 괴로워하는 현대의 성인들이 서로 보디 터치를 하기 위해선 반드시 그럴듯한 대(對)사회용 구실이 필요한 현실은 서글프지만, 또한 그렇게 할 수밖에 없는 것은 뭔가 잘못됐기 때문이 아니냐고 참가자들은 생각한다. 이것은 다행스런 일이라고 해야 할 것이다. 게다가 한 번 이 생활을 경험한 사람 중 상당수가 두 번 세 번 참가를 신청한다는 것도 빠뜨릴 수 없다. 아마도 합숙 중에 행한 보디 터치가 충분한 효과를 발휘해 그들의 정신적 응어리를 풀어주고 마음을 느긋하게 했기 때문일 것이다. 사실 참가자들은 대개 그후 가정생활에서도 전에 없는 해방감과 안정감을 느꼈다고 고백한다.

그렇다면 이 활동은 진짜로 의미 있는 사회활동인가? 아니면 한때의 변덕스러운 유행에 지나지 않는가? 혹은 새로 출현한, 마취를 쓰지 않는 위험한 놀이인가? 매월 수십 개씩 센터가 새로 창설되는 현상을 앞에 두고 전문가들의 의견도 가지각색이다. 한편에서는 엔카운터 그룹이 아주 잘하고 있다며 적극 지지하는 심리학자나 정신의학자가 있는가 하면, 또 한편에서는 단호하게 반대하기도 한다. 그 중 어떤 의견을 소개해보자. 그에 따르면 참가자는 "본질적으로는 조금도 나아지지 않는다. 친밀성이란 '환각제'를 얻은 데 불과하다." 이 의견대로라면 이 집단에 참가하는 것은 댄스홀에 들어가거나 바람에 쓰러져 간호 받는 것과 동열에 놓이는 친밀성인 셈인데, 이것도 나름 대로 좋다고 생각한다. 왜냐하면 세상으로부터 공인받은 보디 터치 패턴이 하나 더 늘어나기 때문이다.

좀더 엄한 반대론도 있다. "진정한 친밀성을 키우려는 기술이라고 하지만, 거꾸로 그것을 파괴하는 작용을 하기 쉽다."는 의견이 그 전형이다. 어떤 신학자는 보다 뜨거운 생존경쟁 형식이 등장했다면서, 사람들이 엔카운터 그룹에서 습득하는 것은 모두 "비인간적 생활을 위한 새로운 방편이자 새로운 권모술수이며, 타인에 대한 적의를 속에 숨기고 겉으로는 우호적으로 행동하는 새로운 연기."에 불과하다는 극언마저 서슴지 않는다.

이 운동의 추진자들이 그 방법론과 원리를 일반 대중에게 펼치는 말을 들어보면, 거기에는 확실히 독선적인 말투, 지나치게 절대 진리를 주장하는 듯한 태도가 엿보이는 것은 사실이다. 우주의 신비를 우리 손으로 해명하고 그 발견을 타인에게 누리게 하여 인간을 구제한다는 말에서 받는 독선적인 인상은 지우기가 어렵다. 이 결점을 찌르는 반론도 상당히 많다. 그러나 이것은 당연히 예상되는 반대자의 공격이나 조소에 대한 방어수단이라고도 할 수 있다. 예전에 정신분석학자가 화려하게 등장했을 때에도 똑같은 전법이 사용되었다. 엔카운터 그룹 운동의 베테랑 경험자와 마찬가지로, 경험자는 미경험자에 대해 좀 과장된 태도를 취하기가 쉽다. 그러나 그것도 극히 짧은 시간 안에 극복될 것이라고 생각된다. 따라서, 엔카운터 그룹도 앞으로는 반드시 그 억지 태도를 바꿀 것이다. 그러면 그들의 활동은 단순한 유행 단계를 끝내고 정착하게 될 것이 틀림없다.

그러나 더 부정적인 비판도 있다. 아직 가설에 불과하지만 이 그룹은 참가자들에게 실제 피해를 초래하여 역효과를 낳을 것이라는 의견이다. 참가자가 일정기간 동안 인위적인 '일시적 친밀성'을 체험한 뒤, 그 체험으로 진정한 '인간관계'에 반쯤 눈뜬 상태에서, 혹은 완전히 눈뜬 상태에서 이전의 생활환경으로 되돌아가야 한다는 점에서 성가신 문제가 생긴다는 것이다. 참가자는 변화하고 있는데 다른 가족은 이전과 다름이 없다. 그리고 양자 사이의 이 미묘한 균열은 무시되기 쉽기 때문에 가정에 위기가 발생한다……

그들의 말을 계속 들어보자. 이러한 문제는 왜 일어나는가? 그 근본적인 원인은 타인과의 경쟁관계에 있다. 어떤 사람이 엄격한 사회생활에서 빠져나와 엔카운터 그룹에 참가한다. 거기서 보지도 듣지도 못한 타인들과 접촉하고 다양한 보디 터치를 시도하고 서로의 몸을 마시지하고, 또 허물없는 아이들 장난에 열중한다. 그들은 자신의 가정환경 속에서 실제의 '친밀한 가족'과 접할 때보다 엔카운터 그룹의 '일시적인 동료'와 함께할 때 훨씬 더 '친한 것처럼' 행동할 것이다(그렇지 않다면 성가신 문제는 애초에 일어날 턱이 없다). 더욱이 자연스러운 귀결로서 본래 환경으로 돌아가면, 그 사람은 이 체험에서 누렸던 해방감과 환희에 찬 나날들을 그리워할 것이다. 그래서 격렬하게 동요하게 된다. 일상생활과는 달리 왜 엔카운터 센터에서는 그토록 자유분방한 인간관계를 즐길 수 있는 걸까? 물론 과학적으로 승인받고 세상으로부터 공인받은 엔카운터 센터의 특별한 환경이 첫 번째 해답이 될 것이다. 그러나 이 답은 참가자 자신의 현실생활에서의 친밀성에는 아무런 도움도, 아무런 안정도 주지 않는다. 부부가 함께 엔카운터 그룹에 참가했다고 하자. 조건은 더 좋을지 몰라도 가정생활로 돌아간 경우에는 역시 상당히 신중한 접근방식이 요구될 게 틀림없다.

또한 이러한 논의도 있다. 엔카운터 그룹의 가장 나쁜 점은 인간이 일상생활에서 행하는 무의식적인 부분을 모두 의식적으로 조직화하거나 전문화된 목적으로 바꾸어버린다는 것이다. 즉, 본래 인간이 자기의 사회활동을 유지하기 위해 직관적으로 해야 할 행동, 생존수단의 하나라고도 해야 할 친밀성이 거기서는 그 자체로 자기 목적화된다는 점이 대단히 위험하다.

이상과 같은 비판은 확실히 공감하는 부분이다. 그러나 이 기발한 새로운 방법을 머리로만 경멸하는 것은 잘못이다. 인간성의 본질과 관련해, 엔카운터 그룹의 지도자들은 인간관계가 비인간적으로 변질되고 있는 현대사회의 위기 상황을 일찍이 간파하고, 이를 개선하기 위해 최선의 노력을 다하고 있기 때문이다. 뭔가 새로운 사건이 시작될 때 '추의 흔들림'으로 상징되는 반동이 따르는 것은 어쩔 수 없다. 이 운동이 자신들의 사상의 실현에 열중한 나머지 '추'의 흔들림을 다소 잘못된 방향으로 유도하는 면이 있다 해도, 그것은 눈감아줄 만한 과장에 지나지 않는다. 이 운동이 사회의 상식선까지 보급된다면, 별로 찬성하지 않는 사람이라도 이 운동 방식을 통해 어떤 교훈을 얻을 것이다. 즉, 현대인은 자신의 육체를 자기의 생존을 위해 충분히 활용하는가 아닌가(어떤 의미에서 이것은 육체를 잘 활용하지 않기 때문에 생긴 문제지만). 어쨌거나 그 점을 두고 반성하는 기회를 가지라는 것이다. 우리가 그에 대해 인식하는 것만으로도 이 운동은 가치가 있고, 목적을 다했다고 할 수 있다.

여기서 정신분석이 이룬 공적을 다시 한 번 생각해보자. 정신분석 운동에 직접 관련된 사람들의 수는 극히 적었다. 그러나 그 기본적인 아이디어 — 인간의 가장 심층, 가장 깊은 곳에 숨은 내면은 부끄러워할 것도 이상한 것도 아니며, 인간이라면 누구나 자기 내부에 품고 있다는 사고방식 — 는 오늘날에는 거의 상식적인 사상으로 받아들여지고 있다. 그리고 그것은 한편으로는 현대의 젊은이들에게서 보여지는 명확하고 직접적인 교제 방식과 상통하는 요소를 지니고 있다. 엔카운터 그룹 운동으로, 현대인이 보디 터치로 나누는 친밀성에 가한 금기에서 조금이라도 해방된다면, 이 운동은 위대하고 가치 있는 사회적 공헌을 하게 될 것이 틀림없다.

인간은 사회적인 동물이다. 따라서 타인을 '사랑하는' 능력을 부여받고, 또한 타인으로부터 '사랑받고 싶다'는 강렬한 욕망을 느낀다. 소집단으로 수렵·농경을 영위한 원시생활자였던 그들은, 진화의 결과, 현대에 이르러서는 거대한 공동사회 속에서 초라하게 찌그러진 존재로서 자기밖에 발견하지 못하고 있다. 모든 면에서 생존 위기에 처한 현대인은 오로지 자기 내부에 틀어박혀 외부에 대해 방어적인 자세를 취할 수밖에 없다. 이렇게 자기의 감정을 눌러죽이는 것이 습성이 된 현대인은 자신과 가장 친한 인간, 애정으로 결합된 인간에 대해서도 껍질을 만들고 있다. 그리고 마침내는 엄청나게 많은 무리 속에서 단 혼자 고립돼 있는 자신을 발견하게 된다. 이렇듯 타인으로부터 감정적인 지지를 얻는 데 실패한 인간은 점점 긴장과 스트레스를 높여가고, 종국에는 폭력사태마저 일으킬지 모른다.

그러나 정신적인 위안을 필요로 하는 그들은 애정을 쏟을 대상으로서 대체물을 찾는다. 이 대체물은 그들에게 위해를 가하지도 않지만, 그들 요구에 반응하지도 않는다. 사랑이란 두 사람의 타인 사이에 이루어지는 정신적 협동작업이므로, 어떠한 대상물도 결국은 불완전한 것에 지나지 않는다.

실제로 친밀성으로 결합된 대상을 전혀 갖지 못한 인간이 있다면, 단 한 명도 사랑하는 사람이 없다면, 그는 절망적인 고통에 시달릴 것이다. 타인이 가하는 공격과 배신으로부터 자신의 안전을 지키는 데 필사적인 인간은, 타인에게 감히 터치하는 행위는 타인에 대한 적의의 표현이며, 터치 당하는 것은 곧 공격을 받는 것이다, 고밖에 받아들이지 못한다.

이러한 경향은 현대인에게 널리 퍼진 중대한 정신적 질환이다. 현대사회가 초래한 이 사회적 병은 빨리 대책을 강구하지 않으면 돌이킬 수 없게 된다. 치료하지 않으면, 유해식품 속에 포함된 유독화합물과 마찬가지로, 악성요소가 세대에서 세대를 거듭하면서 차츰 인간 체내에 축적되고, 그리고 마침내 그것이 인간성 자체를 야금야금 갉아먹어 더 이상 회복이 불가능하게 손상될 날이 올 것이다.

인류를 사회적 파멸로 몰아넣는 최대 원인은, 어떤 의미에서는, 인간의 천부적인 순응성일지도 모른다. 지금과 같은, 아무리 반자연적인 사회 조건하에서도, 인간은 생활을 유지하고 생존을 이어가는 위대한 힘을 갖고 있다. 따라서 좀더 정상적인 시스템으로 돌아가는 대신에 인간은 적응하는 것이다. 우리는 저 과밀한 도시생활 속에서 싸움에 몰두하고, 애정으로 연결된 친밀성에서 날마다 멀어져, 이제 파국을 눈앞에 두고 있다. 그래서 인간은 자신의 엄지손가락을 뺌으로써 친밀성을 향한 환상에 한순간이나마 잠기고, 인류의 장래에 대한 낙관론적 철학을 외쳐대는 절망적인 시도에 매달리는 것이다. 바보처럼 돈을 써가며 과학센터에 참가하고, 아이들 장난에 열중하고, 만지는 놀이에 흡족해하는 광경을 보면서, 우리는 조소를 보내기 쉽다. 그러나 어디가 이상하다는 말인가?

감미로운 사랑은 나약을 의미하는 게 아니며 또한 아이들이나 젊은 연인들만의 것도 아니라는 점을 우리가 인식하고, 감정을 드러내 때로 저 불가사의한 친밀성에 의지한다면 사태는 훨씬 진전될 것이다.

참고문헌

Ainsworth, M. D., "Patterns of infantile attachment to the mother", *Merrill-Palmer Quart.* 10(1964).

Ambrose, J. A., "The smiling response in early human infancy"(Ph. D. thesis, LondonUniversity, 1960).

Argyle, M., *Social Interaction*(Methuen, London, 1969).

Bauer, B. A., *Woman*(Cape, London, 1926).

Beadnell, C. M., *The Origin of the Kiss*(Watts, London, 1942).

Birdwhistell, R. L., *Kinesics and Context*(Univ. of Pennsylvania Press, 1970).

Bloch, I., *Sexual Life in England Past and Present*(Arco, London, 1958).

Bowlby, J., *Attachment and Loss*(Hogarth Press, London, 1969).

Brend, W. A., *Sacrifice to Attis*(Heinemann, London, 1936).

Broby-johansen, R., *Body and Clothes*(Faber, London, 1968).

Brun, T., *The International dictionary of Sign Language*(Wolfe, London, 1969).

Carpenter, C. R., "A field study of the behavior and social relations of Howling Monkeys", *Comp. Psychol. Monogr.* 10(1934).

Carpenter, C. R., "Sexual behaviour of free ranging Rhesus Monkeys", *J. Comp. Psychol.* 33(1942).

Cohen, Y. A., *The Transition from Childhood to Adolescene*(Aldine, New York, 1964).

Comfort, A., *The Anxiety Makers*(Nelson, London, 1967).

Coss, R. G., *Mood Provoking Visual Stimuli*(University of California, 1965).

Crawley, E., *Dress, Drink and Drums*(Methuen, London, 1931).

Darwin, C., *The Expression of the Emotions in Man and Animals*(Murray, London, 1872).

Dearborn, L. W., "Autoerotism", *The Encyclopedia of Sexual Behavior*(Hawthorn, New York, 1961).

Fabian, J. and J. Byrne, *Groupie*(New English Library, London, 1969).

Fast, J., *Body Language*(Evans, New York, 1970).

Forbes, T. R., *The Midwife and the Witch*(Yale Univ. Press, 1966).

Ford, C. S. and F. A. Beach, *Patterns of Sexual Behaviour*(Eyre & Spottiswoode, London, 1952).

Frank, L. K., "Tactile Communication", in Carpenter and McLuhan(eds), *Explorations in Communication*(Cape, London, 1970).

Freud, A., *The Ego and Mechanisms of Defense*(International Universities Press, New York, 1946).

Froissart, J., *The Chronicles of England, France and Spain*(Everyman Library, London, 1940).

Fryer, P., *Mrs. Grundy*(Dobson, London, 1963).

Goodall, J., "Chimpanzees of the Gombe Stream Reserve", in DeVore(ed.), *Primate Behavior*(Holt, Rinehart and Winston, New York, 1965).

Gould, G. M. and W. L. Pyle, *Anomalies and Curiosities of Medicine*(Saunders, Philadelphia, 1896).

Gunther, B., *Sense Relaxation*(Macdonald, London, 1969).

Hall, K. R. L., "Baboon social behaviour", in DeVore(ed.), *Primate Behavior*(Holt, Rinehart and Winston, New York, 1965).

Hass, H., *The Human Animal*(Putnam, New York, 1970).

Harlow, H. F., "The nature of love", *Amer. Psychol.* 13(1958).

Heim, A., *Intelligence and Personality*(Pelican, London, 1971).

Henriques, F., *Prostitution in Europe and the New World*(MacGibbon & Kee, London, 1963).

Hershkovitz, P., "The decorative chin", *Bull. Field Mus. Nat. Hist.* 41(1970).

Hess, E. H., "Attitude and pupil size", *Sci. Amer.* 212(1965).

Hollender, M. H., "The need or wish to be held", *Arch. Gen. Psychiat.* 22(1970).

Hollender, M. H., L. Luborsky, and T. J. Scaramella, "Body contact and sexual excitement", *Arch. Gen. Psychiat.* 20(1969).

Howard, J., *Please Touch*(McGraw-Hill, New York, 1970).

Jourard, S. M., "An exploratory study of body accessibility", *Brit. J. soc. clin. Psychol.* 5(1966).

Kinsey, A.C., W.B. Promeroy, and C. E. Martin, *Sexual Behavior in the Human Male*(Saunders, Philadelphia, 1948).

Kinsey, A. C., W. B. Promeroy, C. E. Martin, and P. H. Gebhard, *Sexual Behavior in the Human Female* (Saunders, Philadelphia, 1953).

Lacer, B., "An evening with Bruce Lacey"(Lecture-demonstration at the Institute of Contemporary Arts, London, 1967).

Laver, J., *Costume*(Cassell, London, 1963).

Laver, J., *Modesty in Dress*(Heinemann, London, 1969).

Legman, G., *Rationale of the Dirty Joke*(Cape, London, 1969).

Levy, M., *The Moons of Paradise*(Barker, London, 1962).

Lewinsohn, R. A., *History of Sexual Customs*(Longmans, Green, London, 1958).

Licht, H., *Sexual Life in Ancient Greece*(Routledge, London, 1932).

Lowen, A., *Physical Dynamics of Character Structure*(Grune & Stratton, New York, 1958).

Lyons, P., Today's Etiquette(Bancroft, London, 1967).

Malinowski, B., *The Sexual Life of Savages* (Routledge, London, 1929).

Masters, W. H., and V. E. Johnson, *Human Sexual Response*(Churchill, London, 1966).

Matthews, L. H., "Animal Relationships", *Med. Sci. and Law*(1964).

Miller, D. C.(ed.), *Americans 1942*(Museum of Modern Art, New York, 1942).

Mollon, R., *The Nursery Book*(Pan, London, 1965).

Morris, D., *The Naked Ape*(Cape, London, 1967).

Morris, D., *The Human Zoo* (Cape, London, 1969).

Morris, D., "The Biology of Illness"(1971).

Morris, R. and D. Morris, *Men and Snakes*(Hutchinson, London, 1965).

Morris, R. and D. Morris, *Men and Aps*(Hutchinson, London, 1966a).

Morris, R. and D. Morris, *Men and Pandas*(Hutchinson, London, 1966b).

Munn, N. L., *The Evolution and Growth of Human Behavior*(Mifflin, Boston, 1965).

Murray, M. A., *The Splendour that was Egypt*(Sidgwick & Jackson, London, 1949).

Page, A., *Etiquette for Gentlemen* (Ward, Lock, London, 1961).

Prechtl, H. F. R., "Problems of behavioral studies in the newborn infant", in Lehrman, Hinde and Shaw(eds), *Advances in the Study of Behavior*(Academic Press, New York, 1965).

Rabelais, F., *The Works of Mr. François Rabelais*(Navarre Society, London, 1931).

Rachewiltz, B. de, *Black Eros*(Allen & Unwin, London, 1964).

Reynolds, V. and F. Reynolds, "Chimpanzees of the Budongo Forest", in De Vore(ed.), *Primate Behavior*(Holt, Rinehart and Winston, New York, 1965).

Rosebury, T., *Life on Man*(Secker & Warburg, London, 1969).

Russell, C. and W. M. S. Russell, *Violence, Monkeys and Man*(Macmillan, London, 1968).

Russell, W. M. S. and R. L. Burch, *The Principles of Humane Experimental Technique* (Methuen, London, 1959).

Salk, L., "Thoughts on the concept of imprinting and its place in early human development", *Canad. Psychiat. Assoc. Jour.* 11(1966).

Sara, D., *Good Manners and Hospitality*(Collier, New York, 1963).

Simon, W. and J. H. Gagnon, "Pornography Raging menace or paper tiger?", in Gagnon and Simon(eds), *The Sexual Scene*(Aldine, New York, 1970).

Simonds, P. E., "The bonnet macaque in South India", in Devore(ed.), *Primate Behavior*(holt, Rinehart and Winston, New York, 1965).

Smith, A., *The Body* (Allen & Unwin, London, 1968).

Sorell, W., *The Story of the Human Hand* (Weidenfeld & Nicolson, London, 1968).

Southwick, C. H., M. A. Beg, and M. R. Siddiqi, "Rhesus monkeys in North India", in DeVore(ed.), *Primate Behavior* (Holt, Rinehart and Winston, New York, 1965).

Spock, B., *Baby and Child Care* (Giant Cardinal, New York, 1965).

Spock, B., "The striving for autonomy and regressive object relationships", *Psychoan. Study Child* 18(1963).

Szasz, K., *Petishism* (Holt, Rinehart and Winston, New York, 1969).

Szasz, T. S., *The Myth of Mental Illness* (Hoeber-Harper, New York, 1961).

Tanner, J. M. and G. R. Taylor, *Growth* (Time-Life, New York, 1966).

Tomkins, S. S., *Affect, Imagery, Consciousness* (Springer, New York, 1962~3).

Ucko, P. J., *Anthropomorphic Figurines* (Szmidla, London, 1968).

Vanderbilt, A., *Complete Book of Etiquette* (Doubleday, New York, 1952).

Vosper, J., *Baby Book* (Ebury, London, 1969).

Watson, J. B., *Psychological Care of Infant and Child* (Norton, New York, 1928).

Wedeck, H. E., *Dictionary of Aphrodisiacs* (Peter Owen, London, 1962).

West, J., *Parent's Baby Book* (Parrish, London, 1966).

Wickler, W., "Socio-sexual signals and their intraspecific imitation among primates", in Morris(ed.), *Primate Ethology* (Weidenfeld & Nicolson, London, 1967).

Wildeblood, J. and P. Brinson, *The Polite World* (O. U. P., 1965).

Williams, N., *Powder and Paint* (Longmans, Green, London, 1957).

Wolff, C. A., *Psychology of Gesture* (Methuen, London, 1945).

Wolff, P. H., "The natural history of crying and other vocalizations in early infancy", in Foss(ed.), *Determinants of Infant Behaviour, vol.* 4(Methuen, Lodon, 1969).

Yerker, R. M., *Chimpanzees, A Laboratory Colony* (Yale Univ. Press, 1943).